国家科学技术学术著作出版基金资助出版

电磁无损检测新技术与应用

沈功田　武新军　胡　斌　著

科学出版社

北 京

内 容 简 介

本书系统地论述了电磁无损检测技术的最新理论、检测仪器系统及其应用。全书共 7 章，第 1 章介绍电磁无损检测概念和国内外发展现状；第 2 章论述电磁无损检测技术的经典理论及最新理论研究进展；第 3～6章分别论述基于复平面分析的焊缝表面裂纹涡流、脉冲涡流、金属磁记忆和磁致伸缩超声导波检测技术，给出每种技术的检测原理、检测仪器、检测信号的处理和分析方法、检测工艺方法及工程应用；第 7 章论述电磁无损检测技术的困境、发展趋势和应用前景。

本书可供无损检测产学研用等相关技术和工程人员参考，也可作为无损检测人员的资格培训和高等院校相关专业的参考教材，书中四种电磁检测仪器系统的具体实现对无损检测仪器开发人员也具有很好的借鉴意义。

图书在版编目（CIP）数据

电磁无损检测新技术与应用 / 沈功田, 武新军, 胡斌著. -- 北京：科学出版社, 2025.6. -- ISBN 978-7-03-081975-8

Ⅰ. TG115.28

中国国家版本馆 CIP 数据核字第 2025JV9493 号

责任编辑：张海娜　赵微微 / 责任校对：任苗苗
责任印制：肖　兴 / 封面设计：蓝正设计

科 学 出 版 社 出版

北京东黄城根北街 16 号
邮政编码：100717
http://www.sciencep.com

三河市春园印刷有限公司印刷
科学出版社发行　各地新华书店经销

*

2025 年 6 月第 一 版　开本：720 × 1000 1/16
2025 年 6 月第一次印刷　印张：18 1/2
字数：370 000

定价：168.00 元
（如有印装质量问题，我社负责调换）

前　言

随着电磁理论研究的逐步成熟，电磁检测技术诞生于 19 世纪中期，并于 20 世纪 50 年代引入我国，目前已有磁粉、涡流、交流电场、微波、漏磁、金属磁记忆、电磁超声、巴克豪森噪声等多项技术发展成为成熟或较成熟的无损检测方法而得到推广应用。鉴于电磁检测技术的特点，其特别适合对机械设备构件表面裂纹和腐蚀缺陷进行快速检测、带涂层或带保温层检测、不停机检测、动态健康监测、完整性评价、早期损伤预警和失效预防等。

21 世纪以来，中国特种设备检测研究院一直致力于将复平面涡流、脉冲涡流、金属磁记忆、磁致伸缩超声导波和漏磁检测技术应用于我国锅炉、压力容器、压力管道、起重机械和大型游乐设施等特种设备的安全检测与评价。作者及电磁检测课题组组织全国十多个单位先后承担完成了九项国家科技攻关计划、国家科技支撑计划、质检公益性行业科研专项和国家自然科学基金重点项目或课题，取得了一系列达到国际领先和先进水平的科研成果。通过攻克这些设备常用材料、典型焊接缺陷、环境腐蚀开裂、疲劳损伤、腐蚀、现场干扰噪声等各种电磁信号激励与探测、处理与分析、特征提取、结果评价等一系列关键技术，开发了一系列检测仪器系统，研究建立了这些设备的电磁检测及结果评价方法，制定了四项国家技术标准，填补了国内空白，在脉冲涡流和磁致伸缩超声导波检测标准方面填补了国际空白。这些成果已在全国得到很好的推广应用，为企业带来了巨大的经济效益，并取得了良好的社会效益。

本书系统总结了作者十五年来在电磁无损检测新技术方面理论和应用的研究成果。全书共 7 章。第 1 章介绍电磁无损检测概念，并对电磁无损检测技术的国内外发展现状和主要应用领域进行综述；第 2 章介绍电磁无损检测技术的经典理论，并重点论述作者在电磁检测方面最新理论的研究成果，这些理论包括带包覆层铁磁性构件脉冲涡流检测的电磁场模型、基于磁机械效应的力磁耦合模型和基于磁致伸缩效应的电磁导波模型；第 3～6 章分别论述基于复平面分析的焊缝表面裂纹涡流、脉冲涡流、金属磁记忆和磁致伸缩超声导波检测技术，给出每种技术的检测原理、检测仪器开发的关键技术及性能介绍、检测技术的研究成果、检测结果的分级及评价方法，并给出在起重机械、压力管道、压力容器、锅炉和大型游乐设施等特种设备大量的工程应用案例；第 7 章论述电磁无损检测技术的困境、发展趋势和应用前景。

　　本书是以中国特种设备检测研究院和华中科技大学为核心的电磁检测课题组全体科研技术人员十五年心血的结晶和科研成果的精华荟萃。在成书过程中，课题组成员给予作者热情的帮助和大力支持，特别是李路明、林树青、石坤、刘德宇、徐江、黄琛、徐志远、李建、付晓明、袁建鹏、吴彦、张亦良、林俊明、钟力强、刘凯、范志勇、吴占稳、高广兴、李运涛、胡智、侯旭东、张路跟、王丽娜、业成等参加了许多课题的研究工作并提供了有关的技术资料，在此对他们表示衷心的感谢！

　　由于本书大部分内容是最新科研成果，内容较广，在理论与技术上都需完善，难免存在不妥之处，诚恳希望广大读者给予批评和指正。

作　者

2024 年 11 月于北京

目　　录

第1章 绪　　论

无损检测是指对材料或结构件实施一种不损害或不影响其未来使用性能或用途的检查和测量，其直接作用是：①发现材料或工件表面和内部所存在的缺陷；②测定材料或工件的内部组成或组织、结构、物理性能和状态等；③测量工件的几何特征和尺寸。无损检测的最终目的是评价材料或结构件的特定应用的适用性。无损检测技术是指与每一种无损检测手段有关的专门的工艺规程、方法和仪器设备的总体，通常每项技术涉及许多方法和工艺规程。

无损检测在工业产品制造的质量控制、大型工程建设项目建造的质量控制和在役设备与设施的定期安全检测过程中得到广泛应用。无损检测技术是工业发展和社会发展必不可少的有效工具，在一定程度上反映了一个国家的工业和社会发展水平，其重要性已得到世界公认。可以说，现代工业就是建立在无损检测基础上的[1]。

1.1　电磁无损检测的概念

电磁无损检测是指利用电、磁或电磁相互作用的现象对材料或结构件实施一种不损害或不影响其未来使用性能或用途的检查和测量。鉴于电磁场具有速度快、非接触、探测距离远等特点，电磁无损检测技术在产品质量检验中扮演十分重要的角色。电磁无损检测的理论、技术与方法均以电磁学为基础。

电磁学是经典物理学的一部分。电磁学主要研究电荷与电流产生电场与磁场的规律，电场和磁场的相互联系，电场对电荷、电流的作用，以及电磁场对物质的各种效应等。电磁现象是自然界存在的一种极为普遍的现象，它涉及很广泛的领域，对电和磁的研究和应用在认识客观世界和改造客观世界中展现了巨大的活力[2]。

1.1.1　电和电场

现代物理学已查明，物质由分子、原子组成，分子由原子组成，而原子由带正电的原子核和带负电的电子组成，物质的电结构是物质的基本组成形式。实验证明，自然界中只存在两种电荷；而且，同种电荷互相排斥，异种电荷互相吸引。1747年，富兰克林首先提出将这两种电荷分别称为正电荷和负电荷，国际上一直沿用至今。

电荷既不能被创造，也不能被消灭，它们只能从一个物体转移到另一个物体，或者从物体的一部分转移到另一部分，也就是说，在任何物理过程中，电荷的代数和是守恒的，这个定律称为电荷守恒定律。电荷守恒定律不仅在一切宏观过程中成立，近代科学实践证明，它也是一切微观过程（如核反应和基本粒子过程）所普遍遵守的。它是物理学中普遍的基本定律之一。

18 世纪末，库仑通过实验总结出点电荷间相互作用的规律，现称为库仑定律。具体表述为：在真空中，两个静止的点电荷 q_1 和 q_2 之间的相互作用力的大小和 q_1 与 q_2 的乘积成正比，和它们之间距离 r 的平方成反比；作用力的方向沿着它们的连线，同号电荷相斥，异号电荷相吸。

人们按照电荷在物体中是否容易转移或传导，习惯上把物体大致分为两类：电荷能够从产生的地方迅速转移或传导到其他部分的物体，称为导体；电荷只能停留在产生的地方的那种物体，称为绝缘体。应当指出，这种分类不是绝对的，导体和绝缘体之间并没有严格的界限，还有许多称为半导体的物质，它们的导电能力介于两者之间，而且对温度、光照、杂质、压力、电磁场等外加条件极为敏感。

近代物理学的发展告诉我们：凡是有电荷的地方，四周就存在着电场，即任何电荷都在自己周围的空间激发电场；而电场的基本性质是，它对于处在其中的任何其他电荷都有作用力，称为电场力。因此，电荷与电荷之间是通过电场发生相互作用的。

为了对电场进行定量研究，人们通过引入电场强度矢量 E 来描述电场的强度，其大小等于单位电荷在该处所受电场力的大小，其方向与正电荷在该处所受电场力的方向一致。为了帮助人们形象地了解电场分布，通常引入电场线的概念。利用电场线可以对电场中各处电场的分布情况给出比较直观的图像。概括起来讲，如果在电场中做出许多曲线，这些曲线上每一点的切线方向和该点电场强度方向一致，那么所有这样做出的曲线，称为电场的电场线。图 1.1 给出了两种典型带电体系的电场线及实验图片。

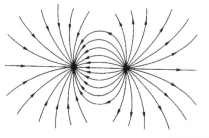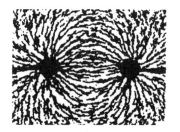

(a) 一对等量异号电荷

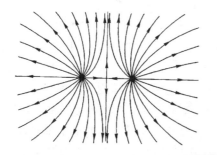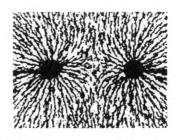

(b) 一对等量同号电荷

图 1.1　两种典型带电体系的电场线及实验图片

电荷的定向流动形成电流，产生电流的条件有两个：一是存在可以自由移动的电子；二是存在电场。在一定的电场中，正、负电荷总是沿着相反方向运动的，而正电荷沿某一方向运动和等量的负电荷反方向运动所产生的电磁效应大部分相同，人们习惯上把电流看成是正电荷流动形成的，并且规定正电荷流动的方向为电流的方向，这样在导体中电流的方向总是沿着电场方向，从高电势处指向低电势处。

1.1.2　磁和磁场

磁也是自然界普遍存在的现象，在磁学领域内，我国古代人民做出了巨大贡献。远在春秋战国时期，随着冶铁业的发展和铁器的应用，对天然磁石已有了一些认识，东汉王充在《论衡》中所描述的"司南勺"已被公认为最早的磁性指南器具，北宋科学家沈括在《梦溪笔谈》中第一次明确记载了指南针，这是我国古代的伟大发明之一。

人们对磁基本现象的研究从指南针开始，通过吸铁屑实验发现指南针中间无磁性，而两端的磁性特别强，称为磁极。指南针在自由转动时，两磁极总是分别指向地球的南北方向，因此人们称其指北的一端为北极(通常用 N 表示)，指南的一端为南极(用 S 表示)。这也说明地球本身是一个大磁体，它的 N 极位于地理位置南极的附近，S 极位于地理位置北极的附近。实验表明，同号的磁极相互排斥，异号的磁极相互吸引。

在历史上很长一段时间里，磁学和电学的研究一直彼此独立地发展着，人们曾认为磁与电是两类截然分开的现象。直到 19 世纪初，一系列重要的发现才打破了这一界限，使人们开始认识到电与磁之间有着不可分割的联系。1820 年，丹麦物理学家奥斯特经实验发现电流可以对磁铁施加作用力，反过来磁铁也可以对载流导线施加作用力，此外还发现电流与电流之间也有相互作用力，一个载流螺线管的行为像一条磁棒那样，一端相当于 N 极，另一端相当于 S 极。

人们经假说、理论推导和实验已经证明，磁极或电流之间的相互作用是通过磁场来传递的。磁极或电流在自己周围的空间里产生一个磁场，而磁场的基本性质之一是它对于任何置于其中的其他磁极或电流施加作用力。螺线管和磁棒之间的相似性，启发人们提出这样的问题：磁铁和电流是否在本源上是一致的？19 世纪法国的杰出科学家安培提出了这样一个假说：组成磁铁的最小单元(磁分子)就是环形电流，这样一些分子环流定向地排列起来在宏观上就会显示出 N、S 极，如图 1.2 所示。这一假说，用现代的原子物理学可以得到很好的解释，原子是由带正电的原子核和绕核旋转的负电子组成的，电子不但绕核旋转，而且自旋，原子、分子等微观粒子内电子的这些运动形成了"分子环流"，这便是物质磁性的基本来源。也就是说，无论是导线中的电荷还是磁铁，它们的本源都是一个，即电荷的运动。

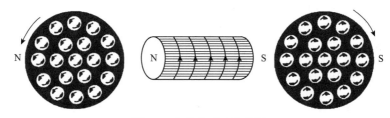

图 1.2   安培分子环流假说

为了定量描述磁场的分布，人们也引入了一个磁感应强度矢量 B 的概念，其单位为 N/(A·m)，名称为特斯拉，用 T 表示。在实际中人们还习惯用另一个单位高斯(用 Gs 表示)，两个单位的换算关系为 $1T=10^4Gs$。磁场的分布也可用磁感应线(B 线)来描述，它们是一些有方向的曲线，其上每点的切线方向与该点的磁感应强度矢量的方向一致。图 1.3 给出了磁棒和螺线管的磁感应线，由磁感应线的方向可知，它们都是从 N 极出发走向 S 极的。

人们规定通过一个曲面 S 的磁感应线的总和为磁感应通量(简称磁通量)，表示为

$$\Phi_B = \iint B\cos\theta \mathrm{d}S \tag{1.1}$$

式中，θ 为磁感应强度 B 与面元 $\mathrm{d}S$ 的法向矢量 e_n 之间的夹角。磁通量的单位是 $T\cdot m^2$，命名为韦伯，用 Wb 表示。

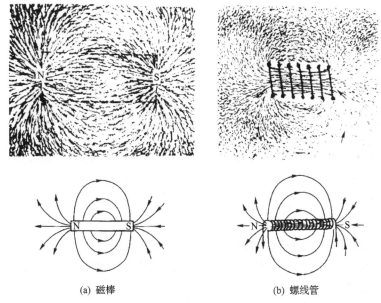

(a) 磁棒

(b) 螺线管

图 1.3　磁感应线

1.1.3　电磁感应

电磁感应现象是电磁学中最重大的发现之一，它揭示了电与磁相互联系和转化的重要方面，它的发现在科学上和技术上都具有划时代的意义，它不仅丰富了人类对电磁感应现象本质的认识，推动了电磁学本身的发展，而且在实践上开拓了广泛应用的前途。在电工技术中，运用电磁感应原理制造的发电机、感应电动机和变压器等电气设备为充分而方便地利用自然界的能源提供了条件；在电子技术中，广泛地采用电感元件来控制电压或电流的分配、发射、接收和传输电磁信号；在电磁测量中，除了许多重要电磁量的测量直接应用电磁感应原理外，一些非电磁量也可以转换成电磁量来测量，从而发展了多种自动化仪表[2]。

1820 年，奥斯特的发现第一次揭示了电流能够产生磁，从而开辟了一个全新的研究领域，当时不少物理学家想到：既然电能够产生磁，磁是否也能产生电？法拉第经过十年的不懈努力，终于在 1831 年 8 月 29 日第一次观察到电流变化时产生的感应现象。他最终得到的结论为：导体回路中感应电动势 ε 的大小与穿过回路的磁通量的变化率 $\mathrm{d}\Phi / \mathrm{d}t$ 成正比，这个结论称为法拉第电磁感应定律。

1834 年，楞次提出了另一种直接判断感应电流方向的方法，从而根据感应电流的方向可以说明感应电动势的方向。他通过实验得到的结论为：闭合回路中感应电流的方向，总是使得它所激发的磁场来阻止引起感应电流的磁通量的变化(增加或减少)，这个结论称为楞次定律。

电磁感应现象发现后,人们做了大量的实验,发现金属处在变化的磁场中或相对于磁场运动时,在它们的内部也会产生感应电流,这种感应电流称为涡电流,简称涡流。这也是涡流检测的基础。

1.1.4 典型电磁无损检测技术

电磁无损检测技术是指在不损害或不影响材料或构件未来使用性能或用途的前提下,利用材料在电、磁或电磁场作用下呈现出来的电学、磁学和机械性能等其他物理量的变化来获知材料组织、性能和几何形状的技术[3]。在电磁学的理论基础上首先发展的电磁无损检测技术是磁粉检测技术和涡流检测技术,随着电、磁场相关理论研究和电子技术的进步,先后发展了漏磁检测、多频涡流检测、交变电磁场检测、磁致伸缩超声导波检测、脉冲涡流(pulsed eddy current,PEC)检测、磁记忆检测等新兴电磁无损检测技术。根据电磁检测技术的检测原理,可分为基于电场的检测技术、基于磁场的检测技术、基于电磁场的检测技术和基于多耦合场的检测技术,如图1.4所示。

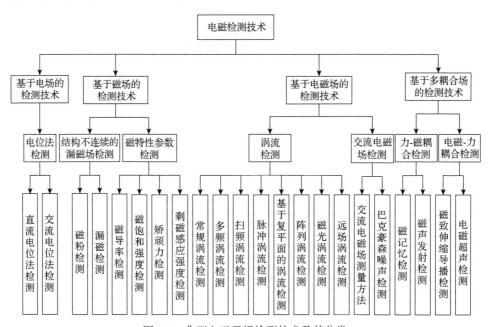

图 1.4　典型电磁无损检测技术及其分类

基于电场的检测主要通过测量材料表面不同位置的电流、电压等参数,获取材料的结构、组织的异常。目前较为成熟的电位法检测技术就是利用通有电流的工件表面各点的电位分布与试件及其缺陷的几何形状和尺寸有关的特点,通过布置在供电电极之间的电极测量试件表面各点的电位分布,来获取试件壁厚、表面裂纹尺寸等信息。

基于磁场的检测是通过测量与工件中磁场有关的量，来实现对材料宏观缺陷、组织变化或应力分布的检测。典型的基于磁场的检测技术包括结构不连续的漏磁场检测技术和磁特性参数检测技术。结构不连续的漏磁场检测技术是由结构不连续而导致工件内部磁力学分布不均匀而产生的工件表面漏磁场，通过表面泄漏磁场的位置、方向和尺寸来评价缺陷；磁特性参数检测技术是通过测量与磁滞回线相关的参数变化获取被检测对象的组织变化，主要包括磁导率检测、磁饱和强度检测、矫顽力检测、剩磁感应强度检测。

基于电磁场的检测是通过测量由被检件中感应电流产生的磁场来发现材料宏观缺陷或组织变化，凡能影响感应电流的因素均可用该类技术实施检测。基于电磁场的检测技术是电磁检测技术应用最为广泛和发展最具多样性的技术，最为典型的就是涡流检测，根据激励频率和激励方式又派生出若干新型涡流检测技术。

此外，由于电场、磁场和电磁感应与其他物理场存在耦合效应，又出现了基于多耦合场的检测技术，这类技术是利用材料损伤或组织特性对不同物理场的响应，具有综合各种物理场检测方法的优势，是电磁检测的一个新方向。其中，磁记忆检测技术是一种典型的利用磁场-其他物理场耦合，通过获取磁场的变化而间接获取其他物理场变化的方法，具体则是通过应力磁化(磁机械效应)导致工件内部磁场分布不均匀产生的自发泄漏磁场变化来检测应力集中区域及其应力集中程度。

1.2　电磁无损检测技术国内外发展现状

1.2.1　电磁学的发展历程

电磁现象是自然界存在的一种极为普遍的现象，人类有关电磁现象的认识可追溯到公元前 600 年。早在公元前 585 年，希腊哲学家泰勒斯记载了用木块摩擦过的琥珀能够吸引碎草等轻小物体，以及天然磁矿石吸引铁的现象。我国古人对电磁现象的认识曾有过重要贡献。春秋战国时期(公元前 770～前 221 年)，已有"慈石召铁，或引之也"等磁石吸铁的记载，东汉已有指南针的前身司南勺，北宋时发明了指南针，用于航海。关于静电现象，西汉末年已有关于玳瑁吸引细小物体的记载[2]。

18 世纪电学研究迅速发展起来。1729 年，英国的格雷发现导体和绝缘体的区别。1785 年，库仑设计了精巧的扭秤实验，直接测定了两个静止点电荷的相互作用力与它们之间距离的平方成反比，与它们的电量乘积成正比。库仑的实验得到世界的公认，从此电学的研究开始进入科学行列。1799 年，意大利物理学家伏打发明了电池,为电学的研究和应用奠定了基础。

　　19 世纪初在科学界仍然普遍认为电和磁是两种独立的作用,但丹麦的自然哲学家奥斯特坚信电和磁之间有着某种联系,经过多年的研究,终于在 1820 年发现电流的磁效应,这开拓了电学研究的新纪元。1825 年,斯图金发明了电磁铁,为电的广泛应用创造了条件。1826 年,欧姆发现和确定了电路定律(欧姆定律)。1848 年,基尔霍夫从能量角度考察,澄清了电势差、电动势和电场强度等概念,使得欧姆理论与静电学概念协调起来。

　　1831 年,杰出的英国物理学家法拉第发现电磁感应现象,紧接着他做了许多实验,确定电磁感应的规律,在此基础上他制造出第一台发电机。电磁感应的发现为能源的开发和广泛利用提供了崭新的前景。1866 年,西门子发明了可供实用的自激发电机;到 19 世纪末实现了电能的远距离输送。经过多年的潜心研究,1862 年,卓越的英国物理学家麦克斯韦建立了描述电磁场的普遍方程组,即用他的名字命名的麦克斯韦方程,概括了库仑以来的全部电磁学理论,使法拉第的力线思想及电磁作用传递的思想在其中得到了充分的体现;麦克斯韦进而根据他的方程组推断电磁作用以波的形式传播。1888 年,赫兹通过实验检测到电磁波,测定了电磁波的波速,并发现电磁波与光的许多性质一致。1895 年,俄国的波波夫和意大利的马可尼分别实现了无线电信号的传输。1896 年,洛伦兹提出了“电子论”,将麦克斯韦方程组应用到微观领域内,并把物质的电磁性质归结为原子中电子的效应;此外他还根据电子论导出关于运动介质中的光速公式,把麦克斯韦理论向前推进了一步。

　　然而,麦克斯韦-洛伦兹电磁理论的成功,却无法回避它与经典力学中以牛顿绝对时空观为基础的伽利略变换表现出明显的冲突,爱因斯坦在 1905 年排除了牛顿时空观,建立了狭义相对论,可以通过洛伦兹变换从电场得到磁场,于是在物理学的发展上出现了两种“不同”自然力(电力和磁力)的第一次统一。

　　至此,电磁学已发展成为经典物理学中相当完善的一个分支,它可以用来说明宏观领域内的各种电磁现象。一方面,物质的电结构是物质的基本组成形式,电磁场是物质世界的重要组成部分,电磁作用是物质的基本相互作用之一,电过程是自然界的基本过程;另一方面,电磁学的日臻完善,也促进了电技术的发展和应用。

1.2.2　电磁无损检测技术的发展历程

　　随着电磁学的发展,早在 19 世纪,人们就已开始从事漏磁通检测实验。1868 年,英国《工程》杂志上首先发表了利用罗盘仪探测漏磁通以发现枪管上存在不连续的报道;1876 年 Hering 获得美国专利,即利用罗盘仪来检查钢轨上不连续的方法。20 世纪 60 年代以来,人们将漏磁检测技术逐步应用于钢管制造质量的检测、在用钢丝绳的检测、管道腐蚀的内检测和大型常压储罐底板腐蚀的检测等[4]。

在磁粉检测方面，1918 年，美国人霍克发现加工过程中磁性夹具夹持的硬钢块上磨削下来的金属粉末，有时会在此钢块表面上形成一定的花样，而且此花样与钢块上存在的表面裂纹形态一致。这一发现，促使了磁粉检测技术的诞生。1922年，霍克将此成果申请为专利。1928 年，福斯特在研究油井钻杆断裂失效原因时，对磁粉检测技术产生兴趣，最终发明了直接通电磁化的技术，而这种检测技术目前仍在大量使用。自此，整个 20 世纪 30 年代，磁粉检测在飞机、船舶等军工产品和铁路、电站等民用产品中得到广泛使用。1935 年，湿法磁悬液技术诞生，人们将黑色氧化铁粉悬浮于轻石油制品中进行检测；1939 年，人们掌握了工件的退磁技术；1941 年，荧光磁粉检测技术投入使用，这大大提高了磁粉检测的灵敏度；20 世纪 50 年代，磁粉检测在航空、航天、汽车、冶金等工业领域得到广泛使用，并在在用机械设备的预防性维修中得到使用；20 世纪 60 年代，人们研制了便携式磁粉探伤机，在现场对大型构件进行磁粉检测。

在涡流检测方面，1879 年，休斯首次将涡流检测技术应用于区分不同金属和合金的实际检测；1926 年，涡流测厚仪问世；20 世纪 50 年代，德国福斯特发展了现代涡流检测技术，并开发了商用的涡流检测仪器，涡流检测技术得到推广应用。20 世纪 90 年代，加拿大鲁塞尔公司推出适用于铁磁性管检测的远场涡流检测仪，荷兰 RTD 公司制造了适用于保温层下腐蚀检测的脉冲涡流检测仪。

随着电子仪器技术的发展，自 20 世纪 60 年代至今，基于电磁技术的无损检测新技术不断涌现，并且出现了以电磁与声学相互交叉融合的电磁-声检测技术，目前已经成熟和接近成熟的电磁无损检测技术有 20 余种，如图 1.4 所示。

1.2.3　电磁无损检测技术的国内外现状

目前，成熟的基于电的无损检测技术为电位差检测，利用直流电位差法或交流电位差(alternating current potential drop，ACPD)法可以测量导体材料表面开口裂纹的深度[5]。

目前，成熟的基于磁的无损检测技术有磁粉检测和漏磁检测，磁粉检测可以发现铁磁性材料表面或近表面的缺陷，漏磁检测可以发现铁磁性材料的表面裂纹和表面金属损失体积性缺陷。

目前，成熟的基于电磁相互感应的无损检测技术包括涡流检测、交流场测量(alternating current field measurement，ACFM)、电流微扰检测和微波检测。常规涡流检测可以发现非铁磁性金属材料表面和近表面的缺陷，远场涡流检测可以发现铁磁性金属材料的表面缺陷；ACFM 可以在非接触的情况下测量金属表面的裂纹深度；电流微扰检测适用于形状复杂的非铁磁性金属试件表面和近表面缺陷的检测，如螺纹根部裂纹的检测、叶片榫槽表面裂纹的检测等；微波检测适用于非金属材料内部气孔、裂纹、夹杂或不均匀性的检测，也适用于其密度、固化度和湿度的快速测定，还适用于非金属材料粘接结构的气孔或脱黏检测等。

进入 21 世纪以来，随着世界上对能源的需求急剧增加和石油价格的飙升，国际上石油和石化行业逐步延长大型炼油和石化成套装置的运行周期，为了保证这些装置的运行安全，急需承压设备的不停机、不打磨和不拆保温层的检测技术和设备早期损伤的检测技术。鉴于电磁检测技术具有非接触、提离高、速度快、穿透深的特点，国内外纷纷开始了基于复平面的涡流检测技术、脉冲涡流检测技术、金属磁记忆检测技术、磁致伸缩超声导波检测技术、电磁超声检测技术、巴克豪森噪声检测技术和磁声发射检测技术的研究[6-27]。

1.2.4　电磁无损检测技术的主要应用领域

目前十多种已经成熟的电磁无损检测技术在世界上被广泛应用于原材料的制造、各种设备和设施的建造质量控制，在役设备和设施的安全检验和评价，其主要应用领域包括以下方面[4]。

(1)冶金工业：各种金属板材、管材和棒材的质量检测、材质分选等。

(2)机械制造业：金属加工过程的质量控制，焊缝表面和近表面裂纹的快速检测。

(3)石油化工工业：各种压力容器、压力管道和海洋石油平台设备的检测和结构完整性评价，常压贮罐底板和埋地管道内部的腐蚀检测等。

(4)电力工业：高压蒸汽汽包、管道和阀门的检测，汽轮机叶片的检测。

(5)航天和航空工业：航空器壳体和主要构件的检测和结构完整性评价等。

(6)交通运输业：长管拖车、公路和铁路槽车的检测，铁路材料和结构件的裂纹检测，铁路桥梁的结构完整性检测和评价，火车车轮和轴承的检测，船舶的检测。

(7)民用工程行业：楼房、桥梁、起重机、大型游乐设施、客运索道、大坝的检测和结构完整性评价等。

1.3　本书的主要内容

21 世纪初，随着新兴国家的经济快速发展，全世界对能源的需求迅速增加，并导致价格大幅上涨，发达国家率先开展大型电站和石化装置的长周期运行，并且从设计建造到运行维护都采取系统的安全保障措施，对承压设备采用运行过程中定点腐蚀监测的方法来保证其安全运行。而我国由于经济的快速发展和汽车的爆炸性增长，对能源的需求急剧增加，石化装置能力严重不足，为了保证国家能源安全和应对国际上的竞争压力，被动开始了大型成套装置的长周期运行，并且面临着设备设计和建造质量先天不足、原料来源多、成分复杂(如高硫、高酸等)和无定点腐蚀监测技术等更加困难的挑战。为了保证这些装置的运行安全,提出对大型承压设备不停机检测技术的迫切需求。

针对上述需求,以中国特种设备检测研究院和华中科技大学机械学院为核心的课题组集中了产学研用 10 多家单位、60 多名科技人员,历时十多年,基于承压设备主要损伤和失效模式,以及电磁检测具有非接触、速度快和穿透深的特点,围绕大型承压设备不停机电磁检测的若干科学技术问题,先后承担了如下国家科研课题的研究任务。

(1)国家"十五"科技攻关计划专题:压力容器在线检测关键技术研究(编号:2001BA803B03-3)。

(2)国家"十一五"科技支撑计划课题专题:①金属磁记忆效应的工程应用技术研究(编号:2006BAK02B02-3);②钢腐蚀脉冲涡流检测技术研究及仪器研制(编号:2006BAK02B02-4);③带保温层管道腐蚀电磁导波检测技术研究与设备研制(编号:2006BAK02B03-3)。

(3)质检公益性行业科研专项:金属磁记忆检测方法标准研究(编号:10-51)。

上述科研任务包括检测机理研究、检测仪器开发、检测方法与工艺凝练、检测标准制订和检测工程应用等从实验室研究到现场工程应用的全链条环节,在大型承压设备的不停机检测方面取得了全面突破的重要创新性科研成果,如下所示。

(1)提出了基于大型承压设备常用材料损伤电磁信号特征的不停机检测的整体技术路线,研究建立了大型承压设备不停机电磁无损检测技术与标准体系,制定了1 项国际标准、5 项国家标准和 1 项行业标准,其中 ISO 20669: 2021 *Non-destructive testing—Pulsed eddy current testing of ferromagnetic metallic components* 和 GB/T 31211.2—2024《无损检测 超声导波检测 第 2 部分:磁致伸缩法》标准填补了国际空白,解决了对大型承压设备进行不停机检测和安全评价的瓶颈性技术难题。

承压设备的损伤模式包括腐蚀减薄、环境开裂、材料裂化和机械损伤,其最终表现形式是承压设备壳体的壁厚减薄和应力导致的材料表面开裂与内部损伤,这些因素均引起承压设备壳体强度的下降,从而导致泄漏或爆炸失效。应力导致的材料表面开裂与内部损伤一般发生在焊缝上,内部损伤主要包括过载、过热、疲劳、材质裂化导致的微观或宏观开裂。因此,实现大型承压设备不停机检测的核心问题是:如何在不停机不拆保温层的情况下,快速检测壳体的腐蚀减薄和局部拆除保温层带防腐层状态下快速检测焊缝的表面裂纹与内部损伤。鉴于 95%以上的大型承压设备采用碳钢和低合金钢等铁磁性材料制造,课题组经调研分析认为只有选择电磁检测方法才能满足不拆保温层、效率高、速度快的大型承压设备不停机检测要求。

　　大型机械和承压设备的不停机检测，在 21 世纪初就是国际上的研究热点。英国开展了金属材料表面裂纹的涡流检测研究，俄罗斯提出采用金属磁记忆现象对材料中应力集中部位进行检测的思路，荷兰 RTD 公司开展了脉冲涡流检测保温层下腐蚀的研究，美国西南研究院开展了磁致伸缩超声导波检测技术的研究，这些研究表明了电磁检测技术在大型承压设备不停机检测的可行性和潜力，但仍然存在检测机理不清、检测技术和标准缺失、检测仪器不成熟等严重问题。

　　针对实现大型承压设备不停机检测的核心问题，经过系统开展理论研究、仪器研制、检测技术工艺开发和现场工程应用，提出了采用电磁检测技术系统解决大型承压设备不停机检测问题的技术路线，如图 1.5 所示。采用基于复平面的涡流检测技术对带防腐层设备焊缝的表面裂纹进行快速检测，采用磁记忆检测技术对应力导致的焊缝内部损伤进行快速扫查检测和评价，采用脉冲涡流检测技术对承压设备壳体的保温层下腐蚀减薄进行检测，采用磁致伸缩超声导波检测技术对带保温层压力管道腐蚀进行快速扫查检测。

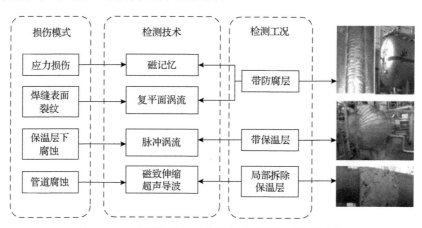

图 1.5　大型承压设备不停机电磁无损检测技术路线

　　通过实验室检测机理的系统研究和现场检测工艺及方法的应用实践，发展完善了磁记忆和复平面涡流检测标准，在国际上首次制定了脉冲涡流和磁致伸缩导波检测标准，形成了大型承压设备不停机电磁无损检测标准体系：

①GB/T 26954—2024《焊缝无损检测　基于复平面分析的焊缝涡流检测》；

②GB/T 26641—2021《无损检测　磁记忆检测　总体要求》；

③GB/T 12604.10—2023《无损检测　术语　第 10 部分：磁记忆检测》；

④GB/T 28705—2012《无损检测　脉冲涡流检测方法》；

⑤GB/T 31211.2—2024《无损检测　超声导波检测　第 2 部分：磁致伸缩法》；

⑥ISO 20669: 2021 *Non-destructive testing—Pulsed eddy current testing of ferromagnetic metallic components*。

本成果首次系统地解决了我国大型承压设备不停机检测和安全评价的瓶颈性技术难题，对我国大型电力和石化装置的运行周期科学延长至 3 到 6 年发挥了关键作用。

(2)揭示了大型承压设备常用金属材料腐蚀和应力损伤在不同电磁激励下的响应规律，建立了电磁环境下材料损伤的非线性应力分布力磁耦合模型；找到了弱交变电磁场激励下非均匀小提离的裂纹信号幅度和相位变化特征；建立了脉冲大电流激励大提离下的腐蚀减薄多涡流环检测模型；获得了交流大电流和恒定磁场激励下管道腐蚀缺陷的磁致伸缩导波响应规律；为大型承压设备不停机检测奠定了理论基础。

针对国际上对磁记忆检测机理不清的状况，首创性地设计制作了基于三维亥姆霍兹线圈的磁场产生装置，构造了应力、磁场、传感器位置均精确可控的弱电磁研究环境；系统开展了承压设备常用钢的应力损伤疲劳实验，获得了应力损伤的磁记忆特征信号；通过单元离散化处理，提出了非线性应力分布磁场畸变的计算方法，将基于线性应力分布的磁机械效应理论扩展到非线性区域，丰富完善了磁机械效应理论体系；在弱磁激励的基础上，引入交变电磁场激励，获得了铁磁性材料表面漏磁场梯度与提离的对数放大曲线，得到了钢焊缝表面裂纹信号的变化规律。

针对保温层下腐蚀的检测机理，在传统涡流环模型的基础上，从经典涡流环等效理论与系统理论出发，将脉冲涡流信号等效为阶跃电流激励下的高阶系统的响应，得到了一种减薄金属损伤的多涡流环响应模型，扩展了涡流环理论，获得了承压设备常用金属材料在不同提离状态下不同厚度的脉冲涡流信号响应规律。针对压力管道腐蚀的检测需求，通过求解带保温层管道多层结构模型和弹性动力学方程，采用传递矩阵法推导出带保温层管道的频散方程，获得了频散曲线，采用交流大电流和恒定磁场复合激励，获取材料空间磁场分布特性，阐明基于时空变换技术的磁致伸缩导波单方向激励和接收原理，建立了磁致伸缩导波单方向检测模型。

(3)攻克了涡流提离信号的相位抑制和材料损伤微弱磁记忆信号的探测技术难题，研制了适用于带防腐层的金属材料与焊缝裂纹和应力损伤检测的磁记忆-复平面涡流检测一体化仪器；提出了自识别周期拓延自适应补偿信号处理算法，发明了基于局部磁饱和的瞬变磁场屏蔽效应削弱技术，研制了脉冲涡流检测系统；发明了非接触式扭转导波传感器，开发了大功率电磁超声导波激励装置，研制出了磁致伸缩导波检测系统；打破国外垄断，为大型承压设备不停机检测提供了硬件保障。

针对焊缝粗糙表面引起的提离干扰信号，提出了基于复平面的非均匀提离涡流信号相位幅度抑制技术，设计制作了专门适用于钢焊缝表面裂纹检测的十字交叉探头和适用于材料内部应力损伤微弱磁信号探测的探头，开发了磁记忆-复平面涡流检测一体化仪器，实现了带涂层内部应力损伤的定位和焊缝表面裂纹的快速检测。仪器的功能和指标大幅领先于国外同类设备，并实现了产业化，近几年每年销售 100 多台，市场占有率超过 70%。

针对保温层引起的大提离效应对检测信号的削弱，提出了一种基于检测信号与周期延拓的纯噪声信号相差分的中值滤波算法，提高了脉冲涡流检测信号的信噪比，研制出可实现保温层下铁磁性材料腐蚀检测的脉冲涡流检测系统；针对大多数承压设备保温层带铁磁性保护层引起脉冲涡流信号强度下降的问题，研究了保护层对瞬变磁场的屏蔽效应，发明了基于局部磁饱和的瞬变磁场屏蔽效应削弱技术，实现了带铁磁性保护层的保温层下腐蚀的检测；仪器指标优于国外同类产品，且价格仅为其 50%。

针对目前扭转模态导波仅能通过接触方式激励的不足，在深入研究非接触式电磁导波检测原理的基础上，发明了利用压力管道自身的维德曼 (Wiedemann) 效应和马泰乌奇 (Matteucci) 效应的非接触式扭转导波传感器，突破了管道轴向缺陷的检测技术难题；针对非接触磁致伸缩导波电磁-声换能效率低的问题，研制了大功率激励装置，开发出铁磁性管道电磁导波检测系统，实现了管道腐蚀非接触的远距离快速检测，打破国外垄断。该系统最新型号大幅超过美国同类仪器的技术指标，且价格不到国外产品的 40%。

(4) 提出了适用于不同材料腐蚀与应力损伤的四种电磁检测和结果评价方法，通过在现场对大量承压设备腐蚀、应力损伤进行检测，获取了真实工况条件下各种腐蚀、应力损伤和影响因素的特征信号，建立了焊缝表面裂纹复平面涡流信号、焊缝内部应力损伤磁记忆信号、不同类型保温层下不同材料腐蚀减薄的脉冲涡流信号、不同规格管道不同腐蚀的磁致伸缩导波信号数据库，设计开发了检测仪器校准和检测结果评价的系列试件，为这些技术的全面推广应用铺平了道路。

在借鉴传统磁场法向分量梯度值的基础上，通过增加异常信号磁场峰峰值、梯度离散度和环境磁场参考值等判断参数，给出了磁记忆信号 H_p 的绝对值、H_p 过零点、K (即 dH_p/dx) 比例系数的使用准则以及典型缺陷的信号特征、图谱特征，形成了典型图谱库，在国际上首次系统地提出了应力集中和应力损伤的磁记忆评价方法，明确了磁记忆检测技术的适用条件；在大量现场真实工件表面裂纹检测实验的基础上，通过标准试样的比对，建立了基于复平面的裂纹尺寸当量化评价方法。对不同规格的承压设备常用钢板和管道上不同直径、深度和数量的平底孔脉冲涡流的信号特征、衰减特性和检测灵敏度进行系统研究，并对数百台现场实际承压设备检测数据进行分析，提出了实际检测过程对腐蚀情况进行评价的方法。针对压力管道的运行特点，对不同规格的铁磁性管道上不同直径、深度和数量的刻槽和锥形孔反射导波信号的灵敏度、衰减特性和信号特征进行了系统研究，并对数万米压力管道检测数据进行分析，发明了一种基于距离幅度衰减特性的超声导波信号分级方法，实现了通过人工缺陷信号对实际缺陷产生的横截面积损失进行评价的方法。

本书系统集成了作者十五年来在电磁无损检测方面取得的上述研究成果。

参 考 文 献

[1] 美国无损检测学会. 美国无损检测手册·射线卷.《美国无损检测手册》译审委员会, 译. 上海: 世界图书出版公司, 1992.

[2] 赵凯华, 陈熙谋. 电磁学. 3 版. 北京: 高等教育出版社, 2011.

[3] 沈功田, 胡斌, 徐永昌, 等. 中国无损检测 2025 科技发展战略. 北京: 中国质检出版社, 2017.

[4] 沈功田. 中国无损检测与评价技术的进展. 无损检测, 2008, 30(11): 787-793.

[5] 李家伟. 无损检测手册. 2 版. 北京: 机械工业出版社, 2015.

[6] 金纪东, 武新军, 康宜华. 磁致伸缩无损检测传感器用大电流功率放大器的设计. 无损检测, 2003, 25(7): 340-342, 368.

[7] 柯岩, 武新军, 康宜华, 等. 磁致伸缩导波在钢管中传播的研究. 无损探伤, 2005, 29(6): 6-8, 13.

[8] 沈功田, 吴彦, 王勇. 液化石油气储罐焊疤表面裂纹的磁记忆信号研究. 无损检测, 2004, 26(7): 349-351.

[9] 沈功田, 张万岭. 压力容器无损检测技术综述. 无损检测, 2004, 26(1): 37-40.

[10] 李小亭, 沈功田. 压力容器无损检测: 涡流检测技术. 无损检测, 2004, 26(8): 411-416, 430.

[11] 刘凯, 沈功田. 带防腐层焊缝疲劳裂纹的快速探伤. 中国锅炉压力容器安全, 2004, 20(6): 29-33.

[12] 林俊明, 张开良, 林发炳, 等. 焊缝表面裂纹涡流检测技术. 中国锅炉压力容器安全, 2004, 20(6): 33-36.

[13] 李光海, 刘时风, 沈功田. 压力容器无损检测: 磁记忆检测技术. 无损检测, 2004, 26(11): 570-574.

[14] 李光海, 刘时风, 沈功田. 压力容器无损检测: 漏磁检测技术. 无损检测, 2004, 26(12): 638-642.

[15] Shen G T, Wu Y, Wang Y. Investigation on metal magnetic memory signal of surface crack on welding scar in LPG tank. Key Engineering Materials, 2004, 270-273: 647-650.

[16] 沈功田, 张万岭. 特种设备无损检测技术综述. 无损检测, 2006, 28(1): 34-39.

[17] Xu J, Wu X J, Wang L Y, et al. The effect of lift-off actuators on the magnetostrictive generation of guided waves in pipes. Proceedings of the 6th International Symposium on Test and Measurement, 2007, (5): 4156-4159.

[18] Shen G T, Hu B, Gao G X, et al. Investigation on metal magnetic memory signal during loading.

International Journal of Applied Electromagnetics and Mechanics, 2010, 33: 1329-1334.

[19] 王良云, 武新军, 徐江, 等. 基于凌华采集卡的导波测试系统. 湖北工业大学学报, 2008, 23 (1): 15-17.

[20] 武新军, 徐江, 沈功田. 非接触式磁致伸缩导波管道无损检测系统的研制. 无损检测, 2010, 32 (3): 166-170.

[21] 武新军, 黄琛, 丁旭, 等. 钢腐蚀脉冲涡流检测系统的研制与应用. 无损检测, 2010, 32 (2): 127-130.

[22] Chen H, Wu X J, Xu Z Y, et al. Pulsed eddy current signal processing method for signal denoising in ferromagnetic plate testing. NDT&E International, 2010, 43 (7): 648-653.

[23] Huang C, Wu X J, Xu Z Y, et al. Ferromagnetic material pulsed eddy current testing signal modeling by equivalent multiple-coil-coupling approach. NDT&E International, 2011, 44 (2): 163-168.

[24] 徐志远, 武新军, 黄琛, 等. 有限厚铁磁性试件脉冲涡流响应研究. 华中科技大学学报 (自然科学版), 2011, 39 (6): 91-95.

[25] 李济民, 张亦良, 沈功田. 拉伸变形过程中磁记忆效应及微观表征的试验研究. 压力容器, 2009, 26 (8): 15-20.

[26] 石坤, 林树青, 沈功田, 等. 设备腐蚀状况的脉冲涡流检测技术. 无损检测, 2007, 29 (8): 434-436.

[27] 沈功田. 承压设备无损检测与评价技术发展现状. 机械工程学报, 2017, 53 (12): 1-12.

第 2 章　电磁无损检测理论

所有电磁无损检测技术最基本的理论基础均来自电磁学[1]，每一种技术的检测机理均来自一种或几种物理现象，例如，磁粉检测和漏磁检测均来自铁磁性材料表面不连续产生的磁力线外漏现象，金属磁记忆检测就是利用铁磁性材料在地磁场环境下随应力变化发生的自磁化现象等。

研究一种无损检测技术，就要弄清楚这一检测技术的基本原理，建立信号探测的理论模型，研制缺陷信号探测的传感器，开发信号采集、处理和分析的仪器，提出对检测信号的缺陷评价方法。因此，检测理论和模型的建立是开展新的无损检测技术研究的基础。

本章在论述电磁无损检测的理论基础上，首先通过对承压设备涡流检测问题的简化，建立带包覆层铁磁性构件脉冲涡流检测的四层模型，在 Dodd-Deeds 积分模型的基础上，采用截断区域展开式(truncated region eigenfunction expansion，TREE)法和离散傅里叶(逆)变换实现脉冲涡流检测的电磁场模型求解，计算快速准确，可适用于任何暂态激励的涡流检测信号。然后，采用等效场的泰勒展开式描述磁致伸缩比例系数和应力之间的关系，建立非线性应力和局部应力的等效场表达式，并通过将力磁耦合场离散化，解释了磁记忆现象，为金属磁记忆检测提供了理论基础。最后，通过建立非接触式扭转模态导波检测接收线圈电压的表达式，为提出非接触扭转模态导波提供了理论基础；通过求解弹性动力学方程，建立带保温层管道的频散方程，为带保温层管道电磁导波检测中模态和频率选择提供了参考。

2.1　电磁无损检测的理论基础

从系统的观点看，检测就是系统输入输出关系，具体到电磁无损检测就是电磁场作用到被测试件，求其与试件相互作用的响应，进而根据响应获取试件有无缺陷状态的信息。因此，电磁无损检测实施的前提是试件导电、导磁或既导电又导磁，而材料的导电和导磁特性属于其本构关系。本书聚焦于铁磁金属材料的电磁检测，因此，其理论基础包括描述电磁场关系的麦克斯韦方程组和描述铁磁材料本构关系的铁磁学内容，下面分别加以论述。

2.1.1　电磁场理论基础

电磁学的本质可由四个相互作用的矢量以及它们与物质间的相互作用描述。

这四个和时间有关的矢量归结为电磁场，即电场强度 E、电位移 D、磁场强度 H 以及磁感应强度 B。麦克斯韦方程组描述了这一作用关系，构成了一套描述电磁现象的公式。一般情况下，麦克斯韦方程组是一组非线性的、耦合的、二阶的，并和时间有关的偏微分方程组，很难得到其一般解。这里主要讨论与本书相关的基本理论。

麦克斯韦方程组的微分形式如式(2.1)~式(2.4)所示，积分形式如式(2.5)~式(2.8)所示：

$$\nabla \times E = -\frac{\partial B}{\partial t} \tag{2.1}$$

$$\nabla \times H = J + \frac{\partial D}{\partial t} \tag{2.2}$$

$$\nabla \cdot D = \rho \tag{2.3}$$

$$\nabla \cdot B = 0 \tag{2.4}$$

$$\oint_l E \cdot \mathrm{d}l = -\iint_S \frac{\partial B}{\partial t} \cdot \mathrm{d}S = -\frac{\partial \Phi}{\partial t} \tag{2.5}$$

$$\oint_l H \cdot \mathrm{d}l = I + \iint_S \frac{\partial D}{\partial t} \cdot \mathrm{d}S \tag{2.6}$$

$$\oint_S D \cdot \mathrm{d}S = Q \tag{2.7}$$

$$\oint_S B \cdot \mathrm{d}S = 0 \tag{2.8}$$

式中，J 为源电流密度；ρ 为电荷密度；S 为闭合曲面；Φ 为磁通量；Q 为电荷数。

方程组既不是线性的也不是非线性的，其特性由材料属性决定，不隐含在方程中而包含在材料的本构关系中，材料本构关系则由式(2.9)~式(2.11)决定：

$$B = \mu H \tag{2.9}$$

$$D = \varepsilon E \tag{2.10}$$

$$J = \sigma E \tag{2.11}$$

如果这些本构关系方程为非线性，那么麦克斯韦方程关系式是非线性的。特别地，铁磁材料的磁导率是高度非线性的。另外，磁导率 μ、电导率 σ 和介电常数 ε 一般来说是张量，从而使得方程的求解更加困难。只有在线性、各向同性、均匀的材料中，上述材料特性常数才是单值的标量。本书仅关注这一点。

2.1.2　电磁检测理论基础

如果麦克斯韦方程组中对时间的微分分量为零，可获得静电场和静磁场方程组。四个微分方程组变为式(2.12)~式(2.15)，积分形式变为式(2.16)~式(2.19)：

$$\nabla \times E = 0 \qquad\qquad (2.12)$$

$$\nabla \times H = J \qquad\qquad (2.13)$$

$$\nabla \cdot D = \rho \qquad\qquad (2.14)$$

$$\nabla \cdot B = 0 \qquad\qquad (2.15)$$

$$\oint_l E \cdot \mathrm{d}l = 0 \qquad\qquad (2.16)$$

$$\oint_l H \cdot \mathrm{d}l = I \qquad\qquad (2.17)$$

$$\oint_S D \cdot \mathrm{d}S = Q \qquad\qquad (2.18)$$

$$\oint_S B \cdot \mathrm{d}S = 0 \qquad\qquad (2.19)$$

式(2.12)和式(2.14)是静电场的法拉第定律和高斯定律，并且没有包含磁场。同理，式(2.13)和式(2.15)是静磁场的安培定律和高斯磁定律，也不依赖电场。

这样，静电场和静磁场的方程是完全独立的，电学量无须借助磁场即可计算得到，反之亦然。前者是基于电场检测的基础，后者是基于磁场检测的基础。如果麦克斯韦方程组中对时间的微分分量不为零，电与磁耦合在一起，构成基于电磁场检测的基础。如果再考虑材料受到力场作用，则其本构关系中的磁导率 μ、电导率 σ 和介电常数 ε 也会发生变化，这样代入麦克斯韦方程组，则获取与力有关的信息，形成基于电磁-力的检测。前面两种检测技术已有相关论著，本书关注于后面两种技术。

对于基于电磁场的检测主要考虑在脉冲输入情况下，材料的电磁响应，即脉冲涡流检测问题。对于基于电磁-力的检测，本书关注静态力和动态力两种情况，对于静态力的情况，考虑单独静磁场在静态力作用下的情况，例如，试件应力变化是一个缓变过程，地磁场可近似为一种静态磁场，研究应力与静态磁场之间的关系，即磁记忆检测。对于动态力的情况，根据静态场和动态场相互作用方向的不同，可分为不同类型的磁致伸缩效应，在试件产生随时间变化的不同方向的磁致伸缩应变时，形成磁致伸缩导波检测。

2.2　基于解析解的涡流检测理论

2.2.1　基于解析解的涡流检测理论发展历程

在涡流检测的研究中，解析模型是一个非常有用的工具，其对于理解潜在的物理过程、优化探头的设计、选择优化的测试参数集及预知缺陷检出的可能性都具有重要的作用。针对具体的应用对象，忽略某些不重要或影响小的因素，建立具有代表性的解析模型一直是涡流检测研究者关注的问题。众多学者针对不同的问题建立了不同的模型。

在涡流检测研究过程中，最具代表性、应用最广泛的是 Dodd-Deeds 模型[2]。1968 年，Dodd 和 Deeds 开创性地给出了放置式线圈位于两层导体平板上和缠绕式线圈包围无限长两层导体棒这两类涡流检测问题的线圈阻抗解析解，从而奠定了涡流检测的解析理论基础。Dodd-Deeds 模型求解的关键是应用分离变量法，并在介质分界面上应用边界条件列出方程组，给出的是积分形式解。当被测导体层数较多时，方程组的求解困难。解决这一问题的是 Dodd 课题组的 Cheng 等[3]，他们提出用传递矩阵法求解任意层导体的反射系数，物理意义明确，表达式的规律性强。之后，许多学者将 Dodd-Deeds 模型和 Cheng 矩阵法用于其他涡流问题的解析建模，例如，Uzal 等[4]、Theodoulidis 等[5,6]、Kolyshkin 等[7]研究了电导率和磁导率连续变化的涡流检测问题。Bowler[8]使用半空间内的并矢格林函数计算了半平面导体的涡流线圈响应。Theodoulidis 等[9-16]针对 Dodd-Deeds 模型中贝塞尔函数二重积分难计算的问题，将偏微分方程理论中的特征函数展式法应用到涡流检测解析建模中，把无限大求解区域截断为有限半径的圆柱体，得到了以无穷级数和表达的解析解，Theodoulidis 等将该方法命名为 TREE 法，即通过设置求解域大小和级数的求和项数可容易地控制计算精度；同时由于不需要确定积分上限，计算速度较 Dodd-Deeds 模型快[9,10]。另外，TREE 法的引入极大地拓展了涡流检测解析建模的范围，如管道内外壁不同轴[11]、管和棒的端部对线圈阻抗的影响[12,13]、板边缘对线圈阻抗的影响[14]、穿过式偏心线圈[15]，以及位于半平面导体垂直圆柱孔洞上线圈[16]的阻抗和感应电压等。

在导体缺陷涡流检测的建模上，1964 年，Burrows[17]进行了开创性的研究，其研究结果被 Dodd 和 Deeds 证实[2]。他们将在加工有人工缺陷的铝板和铝管上测得的阻抗变化值与数值计算值进行比较。结果表明，当缺陷与趋肤深度相比较小且对探头阻抗变化影响足够大时，模型精度较高，即他们的模型仅适用于小缺陷。Sabbagh 等[18,19]使用玻恩近似（Born approximation）由接收到的散射场的幅度和相位重建出缺陷和电导率轮廓，电场积分方程被线性化后进行求解。后来，更为精确的 3D 模型的建立实现了体积型缺陷涡流检测的建模[20]。Bowler 等[21,22]将宽度很小的裂纹看成一个厚度为 0 的面型缺陷，称为"理想裂纹"，其作用可用分布在裂纹面上的等效电流偶极子层代替，等效源面密度通过积分方程法求得。

　　脉冲涡流的理论建模沿袭涡流检测的理论建模，解析法一般用于求解厚度、探头提离、电磁属性等问题的脉冲涡流模型，这些模型常可简化为二维模型。Waidelich 等[23]将探头的激励电磁场假设成平面电磁波，应用拉普拉斯逆变换法得到了空气与包裹裂变材料的保护层界面上反射磁场对时间的变化率，以此研究探头感应电压的变化规律。Yang 等[24]采用傅里叶逆变换法得到了磁性基底上非磁性涂层或非磁性基底上磁性涂层的探头瞬态感应电压。Kiwa 等[25]采用傅里叶变换法得到了导体板的固有频率响应，以此构建出试件的横断面图像进而估计出试件中缺陷的深度。de Haan 等[26]针对包含激励和接收线圈的半空间或导体板的实际检测模型，将导体平板的反射系数分时段进行数学近似并求傅里叶逆变换，推导出可用初等函数表达的接收线圈感应电压。Bowler 等[27,28]推导了半无限导体脉冲涡流响应的拉普拉斯变换域闭合形式积分解；基于 TREE 法，通过分时段对电流和反射系数乘积进行拉普拉斯逆变换，导出了阶跃和指数两种激励下探头感应电压的解析解。Theodoulidis[29]通过求解拉普拉斯变换域内导体平板反射系数表达式的极点，并利用 Heaviside 展开定理给出了一种更简单快速的计算脉冲涡流响应的方法。Li 等[30]提出了考虑实际检测元件体积的扩展 TREE 法，应用傅里叶逆变换法计算多层导电结构脉冲涡流检测元件的磁场。范孟豹等[31-33]基于电磁波反射和传播理论，运用 TREE 法和傅里叶叠加原理对多层导电结构脉冲涡流检测的差分感应电压进行了建模。陈兴乐等[34]利用傅里叶变换，得到了导电、导磁中空管道外鞍形线圈通有脉冲电流时鞍形检测线圈两端感应电压的解析式。

　　上述解析建模可分为两类：傅里叶逆变换法和拉普拉斯逆变换法。其中，傅里叶逆变换法基于单频涡流模型和叠加原理，易于实现，特别是 MATLAB、Maple 等数学软件内含傅里叶(逆)变换函数，使得工程应用非常方便。但是该方法由于对频谱进行了截断，其精度受吉布斯效应影响，尽管可以用数学方法在一定程度上削弱该影响[31]。拉普拉斯逆变换法精度高，但拉普拉斯变换对有限，许多拉普拉斯变换域表达式无法进行逆变换，如何将这一方法在应用上扩展仍然是涡流检测解析面临的一个难题。

2.2.2　谐波涡流场模型

　　在涡流检测中，当被检构件与放置式线圈半径之比较大时，被检构件问题常采用近似方法化为平板进行求解，如蒸汽发生器管道涡流检测的 Benchmark 问题。当两者的半径相差不是很大时，被检构件半径变化对脉冲涡流传感器感应电压信号的影响仍然很小。因此，按介质的电磁属性划分，带包覆层钢制蒸汽管道可抽象为图 2.1 所示四层平板模型。

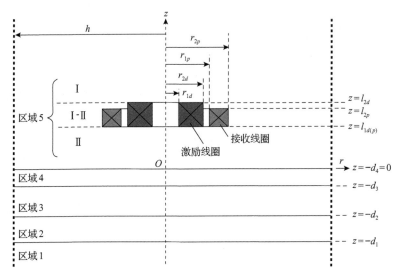

图 2.1　带包覆层钢制蒸汽管道检测区域划分示意图

保护层上方放置两个均匀绕制的同轴空心圆柱线圈,扁平的接收线圈位于激励线圈外部,两个线圈下端面平齐。考虑到模型的对称性及介质边界条件的设定问题,选取圆柱坐标系 (r, θ, z),$z=0$ 平面与平板上表面重合,z 轴与线圈的对称轴重合。为便于分析,将整个求解空间按 z 向位置分为 5 个区域:区域 5 对应于线圈所处的上半空气域,区域 4 对应于保护层,区域 3 对应于绝热层,区域 2 对应于管壁,区域 1 对应于被检构件内的蒸汽介质域。区域 5 被线圈分隔为 3 个子域:Ⅰ 区为线圈上端面以上的上半空间,Ⅰ-Ⅱ 区为线圈所处的空间,Ⅱ 区为线圈下端面至保护层的空间。

在涡流检测中,由于磁场较小,对于碳钢、合金钢类构件,磁导率可近似为常数,理论计算能很好地吻合实验结果[35]。因此,假设模型的各区域介质均为线性、均匀且各向同性介质,其磁导率和电导率分别为 μ_i 和 $\sigma_i (i = 1, 2, 3, 4, 5)$。

1. 单匝线圈激励模型

为建立图 2.1 所示模型的解析解,首先考虑一个简单的模型:理想单匝线圈位于保护层上方 (r_0, l_0) 的位置并在线圈中加载角频率 $\omega=2\pi f$ 的正弦电流。根据时谐电磁场的 Maxwell 方程组:

$$\nabla \times H = J + (\sigma + \mathrm{j}\omega\varepsilon)E \tag{2.20}$$

$$\nabla \times E = -\mathrm{j}\omega B \tag{2.21}$$

$$\nabla \cdot B = 0 \tag{2.22}$$

$$\nabla \cdot D = \rho \tag{2.23}$$

式中，H、B、D、E、J、ρ 和 ε 分别为磁场强度、磁感应强度、电位移、电场强度、源电流密度、电荷密度和介电常数。

引入矢量磁位 A，并应用库仑规范：

$$B = \nabla \times A \tag{2.24}$$

$$\nabla \cdot A = 0 \tag{2.25}$$

将式 (2.24) 代入式 (2.21) 得

$$\nabla \times (E + \mathrm{j}\omega A) = 0 \tag{2.26}$$

将式 (2.24)、式 (2.26) 及介质本构关系式 $B=\mu H$ 代入式 (2.20)，得

$$\nabla \times \frac{1}{\mu} \nabla \times A = J - (\sigma + \mathrm{j}\omega\varepsilon)\mathrm{j}\omega A \tag{2.27}$$

运用矢量恒等式 $\nabla \times \nabla \times A = \nabla(\nabla \cdot A) - \nabla^2 A$，得

$$\nabla^2 A = -\mu J + (\mathrm{j}\omega\mu\sigma - \omega^2\mu\varepsilon)A \tag{2.28}$$

在涡流检测中，激励频率不超过 10MHz，$\sigma \gg \varepsilon\omega$，因而可忽略 $\omega^2\mu\varepsilon$，于是式 (2.28) 变为

$$\nabla^2 A = -\mu J + \mathrm{j}\omega\mu\sigma A \tag{2.29}$$

因圆柱形线圈的激励场具有轴对称特性，且求解域也可看成半径为无限大的圆柱体，矢量磁位 A 仅存在周向分量 A_θ。为简化表述，下文统一用 A 代替 A_θ。将式 (2.12) 在圆柱坐标系 (r, θ, z) 下展开，得

$$\left(\frac{\partial^2}{\partial r^2} + \frac{1}{r}\frac{\partial}{\partial r} + \frac{\partial^2}{\partial z^2} - \frac{1}{r^2} - \mathrm{j}\omega\mu\sigma \right)A + \mu I\delta(r - r_0)\delta(z - z_0) = 0 \tag{2.30}$$

式中，I 为线圈激励电流密度幅值；$\delta(r - r_0)$ 和 $\delta(z - z_0)$ 为 Dirac Delta 函数。

在线圈所处的空气域 (区域 5)，式 (2.30) 简化为

$$\frac{\partial^2 A}{\partial r^2} + \frac{1}{r}\frac{\partial A}{\partial r} + \frac{\partial^2 A}{\partial z^2} - \frac{A}{r^2} = 0 \tag{2.31}$$

在被测对象区域(区域1～4)的偏微分方程为

$$\frac{\partial^2 A}{\partial r^2} + \frac{1}{r}\frac{\partial A}{\partial r} + \frac{\partial^2 A}{\partial z^2} - \frac{A}{r^2} - \mathrm{j}\omega\mu_i\sigma_i A = 0 \tag{2.32}$$

设定 $A(r,z) = R(r)Z(z)$ 并在式(2.32)两边同时除以 $R(r)Z(z)$ 得

$$\frac{1}{R(r)}\frac{\partial^2 R(r)}{\partial r^2} + \frac{1}{rR(r)}\frac{\partial R(r)}{\partial r} + \frac{1}{Z(z)}\frac{\partial^2 Z(z)}{\partial z^2} - \frac{1}{r^2} - \mathrm{j}\omega\mu_i\sigma_i = 0 \tag{2.33}$$

引入常数 α^2,运用分离变量法,将偏微分方程式(2.33)化为两个常微分方程:

$$\frac{1}{Z(z)}\frac{\partial^2 Z(z)}{\partial z^2} = \beta_i^2 \tag{2.34}$$

$$\frac{1}{R(r)}\frac{\partial^2 R(r)}{\partial r^2} + \frac{1}{rR(r)}\frac{\partial R(r)}{\partial r} + \alpha^2 - \frac{1}{r^2} = 0 \tag{2.35}$$

式中,$\beta_i = \sqrt{\alpha^2 + \mathrm{j}\omega\mu_i\sigma_i}$。

求解方程式(2.34)可得

$$Z(z) = a\mathrm{e}^{\beta_i z} + b\mathrm{e}^{-\beta_i z} \tag{2.36}$$

方程式(2.35)为一阶贝塞尔方程,其解为

$$R(r) = c\mathrm{J}_1(\alpha r) + d\mathrm{Y}_1(\alpha r) \tag{2.37}$$

式中,J_1 和 Y_1 分别为第一类和第二类一阶贝塞尔函数。

联系式(2.36)和式(2.37),得

$$A(r,z) = (a\mathrm{e}^{\beta_i z} + b\mathrm{e}^{-\beta_i z})(c\mathrm{J}_1(\alpha r) + d\mathrm{Y}_1(\alpha r)) \tag{2.38}$$

要求得矢量磁位 $A(r,z)$,需求解四个参数 a、b、c、d。它们都是分离常量 α 的函数,并且对于不同的 α 值,其取值也是不同的。所以要获得 $A(r,z)$ 的全部解,必须对所有 α 的解求和。因为 α 是个连续变量,$A(r,z)$ 的解就是对 α 所有解的积分。这样,就有如下方程:

$$A(r,z) = \int_0^\infty (a(\alpha)\mathrm{e}^{\beta_i z} + b(\alpha)\mathrm{e}^{-\beta_i z})(c(\alpha)\mathrm{J}_1(\alpha r) + d(\alpha)\mathrm{Y}_1(\alpha r))\mathrm{d}\alpha \tag{2.39}$$

在区域 5 中，由于 z 趋于无限大，必须令 $a(\alpha)=0$；而在区域 1 中，z 区域为负无穷大，所以 $b(\alpha)=0$；由于 $Y_1(\alpha r)$ 在原点处发散，$d(\alpha)$ 必须在所有区域中恒等于 0。从而得到每个区域的方程如下：

$$A^{(1)}(r,z) = \int_0^\infty c_1(\alpha)\mathrm{e}^{\beta_1 z}\mathrm{J}_1(\alpha r)\mathrm{d}\alpha \tag{2.40}$$

$$A^{(2)}(r,z) = \int_0^\infty (c_2(\alpha)\mathrm{e}^{\beta_2 z} + b_2(\alpha)\mathrm{e}^{-\beta_2 z})\mathrm{J}_1(\alpha r)\mathrm{d}\alpha \tag{2.41}$$

$$A^{(3)}(r,z) = \int_0^\infty (c_3(\alpha)\mathrm{e}^{\beta_3 z} + b_3(\alpha)\mathrm{e}^{-\beta_3 z})\mathrm{J}_1(\alpha r)\mathrm{d}\alpha \tag{2.42}$$

$$A^{(4)}(r,z) = \int_0^\infty (c_4(\alpha)\mathrm{e}^{\beta_4 z} + b_4(\alpha)\mathrm{e}^{-\beta_4 z})\mathrm{J}_1(\alpha r)\mathrm{d}\alpha \tag{2.43}$$

$$A^{(\mathrm{II})}(r,z) = \int_0^\infty (c_{\mathrm{II}}(\alpha)\mathrm{e}^{\alpha z} + b_{\mathrm{II}}(\alpha)\mathrm{e}^{-\alpha z})\mathrm{J}_1(\alpha r)\mathrm{d}\alpha \tag{2.44}$$

$$A^{(\mathrm{I})}(r,z) = \int_0^\infty b_{\mathrm{I}}(\alpha)\mathrm{e}^{-\alpha z}\mathrm{J}_1(\alpha r)\mathrm{d}\alpha \tag{2.45}$$

区域间边界条件为

$$A^{(\mathrm{I})}(r,l_0) = A^{(\mathrm{II})}(r,l_0) \tag{2.46}$$

$$\left.\frac{\partial A^{(\mathrm{I})}(r,z)}{\partial z}\right|_{z=l_0} = \left.\frac{\partial A^{(\mathrm{II})}(r,z)}{\partial z}\right|_{z=l_0} - \mu_0 I\delta(r-r_0) \tag{2.47}$$

$$A^{(i)}(r,z)\big|_{z=-d_i} = A^{(i+1)}(r,z)\big|_{z=-d_i}, \quad i=1,2,3,4 \tag{2.48}$$

$$\left.\left(\frac{1}{\mu_i}\frac{\partial A^{(i)}(r,z)}{\partial z}\right)\right|_{z=-d_i} = \left.\left(\frac{1}{\mu_{i+1}}\frac{\partial A^{(i+1)}(r,z)}{\partial z}\right)\right|_{z=-d_i}, \quad i=1,2,3,4 \tag{2.49}$$

方程 (2.46) 说明

$$\int_0^\infty b_{\mathrm{I}}(\alpha)\mathrm{e}^{-\alpha l_0}\mathrm{J}_1(\alpha r)\mathrm{d}\alpha = \int_0^\infty (c_{\mathrm{II}}(\alpha)\mathrm{e}^{\alpha l_0} + b_{\mathrm{II}}(\alpha)\mathrm{e}^{-\alpha l_0})\mathrm{J}_1(\alpha r)\mathrm{d}\alpha \tag{2.50}$$

将式 (2.50) 两边同乘以 $\int_0^\infty \mathrm{J}_1(\alpha' r)r\mathrm{d}r$，改变积分次序，得

$$\int_0^\infty \frac{b_{\mathrm{I}}(\alpha)\mathrm{e}^{-\alpha l_0}}{\alpha}\left(\int_0^\infty \mathrm{J}_1(\alpha r)\mathrm{J}_1(\alpha' r)\alpha r\mathrm{d}r\right)\mathrm{d}\alpha \tag{2.51}$$

$$=\int_0^\infty \alpha^{-1}\left(c_{\mathrm{II}}(\alpha)\mathrm{e}^{\alpha l_0}+b_{\mathrm{II}}(\alpha)\mathrm{e}^{-\alpha l_0}\right)\left(\int_0^\infty \mathrm{J}_1(\alpha r)\mathrm{J}_1(\alpha' r)\alpha r\mathrm{d}r\right)\mathrm{d}\alpha$$

利用傅里叶-贝塞尔方程:

$$F(\alpha')=\int_0^\infty F(\alpha)\int_0^\infty \mathrm{J}_1(\alpha r)\mathrm{J}_1(\alpha' r)\alpha r\mathrm{d}r\mathrm{d}\alpha$$

简化方程式(2.51), 得到

$$b_{\mathrm{I}}\mathrm{e}^{-\alpha l_0}=c_{\mathrm{II}}\mathrm{e}^{\alpha l_0}+b_{\mathrm{II}}\mathrm{e}^{-\alpha l_0} \tag{2.52}$$

同理, 可得到如下方程:

$$-b_{\mathrm{I}}\mathrm{e}^{-\alpha l_0}=c_{\mathrm{II}}\mathrm{e}^{\alpha l_0}-b_{\mathrm{II}}\mathrm{e}^{-\alpha l_0}-\mu_0 I r_0 \mathrm{J}_1(\alpha r_0) \tag{2.53}$$

$$c_{\mathrm{II}}+b_{\mathrm{II}}=c_4+b_4 \tag{2.54}$$

$$(\alpha/\mu_0)c_{\mathrm{II}}-(\alpha/\mu_0)b_{\mathrm{II}}=(\beta_4/\mu_4)c_4-(\beta_4/\mu_4)b_4 \tag{2.55}$$

$$c_4\mathrm{e}^{-\beta_4 d_3}+b_4\mathrm{e}^{\beta_4 d_3}=c_3\mathrm{e}^{-\beta_3 d_3}+b_3\mathrm{e}^{\beta_3 d_3} \tag{2.56}$$

$$(\beta_4/\mu_4)c_4\mathrm{e}^{-\beta_4 d_3}-(\beta_4/\mu_4)b_4\mathrm{e}^{\beta_4 d_3}=(\beta_3/\mu_3)c_3\mathrm{e}^{-\beta_3 d_3}-(\beta_3/\mu_3)b_3\mathrm{e}^{\beta_3 d_3} \tag{2.57}$$

$$c_3\mathrm{e}^{-\beta_3 d_2}+b_3\mathrm{e}^{\beta_3 d_2}=c_2\mathrm{e}^{-\beta_2 d_2}+b_2\mathrm{e}^{\beta_2 d_2} \tag{2.58}$$

$$(\beta_3/\mu_3)c_3\mathrm{e}^{-\beta_3 d_2}-(\beta_3/\mu_3)b_3\mathrm{e}^{\beta_3 d_2}=(\beta_2/\mu_2)c_2\mathrm{e}^{-\beta_2 d_2}-(\beta_2/\mu_2)b_2\mathrm{e}^{\beta_2 d_2} \tag{2.59}$$

$$c_2\mathrm{e}^{-\beta_2 d_1}+b_2\mathrm{e}^{\beta_2 d_1}=c_1\mathrm{e}^{-\beta_1 d_1} \tag{2.60}$$

$$(\beta_2/\mu_2)c_2\mathrm{e}^{-\beta_2 d_1}-(\beta_2/\mu_2)b_2\mathrm{e}^{\beta_2 d_1}=(\beta_1/\mu_1)c_1\mathrm{e}^{-\beta_1 d_1} \tag{2.61}$$

由于区域 1 和区域 3 的介质既不导电也不导磁, 故以上方程中, $\mu_1=\mu_3=\mu_0$, $\sigma_1=\sigma_3=0$, $\beta_1=\beta_3=\alpha$。联立式(2.52)~式(2.61)求得未知系数 b_{I}、c_{II}、b_{II}、c_4、b_4、c_3、b_3、c_2、b_2、c_1 的表达式, 进而可求出理想单匝线圈在正弦电流激励 I 下每个区域的矢量磁位。式中, $A^{(\mathrm{I})}(r,z)$ 和 $A^{(\mathrm{II})}(r,z)$ 的表达式为

$$A^{(\mathrm{I})}(r,z) = \frac{1}{2}\mu_0 Ir_0 \int_0^\infty \mathrm{J}_1(\alpha r_0)\mathrm{J}_1(\alpha r)\mathrm{e}^{-\alpha l_0 - \alpha z} \times (\mathrm{e}^{2\alpha l_0} + \varGamma(\alpha))\mathrm{d}\alpha \qquad (2.62)$$

$$A^{(\mathrm{II})}(r,z) = \frac{1}{2}\mu_0 Ir_0 \int_0^\infty \mathrm{J}_1(\alpha r_0)\mathrm{J}_1(\alpha r)\mathrm{e}^{-\alpha l_0} \times (\mathrm{e}^{\alpha z} + \varGamma(\alpha)\mathrm{e}^{-\alpha z})\mathrm{d}\alpha \qquad (2.63)$$

式中，$\varGamma(\alpha)$ 是试件的反射系数，可表示为如下的迭代方程[3]：

$$\varGamma(\alpha) = \frac{V_{12}(n)}{V_{22}(n)}\bigg|_{n=5} = \frac{t_{11}(n,n-1)V_{12}(n-1) + t_{12}(n,n-1)V_{22}(n-1)}{t_{21}(n,n-1)V_{12}(n-1) + t_{22}(n,n-1)V_{22}(n-1)} \qquad (2.64)$$

式中，

$$\begin{cases} t_{ij}(n,n-1) = [1 + (-1)^{i+j}\beta_{n-1}\mu_n/(\beta_n\mu_{n-1})]\exp[(-1)^j\beta_{n-1}(d_{n-2} - d_{n-1})] \\ t_{i2} \equiv [1 + (-1)^{i+2}\beta_1\mu_2/\beta_2\mu_1] = V_{i2}(2) \end{cases} \qquad (2.65)$$

2. 多匝线圈激励模型

均匀绕制的多匝线圈可以看成是多匝半径和高度不同的单匝线圈的组合，运用叠加原理可得多匝线圈的矢量磁位表达式：

$$A_{\mathrm{tot}}(r,z) = \sum_{i=1}^{n_d} A(r,z,r_i,l_i) \qquad (2.66)$$

式中，n_d 为线圈匝数；$A(r,z,r_i,l_i)$ 为位于 (r_i, l_i) 的单匝线圈的矢量磁位。

对于矩形截面线圈，当忽略线圈绕线间的缝隙时，式(2.66)变成积分形式：

$$\begin{aligned} A_{\mathrm{tot}}(r,z) &= \int_{\mathrm{area}} A(r,z,r_0,l_0)\mathrm{d}(\mathrm{area}) \\ &= \int_{r_{1d}}^{r_{2d}} \int_{l_{1d}}^{l_{2d}} A(r,z,r_0,l_0)\mathrm{d}r_0\mathrm{d}l_0 \end{aligned} \qquad (2.67)$$

式中，$A(r,z,r_0,l_0)$ 为激励电流密度 $i_0(r_0,l_0)$ 产生的矢量磁位；area 为激励线圈横截面积；r_{1d} 和 r_{2d} 分别为线圈内半径和外半径；l_{1d} 为线圈底端到保护层的距离（即提离距离）；l_{2d} 为线圈顶端到保护层的距离。

当忽略导线内电流的趋肤效应时，线圈截面内电流均匀分布，单匝线圈电流密度为

$$J = \frac{n_d I}{(r_{2d} - r_{1d})(l_{2d} - l_{1d})} \tag{2.68}$$

式中，I 为单匝线圈激励电流幅值。

将式(2.62)、式(2.63)和式(2.68)代入式(2.67)，得

$$
\begin{aligned}
A_{\text{tot}}^{(\mathrm{I})}(r,z) = & \frac{\mu_0 n_d I}{2(r_{2d} - r_{1d})(l_{2d} - l_{1d})} \\
& \times \int_0^\infty \frac{J_1(\alpha r)\chi(\alpha r_{1d}, \alpha r_{2d})}{\alpha^3} e^{-\alpha z} \left[e^{\alpha l_{2d}} - e^{\alpha l_{1d}} - (e^{-\alpha l_{2d}} - e^{-\alpha l_{1d}})\Gamma(\alpha) \right] d\alpha
\end{aligned}
\tag{2.69}
$$

$$
\begin{aligned}
A_{\text{tot}}^{(\mathrm{II})}(r,z) = & \frac{\mu_0 n_d I}{2(r_{2d} - r_{1d})(l_{2d} - l_{1d})} \\
& \times \int_0^\infty \frac{J_1(\alpha r)\chi(\alpha r_{1d}, \alpha r_{2d})}{\alpha^3} (e^{-\alpha l_{1d}} - e^{-\alpha l_{2d}})(e^{\alpha z} + \Gamma(\alpha)e^{-\alpha z}) d\alpha
\end{aligned}
\tag{2.70}
$$

式中，$\chi(x_1, x_2) = \int_{x_1}^{x_2} x J_1(x) dx$。

求解区域 I-II 内的矢量磁位 $A_{\text{I-II}}$ 需要应用叠加原理。具体步骤为：将 $A_{\text{tot}}^{(\mathrm{I})}$ 中的 l_{2d} 替换为 z，将 $A_{\text{tot}}^{(\mathrm{II})}$ 的 l_{1d} 替换为 z，然后将两者相加，得到的 $A_{\text{I-II}}$ 表达式为

$$
\begin{aligned}
A_{\text{I-II}}(r,z) = & \frac{\mu_0 n_d I}{2(r_{2d} - r_{1d})(l_{2d} - l_{1d})} \int_0^\infty (1/\alpha^3) \chi(\alpha r_{1d}, \alpha r_{2d}) J_1(\alpha r) \\
& \times \left[2 - e^{\alpha(z - l_{2d})} - e^{-\alpha(z - l_{1d})} + e^{-\alpha z}(e^{-\alpha l_{1d}} - e^{-\alpha l_{2d}})\Gamma(\alpha) \right] d\alpha
\end{aligned}
\tag{2.71}
$$

3. 接收线圈感应电压

接收线圈中的感应电压可表示为

$$
\begin{aligned}
U = & j\omega \int A \cdot ds = \frac{j2\pi\omega n_p}{\text{area}'} \iint_{\text{area}'} r A_{\text{I-II}} dr dz \\
= & \frac{j\pi\omega\mu_0 n_d n_p I}{(r_{2d} - r_{1d})(l_{2d} - l_{1d})(r_{2p} - r_{1p})(l_{2p} - l_{1p})} \int_0^\infty \frac{1}{\alpha^5} \chi(\alpha r_{1d}, \alpha r_{2d})\chi(\alpha r_{1p}, \alpha r_{2p}) \\
& \times \Big\{ 2(l_{2p} - l_{1p}) + \alpha^{-1}\left[e^{\alpha(l_{1p} - l_{2d})} - e^{\alpha(l_{2p} - l_{2d})} + e^{-\alpha(l_{2p} - l_{1d})} - e^{-\alpha(l_{1p} - l_{1d})} \right. \\
& + \left. (e^{-\alpha l_{2p}} - e^{-\alpha l_{1p}})(e^{-\alpha l_{2d}} - e^{-\alpha l_{1d}})\Gamma(\alpha) \right] \Big\} d\alpha
\end{aligned}
\tag{2.72}
$$

式中，area′ 为接收线圈横截面积；r_{1d} 和 r_{2d} 分别是接收线圈的内半径和外半径；r_{1p} 和 r_{2p} 分别是接收线圈下端面和上端面到保护层的距离；n_p 是接收线圈匝数。

U 等于两个部分的叠加：一部分是激励磁场产生的感应电压 U_0，另一部分是试件中涡电流产生的感应电压 ΔU。ΔU 与各层介质的磁导率 μ_i、电导率 σ_i、厚度 d_i 等参数有关。它们的表达式分别为

$$U_0 = \frac{\mathrm{j}\pi\omega\mu_0 n_d n_p I}{(r_{2d}-r_{1d})(l_{2d}-l_{1d})(r_{2p}-r_{1p})(l_{2p}-l_{1p})}\int_0^\infty \frac{1}{\alpha^5}\chi(\alpha r_{1d},\alpha r_{2d})\chi(\alpha r_{1p},\alpha r_{2p})$$
$$\times\left\{2(l_{2p}-l_{1p})+\alpha^{-1}\left[\mathrm{e}^{\alpha(l_{1p}-l_{2d})}-\mathrm{e}^{\alpha(l_{2p}-l_{2d})}+\mathrm{e}^{-\alpha(l_{2p}-l_{1d})}-\mathrm{e}^{-\alpha(l_{1p}-l_{1d})}\right]\right\}\mathrm{d}\alpha$$

$$(2.73)$$

$$\Delta U = \frac{\mathrm{j}\pi\omega\mu_0 n_d n_p I}{(r_{2d}-r_{1d})(l_{2d}-l_{1d})(r_{2p}-r_{1p})(l_{2p}-l_{1p})}\int_0^\infty \frac{1}{\alpha^5}\chi(\alpha r_{1d},\alpha r_{2d})\chi(\alpha r_{1p},\alpha r_{2p})$$
$$\times(\mathrm{e}^{-\alpha l_{2d}}-\mathrm{e}^{-\alpha l_{1d}})(\mathrm{e}^{-\alpha l_{2p}}-\mathrm{e}^{-\alpha l_{1p}})\Gamma(\alpha)\mathrm{d}\alpha$$
$$= \mathrm{j}\pi\omega\mu_0 I\int_0^\infty \Gamma(\alpha)S(\alpha)\mathrm{d}\alpha$$

$$(2.74)$$

式中

$$S(\alpha) = n_d n_p \frac{\chi(\alpha r_{1d},\alpha r_{2d})}{(r_{2d}-r_{1d})\alpha^2}\frac{\chi(\alpha r_{1p},\alpha r_{2p})}{(r_{2p}-r_{1p})\alpha^2}\frac{\mathrm{e}^{-\alpha l_{2d}}-\mathrm{e}^{-\alpha l_{1d}}}{\alpha(l_{2d}-l_{1d})}\frac{\mathrm{e}^{-\alpha l_{2p}}-\mathrm{e}^{-\alpha l_{1p}}}{\alpha(l_{2p}-l_{1p})} \quad (2.75)$$

$S(\alpha)$ 表征了不同的 α 对感应电压幅值的贡献，与激励线圈和接收线圈的几何结构及尺寸相关。因此，$S(\alpha)$ 可用来优化脉冲涡流传感器的结构。

式(2.74)中含有贝塞尔函数的二重积分，积分范围从 0 到 ∞，在应用中通常采用数值计算求解，存在计算精度调整不方便、积分上限确定困难等问题[10]。电涡流积分模型这一缺点产生的原因为求解区域的无边界性。然而实际的电涡流检测问题并不是一个无边界问题，而且线圈激励场及涡流场的绝大部分能量都局限在较小的有限空间内。基于此，Theodoulidis 等[9,10]提出了 TREE 法，将无限大求解区域用半径一定的圆柱体代替。这样，涡流场解析表达式的二重积分就转化为无穷级数的和，大大简化了数值计算过程，提高了计算效率。因此，本书采用 TREE 法对带包覆层被检构件脉冲涡流模型的求解域进行了截断。如图 2.1 所示，在 $r=h$ 处强制施加均匀狄利克雷条件以应用 TREE 法，则求解域在径向被限制在圆柱体中。于是，式(2.74)转化为级数形式：

$$\Delta U = \frac{\mathrm{j}2\pi\omega\mu_0 n_d n_p I}{(r_{2d}-r_{1d})(l_{2d}-l_{1d})(r_{2p}-r_{1p})(l_{2p}-l_{1p})}$$

$$\times \sum_{i=1}^{\infty} \chi(\alpha_i r_{1d},\alpha_i r_{2d})\chi(\alpha_i r_{1p},\alpha_i r_{2p})\frac{(\mathrm{e}^{-\alpha_i l_{2d}}-\mathrm{e}^{-\alpha_i l_{1d}})(\mathrm{e}^{-\alpha_i l_{2p}}-\mathrm{e}^{-\alpha_i l_{1p}})}{\left[(\alpha_i h)\mathrm{J}_0(\alpha_i h)\right]^2 \alpha_i^5}\Gamma(\alpha_i)$$

$$(2.76)$$

式中，α_i 为贝塞尔函数 $\mathrm{J}_1(\alpha_i h)$ 的第 i 个零点，即

$$\mathrm{J}_1(\alpha_i h) = \mathrm{J}_1(x_i) = 0 \Rightarrow \alpha_i = x_i/h \qquad (2.77)$$

相应地，$\Gamma(\alpha_i)$ 为将 $\Gamma(\alpha)$ 中的 α 置换成 α_i 的结果。

2.2.3 脉冲涡流场模型

脉冲涡流检测的激励为一宽带脉冲，在频域上可分解为许多谐波成分，当被测试件为线性介质时，可视其为一个线性系统。由叠加原理，脉冲涡流场的解可通过各谐波分量涡流场的解相加得到。将激励脉冲 $I(t)$ 采样得到 $I[k]$，再进行离散傅里叶变换(discrete Fourier transform，DFT)，得到 $I[\omega_m]$ 序列：

$$I[\omega_m] = \sum_{m=1}^{N} \mathrm{e}^{-\mathrm{j}\frac{2\pi}{N}(k-1)(m-1)}I[k], \quad k=1,2,\cdots,N \qquad (2.78)$$

式中，j 为虚数单位；N 表示对 $I(t)$ 离散的点数，即采样点数。

将 ω_m 及 $I[\omega_m]$ 替换式 (2.74) 中的 ω 及 I 得到频域感应电压序列 $\Delta U[\omega_m]$，然后对 $\Delta U[\omega_m]$ 进行离散傅里叶逆变换(inversion discrete Fourier transform，IDFT)，得到接收线圈中由脉冲涡流场产生的时域感应电压 $\Delta U[k]$ 序列：

$$\Delta U[k] = \frac{1}{N}\sum_{m=1}^{N} \mathrm{e}^{\mathrm{j}\frac{2\pi}{N}(k-1)(m-1)}\Delta U[\omega_m] \qquad (2.79)$$

由于 DFT-IDFT 是 FT-IFT 的离散形式，相当于对无限长的频谱做了截断处理，因此不可避免地会在信号中出现吉布斯现象；削弱吉布斯现象的一种方法是将各个谐波分量乘以一个吉布斯因子 $\gamma = \mathrm{sinc}(m\pi/N)$。另外，通过 DFT-IDFT，该模型能求解任何形式激励信号产生的脉冲涡流场。

根据以上建立的带包覆层被检构件脉冲涡流场解析模型，在 MATLAB 中编写探头感应电压计算程序，DFT 和 IDFT 分别采用 FFT 和 IFFT 函数实现，$\chi(x_1,x_2)$ 采用 Lobatto 数值积分求解。程序流程图如图 2.2 所示。

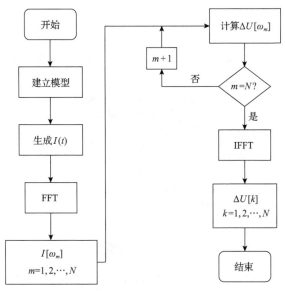

图 2.2　探头感应电压计算程序流程图

2.2.4　脉冲涡流模型验证

　　为验证带包覆层铁磁被检构件脉冲涡流检测的探头感应电压级数解析模型的正确性，针对模拟的带包覆层钢板厚度检测问题进行了计算和实验研究。实验中使用的脉冲涡流系统为自行研发的 HPEC-2011 脉冲涡流检测仪[36,37]。图 2.3（a）为该仪器实物图，包括主机、脉冲涡流探头、前置放大器、电池箱和笔记本电脑。图 2.3（b）为仪器各功能部件的连接示意图。函数发生器产生的方波电压经功率放大器转换成方波电流并放大；放大后的电流信号接入脉冲涡流探头的激励线圈；探头接收线圈的输出电压先由前置放大器放大，然后经 16 位的数据采集卡进行 A/D 转换与采样，

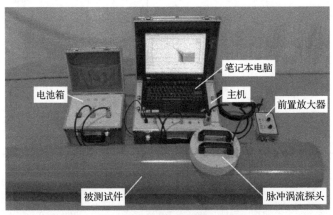

(a) 仪器实物图

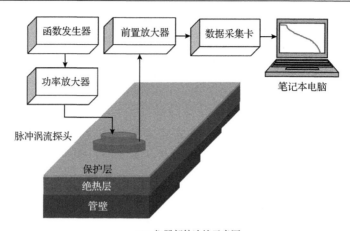

(b) 仪器部件连接示意图

图 2.3　脉冲涡流检测仪

最后接入笔记本电脑进行数据的分析处理、显示和存储等。制作一块材料为 Q345 的阶梯钢板以模拟厚度减薄的承压设备壳体,用 Panametrics-NDT 37DL PLUS 超声测厚仪测得各阶梯区域的厚度值如图 2.4 所示。将两块厚度为 10mm 的有机玻璃平板置于钢板上,用来模拟绝热层。有机玻璃板上覆盖一块 0.5mm 厚的镀锌铁皮,用来模拟保护层。实验中探头置于镀锌铁皮上,激励线圈加载重复频率 1Hz、占空比 50%、幅值 4A 的方波电流。信号采集的触发类型为下降沿触发,采集区间为方波的低电平段,采集完成后减去探头在空气中的信号。探头线圈及试件电磁参数分别列于表 2.1 和表 2.2。

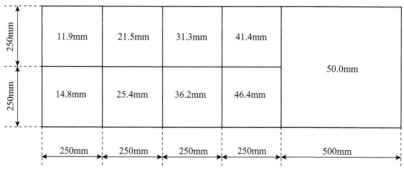

图 2.4　Q345 钢板试样尺寸

表 2.1　探头线圈参数

线圈类型	内半径 r_1/mm	外半径 r_2/mm	高度 l_2-l_1/mm	匝数 n
激励线圈	10	30	40	800
接收线圈	72	76	4	420

表 2.2　试件电磁参数

层区数	相对磁导率 μ_r	电导率 $\sigma/(\text{mS/m})$
1	1	0
2	640/600/525	1.6
3	1	0
4	300	2.0

解析模型中截断区域的半径 h 和级数的求和项数 M 影响计算结果的精度。当 h 不变时，增加 M 可提高计算精度，但不会无限度提高；确定了 M 之后，增大 h 能提高计算精度，但增加到一定程度后计算精度保持稳定，计算时间大大增加，此时若还需要提高计算精度，则必须同时增加 h 和 M。因此，需要综合考虑计算精度与时间，通过实验与对比来确定这两个参数。在本实例中，$h = 40r_{2p}$，$M = 160$。

图 2.5(a) 为在阶梯板厚度为 11.9mm、14.8mm 和 21.5mm 三个区域测试和计算得到的感应电压曲线，横坐标和纵坐标均按对数显示，实线为计算结果，虚线为仿真结果。定义计算值 S_c 与实测值 S_m 的相对误差为

$$\text{RE} = \frac{S_c - S_m}{S_m} \tag{2.80}$$

将 RE-t 分布绘于图 2.5(b) 中。从图中可以看出，对感应电压进行归一化处理后，实验曲线与计算曲线吻合良好，在噪声容限内计算值相对实验值的误差很小，从而验证了包覆层铁磁被检构件脉冲涡流场级数解析模型的正确性。

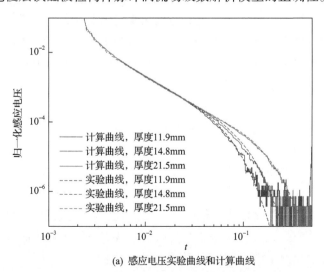

(a) 感应电压实验曲线和计算曲线

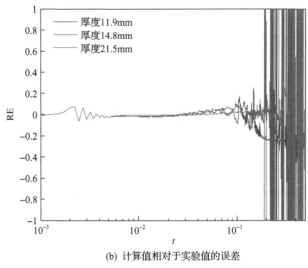

(b) 计算值相对于实验值的误差

图 2.5　感应电压实验和计算结果比较

2.3　基于力磁耦合的电磁无损检测理论

2.3.1　基于力磁耦合的电磁无损检测理论发展历程

应力和磁化强度之间的关系是双向的。磁化强度的变化导致应力、应变的效应称为磁致伸缩效应或磁弹性效应[38]，应力导致磁化强度发生变化称为磁机械效应[39]或磁弹性效应的逆效应[40]。磁机械效应体现在应力导致磁化强度发生了变化，应力分布不均匀，应力所引起的磁化强度变化不一致，从而导致磁力线在应力集中位置出现局部泄漏，形成了表面磁场的畸变。磁致伸缩效应体现于磁化状态的变化引起材料形状的变化，磁化状态的变化达到一定的频率和强度时，在金属材料中形成共振产生机械波。

磁机械效应是应力应变导致磁化强度变化的效应。由于磁机械效应与铁磁材料在地磁场中的自发磁化、磁性材料传感器、加工或载荷导致磁化等问题都密切相关，所以磁机械效应一直都是研究人员十分关注的问题。

对磁机械效应的研究，最初是将其视为磁致伸缩效应的逆效应而进行的：既然引起磁化强度变化的作用能引起材料尺寸的改变，那么改变材料尺寸的作用，也存在对各向异性能和交换作用能的影响，因而也有可能会引起磁化强度的变化。基于这种互逆效应的观点，Bozorth[41]对磁机械效应进行了初步研究，Cullity 等[42]更进一步地首次提出了应力-磁感应强度变化公式：

$$\left(\frac{\mathrm{d}\lambda}{\mathrm{d}H}\right)_{\sigma} = \left(\frac{\mathrm{d}B}{\mathrm{d}\sigma}\right)_{H} \tag{2.81}$$

式中，λ 为磁致伸缩系数；H 为环境磁场强度；B 为磁感应强度，$B = \mu_0(H + M)$，M 为磁化强度；σ 为应力。

由于环境磁场强度 H 不是应力的函数，式(2.81)实际上可写为

$$\left(\frac{\mathrm{d}\lambda}{\mathrm{d}H}\right)_{\sigma} = \mu_0 \left(\frac{\mathrm{d}M}{\mathrm{d}\sigma}\right)_{H} \tag{2.82}$$

式(2.81)充分体现了磁致伸缩效应和磁机械效应作为互逆效应的假设：公式左边表示在应力不变的情况下磁致伸缩系数随磁场强度的变化率，即磁致伸缩效应；公式右边表示在环境磁场不变的情况下磁感应强度(式(2.82)中为磁化强度)随应力的变化率，即磁机械效应。

但这种互逆效应的假设在物理上存在一个根本性的问题：一般铁磁体的磁化过程都是有磁滞损失的。这就决定了磁化过程只是部分可逆，而不可逆的变化也是磁化过程的重要成分。因此，完全可逆的假设必然会存在较大的误差，要准确描述磁机械效应的过程，必须使不可逆磁化和磁滞损失在模型内有所体现。

1984 年，Jiles 等[43]在对铁磁材料磁滞回线、非滞磁化曲线研究的基础上，综合前人的工作，提出了接近原理的观点。他们认为循环施加的应力对磁性材料磁化强度的作用是磁化强度向非滞磁化强度不断逼近的不可逆过程。最早关于这一原理的文献并未给出定量的数学模型，但定性地提出磁化强度在应力作用下的变化可能与初始磁化强度和非滞磁化强度之间的距离成正比的观点。1995 年，Jiles[44]发表了磁机械效应的接近原理理论模型，成为目前研究应力导致磁化强度变化问题应用最广泛的理论模型之一。

铁磁材料在磁化过程中，磁化状态的改变会导致材料形状上的微小变化，这种效应称为磁致伸缩效应[45]。一维上(长度)的磁致伸缩效应称为线磁致伸缩效应，三维上(体积)的磁致伸缩效应称为体磁致伸缩效应。而工程上常说的磁致伸缩现象通常指线磁致伸缩。一般定义材料长度的变化率 $\frac{\Delta l}{l} = \lambda$ 为磁致伸缩系数。在较弱的磁场环境中，铁的磁致伸缩系数是正值，而镍的磁致伸缩系数是负值，铁磁性合金的磁致伸缩系数则取决于其成分。从根源上说，磁致伸缩效应是由于材料内部自旋和轨道耦合能与弹性能相互平衡而产生的[46]。因此，产生磁致伸缩效应的主要原因有两个：各向异性能和自发磁化的交换作用能。

2.3.2　磁机械效应

1. 接近原理模型

在 Jiles 的理论中，应力仍等效为外加磁场进行处理，但等效磁场的大小是从能量的角度确定的。他们认为应力的加载使材料增加的能量值为[43,44]

$$A_e = \mu_0 HM + \frac{\mu_0}{2}\alpha M^2 + \frac{3}{2}\sigma\lambda + TS \tag{2.83}$$

式中，μ_0 为真空磁导率；H 为环境磁场强度；$\frac{\mu_0}{2}\alpha M^2$ 为系统自耦合能量；α 为材料内部单个磁性单元对磁化强度的结合能力，无量纲；M 为磁化强度；σ 为应力；λ 为磁致伸缩系数；T 为温度；S 为熵。

于是导致材料能量变化的等效磁场可通过能量对磁化强度的求导得出：

$$H_{\text{eff}} = \frac{1}{\mu_0}\frac{\mathrm{d}A_e}{\mathrm{d}M} = H + \alpha M + \frac{3\sigma}{2\mu_0}\left(\frac{\mathrm{d}\lambda}{\mathrm{d}M}\right) \tag{2.84}$$

最终的等效磁场由三部分叠加形成：H 为环境磁场强度，反映了材料所处的磁场环境；αM 为材料本身磁化强度的等效磁场，反映了材料本身的磁化状态；$\frac{3\sigma}{2\mu_0}\left(\frac{\mathrm{d}\lambda}{\mathrm{d}M}\right)$ 为应力的等效磁场，反映了材料的应力状态，记为 H_σ。

磁致伸缩系数 λ 与磁化强度 M 的关系可用以下经验模型表示：

$$\lambda = \sum_{i=0}^{\infty}\gamma_i M^{2i} \tag{2.85}$$

式中，γ_i 为磁致伸缩比例系数。

将式 (2.84) 进行泰勒展开后，应力的等效磁场可表示为

$$
\begin{aligned}
H_\sigma &= \frac{3\sigma}{2\mu_0}\left(\frac{\mathrm{d}\lambda}{\mathrm{d}M}\right) = \frac{3\sigma}{2\mu_0}\sum_{i=0}^{\infty}i\gamma_i(\sigma)M^{2i-1}\\
&= \frac{3\sigma}{2\mu_0}\sum_{i=0}^{\infty}\left(iM^{2i-1}\sum_{n=0}^{\infty}\frac{\sigma^n}{n!}\gamma_i^n(0)\right)
\end{aligned}\tag{2.86}
$$

这就是应力在接近原理模型中的等效磁场的表达式。需要说明的是，式中的应力值 σ 为所研究磁化强度方向的应力分量，记 σ_0 为主应力，则有

$$\sigma = \sigma_0(\cos^2\theta - \nu\sin^2\theta) \tag{2.87}$$

式中，θ 为主应力方向和所研究磁化强度方向之间的夹角；ν 为材料泊松比。

2. 等效磁场下的磁化强度和非滞磁化强度

根据 Jiles 等[43]提出的磁滞回线模型，在等效磁场的作用下，非滞磁化强度可以通过下面的等式计算：

$$M_{an}(H,\sigma) = M_s\left[\coth\left(\frac{H + H_\sigma + \alpha M}{a}\right) - \frac{a}{H + H_\sigma + \alpha M}\right] \qquad (2.88)$$

式中，$a = \dfrac{k_B T}{\mu_0 M}$ 是与磁滞回线形状相关的参数，k_B 为磁滞损失系数。

如上所述，Maylin 等[47]和 Squire[48]的三个观点中的第一个观点指出，在应力作用下磁化强度的变化不仅与应力和环境磁场有关，还与磁化强度到非滞磁化强度的距离有关。从能量的角度，这一观点在接近原理模型中被表述为：磁化强度随弹性能的变化率，与磁化强度到非滞磁化强度的位移成正比，即

$$\frac{dM}{dW} = k'(M - M_{an}) \qquad (2.89)$$

式中，W 为单位体积内弹性能，等于 $\sigma^2 / (2E_Y)$，E_Y 为杨氏模量；k' 为比例系数。

磁化强度的变化包括可逆变化和不可逆变化两部分，即

$$M = M_{rev} + M_{irr} \qquad (2.90)$$

式中，M_{irr} 表示不可逆磁化强度；M_{rev} 表示可逆磁化强度。

Jiles 等[49]指出磁化过程中磁畴壁的弯曲数与非滞磁化强度到不可逆磁化强度的距离有关，用系数 c 表示这种磁畴活动的灵活程度，可将可逆磁化强度表示为

$$M_{rev} = c(M_{an} - M_{irr}) \qquad (2.91)$$

于是，可逆磁化强度对材料弹性能的变化率为

$$\frac{dM_{rev}}{dW} = c\left(\frac{dM_{an}}{dW} - \frac{dM_{irr}}{dW}\right) \qquad (2.92)$$

同时，从能量的角度出发，不可逆磁化强度的接近原理公式为

$$\frac{dM_{irr}}{dW} = \frac{1}{\xi}(M_{an} - M_{irr}) \qquad (2.93)$$

式中，ξ 为与单位体积弹性能有关的系数。

展开 $dW = \left(\dfrac{\sigma}{E_Y}\right)d\sigma$ 并将其代入式（2.92）、式（2.93），接近原理模型[45]最终可

表示为

$$\frac{\mathrm{d}M}{\mathrm{d}\sigma} = \frac{1}{\varepsilon'^2}\sigma(M_{\mathrm{an}} - M) + \frac{\mathrm{d}M_{\mathrm{an}}}{\mathrm{d}\sigma} \tag{2.94}$$

式中，$\varepsilon' = (E_Y\xi)^{1/2}$ 是与应力大小有关的系数。

从式(2.94)可以看出，接近原理模型的观点与 Maylin 等[47]和 Squire[48]关于磁化强度随应力变化的方向和大小的三个决定因素的观点相一致：等式左边 $\frac{\mathrm{d}M}{\mathrm{d}\sigma}$ 表示磁化强度随应力的变化率；右边第一项 $\frac{1}{\varepsilon'^2}\sigma(M_{\mathrm{an}} - M)$ 是磁化强度到非滞磁化强度的距离 $(M_{\mathrm{an}} - M)$ 和对应力的敏感程度 $\frac{1}{\varepsilon'^2}\sigma$ 所决定的变化量；右边第二项 $\frac{\mathrm{d}M_{\mathrm{an}}}{\mathrm{d}\sigma}$ 是非滞磁化强度本身随应力的变化率。

在接近原理模型建立后，Jiles 和他的研究团队在原理论基础上，不断进行修正[44,46,50-56]，使这一模型逐渐完善。图2.6~图2.8为接近原理模型的计算结果。

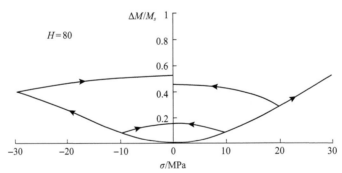

图 2.6　接近原理模型关于小应力的计算结果[43]

M_s 表示饱和磁化强度

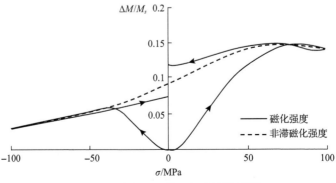

图 2.7　接近原理模型的计算结果[43]

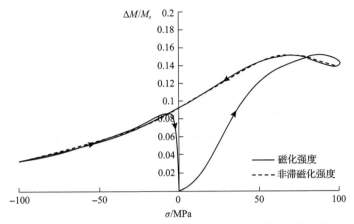

图 2.8　对原理论模型进一步修正后的计算结果[43]

该模型发表后得到了 Pitman 等[57,58]实验工作的支持，并不断得到扩展完善，目前已经发展成为可描述环境磁场[58]、应力及其形式[50,59]、材料[60-64]、温度[65]等多种影响因素作用的磁机械效应理论模型体系而被广泛应用。

3. 弱磁环境下的均匀应力等效磁场

从能量角度来说，应力的加载导致系统能量的增加，应力的作用可以等效为外加磁场的作用[58]。式(2.88)给出了应力加载使材料沿非磁滞磁化曲线系统能量增加的值。

铁磁性材料的磁致伸缩系数可通过 $i=2$ 得到一个近似估计：

$$\lambda = \gamma_1 M^2 + \gamma_2 M^4 \tag{2.95}$$

通过泰勒展开式描述磁致伸缩比例系数和应力之间的关系：

$$\gamma_i(\sigma) = \gamma_i(0) + \sum_{n=1}^{\infty} \frac{\sigma^n}{n!} \gamma_i^{(n)}(0) \tag{2.96}$$

式中，$\gamma_i^{(n)}(0)$ 表示 $\sigma = 0$ 对应的 γ_i 的 n 阶导数的值。

对于铁磁性材料，根据实验数据，可只用到 $n=1$ 的一项，则磁致伸缩系数可由式(2.97)给出：

$$\lambda = (\gamma_1(0) + \dot{\gamma}_1(0)\sigma)M^2 + (\gamma_2(0) + \dot{\gamma}_2(0)\sigma)M^4 \tag{2.97}$$

将式(2.97)代入式(2.86)，可得到等效磁场的表达式：

$$
\begin{aligned}
H_\sigma &= \frac{3}{2}\frac{\sigma}{\mu_0}[(2\gamma_1(0)+2\dot\gamma_1(0)\sigma)M+(4\gamma_2(0)+4\dot\gamma_2(0)\sigma)M^3] \\
&= \frac{3}{\mu_0}[(\dot\gamma_1(0)M+2\dot\gamma_2(0)M^3)\sigma^2+(\gamma_1(0)M+2\gamma_2(0)M^3)\sigma]
\end{aligned}
\tag{2.98}
$$

当 H_σ 大于零时,应力加载部位磁化强度增加,原有磁场被强化。反之,当 H_σ 小于零时,磁化强度减小,表面磁场被削弱甚至反向。因此,不同磁化强度下应力导致的材料非磁滞磁化强度的变化有所不同。将文献[66]中的磁致伸缩数据代入式(2.98),即

$$
\gamma_1(0)=7\times10^{-18}\mathrm{m}^2/\mathrm{A}^2,\quad \dot\gamma_1(0)=-1\times10^{-25}\mathrm{m}^2/(\mathrm{Pa}\cdot\mathrm{A}^2)
$$

$$
\gamma_2(0)=-3.3\times10^{-30}\mathrm{m}^2/\mathrm{A}^4,\quad \dot\gamma_2(0)=2.1\times10^{-38}\mathrm{m}^4/(\mathrm{Pa}\cdot\mathrm{A}^4)
$$

图 2.9 为代入后计算得到的磁化强度和应力对非磁滞磁化强度变化的制约关系,图中左斜线区域为非磁滞磁化强度沿原磁化强度方向反向变化的区域,右斜线区域为非磁滞磁化强度正向变化的区域。在较弱的磁化强度下大于 70MPa 的拉应力以及压应力均使材料磁化强度与原磁化方向反方向变化。小于 70MPa 的拉应力才有可能增加非磁滞磁化强度。材料应力状态和等效场之间的关系如图 2.10 所示,可以看出在拉应力作用下材料在低于 70MPa 时有微弱磁化增强,大于 70MPa 的应力削弱原有磁化强度。削弱的速度与初始磁化强度有关,初始磁化强度越大应力导致的削弱效应越明显,这一点与 Jiles 等[43]提出的接近原理模型不谋而合。

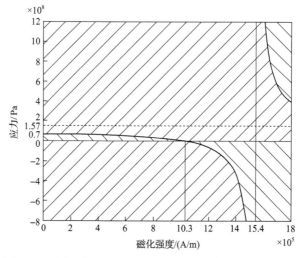

图2.9　不同磁化强度下应力导致的非磁滞磁化强度的变化

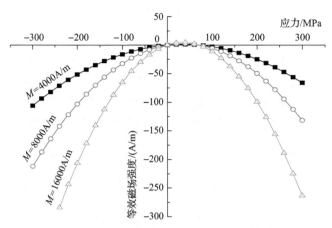

图 2.10　在弱磁环境下不同应力对应的等效场

从等效场理论计算结果可以看出，不论材料处于何种磁化强度下，不同的应力对应不同的等效磁场，表明环境磁场和磁化强度不为零时，铁磁材料在应力作用下就会出现应力磁化现象；不同的环境磁场会导致不同的磁化强度，而环境磁场越大，应力磁化强度越大，应力等效磁场的应力临界点越小，环境磁场的大小将影响应力等效磁场曲线的变化幅度。

4. 非均匀应力分布的力磁耦合模型

对于在微弱磁场下均匀应力所导致的磁化强度变化，研究人员进行了大量研究工作，建立了接近原理等理论模型，解释了在线弹性、微弱磁场下均匀应力导致磁化强度的变化问题。工程中更关心的是应力集中，但是，应力集中区域应力分布是非均匀的，无法直接应用接近原理。若假定某一微小的局部应力分布是均匀的，研究微小局部内应力的等效磁场，通过应力分布全局非均匀和局部均匀之间的联系，将等效磁场理论的应用范围拓展到应力集中领域，建立非均匀应力分布的力磁耦合模型，实现了应力集中区域的表面磁场变化的理论解释，建立应力集中与磁记忆方法的关系。

本部分假定接近原理模型适用于离散化分解后的单元磁化强度的计算，将应力集中导致磁场畸变的问题转化为有限单元在近似均匀的应力和磁场作用下的磁化强度变化问题。

在被外部磁场磁化的技术磁化问题中，非滞磁化强度和磁化强度之间的关系主要使用以下两个公式表示[66]：

$$M_{an} = M_s \left[\coth\left(\frac{H + \alpha M}{a} \right) - \frac{a}{H + \alpha M} \right] \tag{2.99}$$

$$\frac{\mathrm{d}M}{\mathrm{d}H} = (1-c)\frac{M_{\mathrm{an}} - M_{\mathrm{irr}}}{k'\delta - \alpha(M_{\mathrm{an}} - M_{\mathrm{irr}})} + c\frac{\mathrm{d}M_{\mathrm{an}}}{\mathrm{d}H} \tag{2.100}$$

式(2.99)为非滞磁化曲线的模型公式,式(2.100)为磁滞回线的模型公式。式中,M为磁化强度;M_s为饱和磁化强度;a为磁滞回线的形状参数;k'为比例系数;α为材料自耦合能量系数;c为磁畴运动的灵活程度,与不可逆的磁化强度变化有关;M_{an}为非滞磁化强度;αM为材料磁化强度的等效环境磁场;M_{irr}为不可逆磁化强度;δ为磁场变化的符号参数,当$\frac{\mathrm{d}H}{\mathrm{d}t}>0$时取1,$\frac{\mathrm{d}H}{\mathrm{d}t}<0$时取$-1$。

式(2.100)中用到的不可逆磁化强度和非滞磁化强度之间又有着以下的关系:

$$M_{\mathrm{irr}} = M_{\mathrm{an}} - k'\delta\frac{\mathrm{d}M_{\mathrm{irr}}}{\mathrm{d}(H+\alpha M)} \tag{2.101}$$

根据式(2.99)、式(2.100)和式(2.101),可对铁磁材料在应力下的非滞磁化强度和磁化强度进行计算。

在接近原理模型中,应力的作用是作为影响材料内部磁化能的等效环境磁场进行分析的,该等效环境磁场的表达式为

$$\begin{aligned}
H_{\mathrm{eff}} &= H + \alpha M + H_{\sigma} \\
&= H + \alpha M + \frac{3\sigma}{2\mu_0}\sum_{i=0}^{\infty} i\gamma_i(0)M^{2i-1} \\
&= H + \alpha M + \frac{3\sigma}{2\mu_0}\sum_{i=0}^{\infty}\left(iM^{2i-1}\sum_{n=0}^{\infty}\frac{\sigma^{(n)}}{n!}\gamma_i^{(n)}(0)\right)
\end{aligned} \tag{2.102}$$

式(2.102)将等效磁场分为环境磁场H、材料原来的磁化强度M所带来的自耦合等效磁场,以及最终可用磁致伸缩系数的经验模型表达式$iM^{2i-1}\sum_{n=0}^{\infty}\frac{\sigma^n}{n!}\gamma_i^{(n)}(0)$表达的应力等效磁场$H_{\sigma}$。

将等效磁场H_{eff}作为环境磁场H代入铁磁材料磁滞回线模型中,即可根据目前已有的磁滞回线模型获得承受应力载荷后的非滞磁化强度:

$$M_{\mathrm{an}}(H,\sigma) = M_s\left[\coth\left(\frac{H_{\mathrm{eff}}}{a}\right) - \frac{a}{H_{\mathrm{eff}}}\right] \tag{2.103}$$

应力的作用使材料磁化强度从磁滞回线上偏离并趋向于非滞磁化强度,因此有

$$\frac{\mathrm{d}M}{\mathrm{d}\sigma} = \frac{1}{\varepsilon'^2}\sigma(1-c)(M_{\mathrm{an}} - M_{\mathrm{irr}}) + \frac{\mathrm{d}M_{\mathrm{an}}}{\mathrm{d}\sigma} \tag{2.104}$$

式中，ε' 为与应力大小有关的系数；M_{irr} 为不可逆磁化强度；M_s 为饱和磁化强度；c 为与磁畴壁移动难易有关的参数，这一系数也决定了可逆磁化强度、不可逆磁化强度和非滞磁化强度之间的关系，即

$$M_{\text{rev}} = c(M_{\text{an}} - M_{\text{irr}}) \tag{2.105}$$

于是，式(2.104)可写为

$$\frac{\mathrm{d}M}{\mathrm{d}\sigma} = \frac{1}{\varepsilon'^2}\sigma(M_{\text{an}} - M) + \frac{\mathrm{d}M_{\text{an}}}{\mathrm{d}\sigma} \tag{2.106}$$

式(2.106)左边为材料磁化强度随应力的变化率，右边的两项包含了Maylin 和 Squire[47,48]给出的决定磁机械效应系数的符号和大小的可能因素：

(1)磁化强度和非滞磁化强度的位移以及此位移对应力的敏感程度；

(2)非滞磁化强度随应力的变化率。

同样，磁化强度随应力的变化也通过一个微分方程表示。

每个单元的磁化强度 M 等效为一个永磁体，确定外磁场作用下的材料单元节点的磁感应强度 H，从而获取相同环境磁场作用下的泄漏磁场，将应力磁化强度的变化转化为表面垂直泄漏磁场 H_p，理论解释了磁记忆现象的形成，将应力磁化强度的变化与磁记忆信号关联起来。

2.3.3　磁致伸缩效应的导波原理

1. 非接触式纵向模态导波

由弹性动力学的理论可知纵向模态导波是以存在径向和轴向位移分量为特征的轴对称波，其条件为周向位移为零，且轴向和径向位移与角度无关，此时横截面上径向位移的平均值为零，轴向位移的平均值不为零。纵向模态导波也可以称为压缩波，其在圆柱体中传播的仿真图像如图 2.11 所示。

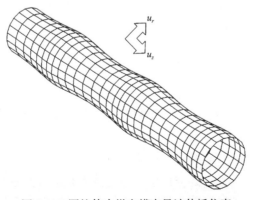

图 2.11　圆柱体中纵向模态导波传播仿真

对于材质均匀的弹性无限长管材，如图 2.12 所示的弹性空心圆柱体，圆管内半径为 a，外半径为 b，其一般的波动方程为

$$\mu\nabla^2 u + (\lambda_L + 2\mu_L)\nabla(\nabla \cdot u) = \rho\left(\frac{\partial^2 u}{\partial t^2}\right) \tag{2.107}$$

式中，u 为广义位移矢量；ρ 为材料介质密度；λ_L 和 μ_L 为拉梅常量；∇^2 为拉普拉斯算符；∇ 为哈密顿微分算子；$\nabla\cdot$ 为散度算符。

图 2.12　弹性空心圆柱体示意图

圆管内外壁上的应力自由边界条件为

$$\sigma_{rr}|_{r=a,b} = \sigma_{r\theta}|_{r=a,b} = \sigma_{rz}|_{r=a,b} = 0 \tag{2.108}$$

则弹性波沿着圆管轴向传播的时域位移分量形式：

$$u_r = U_r(r)\mathrm{e}^{I(n\theta+kz+\omega t)} \tag{2.109}$$

$$u_\theta = U_\theta(r)\mathrm{e}^{I(n\theta+kz+\omega t)} \tag{2.110}$$

$$u_z = U_z(r)\mathrm{e}^{I(n\theta+kz+\omega t)} \tag{2.111}$$

对于上述表达式，$n=0$ 对应轴对称模态，其中包括纵向模态和扭转模态，纵向模态中质点位移的偏振向量在 (r, z) 平面内，质点位移的周向分量为零，即 $u_\theta = 0$，且 u_r 和 u_z 与 θ 无关。

在考虑电磁场外力的情况下，铁磁性材料中弹性波运动方程一般表示为[67]

$$\rho\ddot{u}_i = \frac{\partial \sigma_{ik}}{\partial x_k} + f_i^{\mathrm{em}} + f_i^{\mathrm{ms}} \tag{2.112}$$

式中，ρ 为材料介质密度；σ_{ik} 为弹性应力张量；x_k 为笛卡儿坐标；f_i^{em} 为电磁力，也称为洛伦兹力；f_i^{ms} 为磁致伸缩力。

从式 (2.112) 可看出，铁磁性材料在电磁场的作用下，弹性波运动除与材料本身的弹性应变能力有关外，还与作用的洛伦兹力和磁致伸缩力有关。这里主要研究磁致伸缩力对弹性波的影响，忽略了洛伦兹力的影响，因为在作用的磁场和所

考虑的频率范围内，它与磁致伸缩力相比非常小，可忽略不计。因此，在这里，式 (2.112) 可简化为

$$\rho \ddot{u}_i = \frac{\partial \sigma_{ik}}{\partial x_k} + f_i^{\mathrm{ms}} \tag{2.113}$$

磁致伸缩力可表示为

$$f_i^{\mathrm{ms}} = \frac{\partial \sigma_{ik}^{\mathrm{ms}}}{\partial x_i} = -\frac{1}{3}(3\lambda_L + 2\mu_L)\frac{\partial \lambda_V}{\partial M_{oi}}\frac{\partial m_i}{\partial x_i} \tag{2.114}$$

式中，$\sigma_{ik}^{\mathrm{ms}}$ 为磁致伸缩应力张量；λ_L、μ_L 为拉梅常量；λ_V 为体积磁致伸缩系数；M_{oi} 为静态偏置磁场产生的磁化强度；m_i 为交变磁场产生的磁化强度，并且 $M_{oi} \gg m_i$。

根据式 (2.110) 和式 (2.111)，若要使位移分量 $u_\theta = 0$，且 u_r 和 u_z 与 θ 无关，则起始振源提供的振动应仅限于 u_r 和 u_z 方向，同时考虑轴对称模态的特性，要求静态偏置磁场和交变磁场的方向均平行于圆管的轴线方向，且均匀分布于圆管周向。

根据纵向模态导波激励的原理，可以知道导波在圆管中传播引起质点振动的位移分量也是 $u_\theta = 0$，且 u_r 和 u_z 不为零且与 θ 无关。接收传感器应用依赖于逆磁致伸缩效应，即在应力的作用下，材料的磁特性发生了变化。磁致伸缩过程与材料的磁性和力学特性都有关，可用两个耦合的线性方程大致描述如下：

$$\varepsilon = \frac{\sigma}{E_Y^H} + dH \tag{2.115}$$

$$B = d^*\sigma + \mu^\sigma H \tag{2.116}$$

式中，ε 为应变；σ 为应力；E_Y^H 为恒磁场强度作用下的杨氏模量；H 为磁场强度；B 为磁感应强度；μ^σ 为应力作用下的磁导率；$d = \dfrac{\mathrm{d}\varepsilon}{\mathrm{d}H}\Big|_\sigma$ 称为磁致伸缩系数；$d^* = \dfrac{\mathrm{d}B}{\mathrm{d}\sigma}\Big|_H$ 为逆磁致伸缩系数。式 (2.115) 和式 (2.116) 组成了线性压磁模型，被广泛用于描述磁致伸缩传感器性能。

根据质点的运动方向得到感应磁场的方向为平行于圆管的轴线方向，接收传感器应为螺线管式的线圈，静态偏置磁场也需要平行于圆管的轴线方向。接收线圈两端输出的电压表达式为

$$V_0(k,t) = -\frac{2\pi\omega k \mu_r^2 \lambda^2 n S H_0}{E_Y^H}\left|\int_0^l f(\xi)\mathrm{e}^{jk\xi}\mathrm{d}\xi\right|^2 \mathrm{e}^{-jk(d_{\mathrm{coin}} - vt)} \tag{2.117}$$

式中，k 为波数；μ_r 为相对磁导率；λ 为磁致伸缩系数；n 为接收线圈的匝数；S 为接收线圈横截面积；H_0 包含激励电流幅值和线圈匝数等信息，即 $H_0 = f(I_{in}, n)$；E_Y^H 为恒磁场强度作用下的杨氏模量；l 为接收线圈的长度；d_{coin} 为接收线圈距激励线圈的轴向长度；v 为材料中纵波的波速。

2. 非接触式扭转模态导波

由弹性动力学的理论可知，扭转模态导波是仅存在周向位移分量的轴对称弹性波，其条件为轴向和径向位移为零，周向分量不为零且与角度无关。扭转模态导波也可称为等容波，其在圆柱体中传播的仿真图像如图 2.11 所示。

对于式 (2.109)~式 (2.111)，$n = 0$ 对应轴对称模态，其中包括纵向模态和扭转模态，扭转模态中质点位移由管状或杆状的横截面绕其中心做整体刚性转动，质点的轴向和径向位移为零，即 $u_r = u_z = 0$，且 $\partial u_\theta / \partial \theta = 0$。

根据式 (2.112) 和式 (2.113)，起始振源提供的振动应仅限于 u_θ 方向，考虑轴对称模态的特性，要求交变磁场方向为圆周方向，静态偏置磁场方向必须垂直于交变磁场方向，从而基于维德曼效应在对应位置激发出扭转模态导波，如要实现非接触式扭转模态导波的激励，交变磁场和静态偏置磁场必须通过非接触式方式在待检构件中产生，这就是非接触扭转模态导波的激励原理。非接触扭转模态导波接收原理基于逆维德曼效应，静态偏置磁场的设置与激励原理一样，根据质点的运动方向得到感应磁场的方向为圆周方向。

3. 导波频散曲线

为了减少频散对检测结果的影响，一般导波检测模态和激励频率的选择应尽量选择非频散区域。而频散曲线给出了不同规格构件的导波传播特性，是导波检测模态和频率选择最重要的参考，所以需要对导波频散曲线计算软件的开发进行研究。本节以管道的波动方程为基础，结合管道的边界条件，对频散方程进行推导，再结合带包覆层管道的边界条件对带包覆层管道的频散方程进行推导，给出方程的数值解法。

1) 频散方程的建立

对于材质均匀的弹性无限长管材，其一般的波动方程见式 (2.107)。

对广义位移矢量 u 进行亥姆霍兹分解，将其分解为压缩标量势 $\mathcal{F}$ 和矢量势 $\mathcal{H}$：

$$u = \nabla \mathcal{F} + \nabla \times \mathcal{H} \tag{2.118}$$

在柱坐标系下，u 的轴向位移分量 z、周向位移分量 r 以及周向角位移分量 θ，如图 2.13 所示。

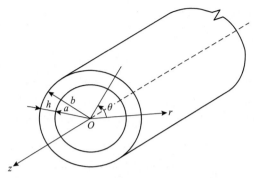

图 2.13　广义位移矢量 u 的各分量示意图

将式 (2.118) 代入式 (2.107) 有

$$v_1^2 \nabla^2 \mathcal{F} = \frac{\partial^2 \mathcal{F}}{\partial t^2} \tag{2.119}$$

$$v_2^2 \nabla^2 \mathcal{H} = \frac{\partial^2 \mathcal{H}}{\partial t^2} \tag{2.120}$$

式中

$$v_1^2 = (\lambda_L + 2\mu_L)/\rho, \quad v_2^2 = v/\rho$$

v_1、v_2 分别为弹性材料中的纵波波速和横波波速；ρ、v 分别为材料的密度和泊松比。

对于式 (2.119) 和式 (2.120)，可知有如下形式的解：

$$\begin{aligned}
\mathcal{F} &= f(r) \times \mathrm{e}^{\mathrm{j}(n\theta + kz - \omega t)} \\
\mathcal{H}_r &= -g_1(r)\mathrm{e}^{\mathrm{j}(n\theta + kz - \omega t)} \\
\mathcal{H}_\theta &= \mathrm{j}g_1(r)\mathrm{e}^{\mathrm{j}(n\theta + kz - \omega t)} \\
\mathcal{H}_z &= -\mathrm{j}g_3(r)\mathrm{e}^{\mathrm{j}(n\theta + kz - \omega t)}
\end{aligned} \tag{2.121}$$

式中

$$\begin{aligned}
f(r) &= A_f \mathrm{W}_n(\alpha_1 r) + B_f \mathrm{Z}_n(\alpha_1 r) \\
g_1(r) &= A_1 \mathrm{W}_{n+1}(\beta_1 r) + B_1 \mathrm{Z}_{n+1}(\beta_1 r) \\
g_3(r) &= A_3 \mathrm{W}_n(\beta_1 r) + B_3 \mathrm{Z}_n(\beta_1 r)
\end{aligned} \tag{2.122}$$

$$\alpha_1^2 = \frac{\omega^2}{v_1^2} - \xi^2, \quad \beta_1^2 = \frac{\omega^2}{v_2^2} - \xi^2$$

Z_n、W_n 分别为第一类、第二类贝塞尔函数。

将式 (2.121) 代入式 (2.118)，有

$$U_r = \frac{\mathrm{e}^{\mathrm{j}(nq+kz-\omega t)}\left[\left(\dfrac{\mathrm{d}}{\mathrm{d}r}f(r)\right)r + g_3(r)n + rkg_1(r)\right]}{r}$$

$$U_q = -\frac{\mathrm{j}\mathrm{e}^{\mathrm{j}(nq+kz-\omega t)}\left[-f(r)n + rkg_1(r) - \left(\dfrac{\mathrm{d}}{\mathrm{d}r}g_3(r)\right)r\right]}{r} \qquad (2.123)$$

$$U_z = \frac{\mathrm{j}\mathrm{e}^{\mathrm{j}(nq+kz-\omega t)}\left[f(r)kr + g_1(r) + r\left(\dfrac{\mathrm{d}}{\mathrm{d}r}g_1(r)\right) + g_1(r)n\right]}{r}$$

由于弹性材料中应变 ε 和应力 σ 满足如下关系式：

$$\varepsilon_{rr} = \frac{\partial}{\partial r}U_r, \quad \varepsilon_{rz} = \frac{1}{2}\left(\frac{\partial}{\partial z}U_r + \frac{\partial}{\partial r}U_z\right), \quad \varepsilon_{r\theta} = \frac{1}{2}\left(r\frac{\partial}{\partial r}\left(\frac{U_\theta}{r}\right) + \frac{1}{r}\frac{\partial}{\partial \theta}U_r\right) \qquad (2.124)$$

$$\sigma_{rr} = \lambda \nabla^2 \mathscr{F} + 2\mu_L \varepsilon_{rr}, \quad \sigma_{rz} = 2\mu_L \varepsilon_{rz}, \quad \sigma_{r\theta} = 2\mu_L \varepsilon_{r\theta}$$

将式 (2.123) 代入式 (2.124)，可得应力表达式：

$$\begin{aligned}
\sigma_{rr} = {} & \frac{\mathrm{e}^{\mathrm{j}(n\theta+kz-\omega t)}}{r^2}\left[(\lambda_L r^2 + 2\mu_L r^2)\frac{\partial^2}{\partial r^2}f(r) - (\lambda_L n^2 + \lambda r^2 k^2)f(r)\right. \\
& \left. + \lambda_L r\frac{\partial}{\partial r}f(r) + 2\mu_L rn\frac{\partial}{\partial r}g_3(r) + 2\mu_L r^2 k\frac{\partial}{\partial r}g_1(r) - 2\mu_L ng_3(r)\right] \\
\sigma_{rz} = {} & \frac{\mathrm{j}\mathrm{e}^{\mathrm{j}(n\theta+kz-\omega t)}}{r^2}\left[r^2\frac{\partial^2}{\partial r^2}g_1(r) - (1+n-r^2k^2)g_1(r)\right. \\
& \left. + (r+rn)\frac{\partial}{\partial r}g_1(r) + 2r^2 k\frac{\partial}{\partial r}f(r) + rkng_3(r)\right] \\
\sigma_{r\theta} = {} & \frac{-\mathrm{j}\mu \mathrm{e}^{\mathrm{j}(n\theta+kz-\omega t)}}{r^2}\left[-r^2\frac{\partial^2}{\partial r^2}g_3(r) - n^2 g_3(r) + r\frac{\partial}{\partial r}g_3(r)\right. \\
& \left. -2nr\frac{\partial}{\partial r}f(r) + 2nf(r) + r^2 k\frac{\partial}{\partial r}g_1(r) - (nrk+rk)g_1(r)\right]
\end{aligned} \qquad (2.125)$$

将式 (2.122) 代入式 (2.125) 及式 (2.123) 有

$$\begin{bmatrix} U_r & U_\theta & U_z & \sigma_{rr} & \sigma_{r\theta} & \sigma_{rz}\end{bmatrix}^{\mathrm{T}} = r\mathrm{e}^{-\mathrm{j}(n\theta+kz-\omega t)}M\begin{bmatrix} A_f & B_f & A_1 & B_1 & A_3 & B_3\end{bmatrix}^{\mathrm{T}}$$

式中，M 是 6×6 方阵，各元素为

$$M_{11} = nW_n(\alpha_1 r) - \alpha_1 rW_{n+1}(\alpha_1 r)$$

$$M_{12} = nZ_n(\alpha_1 r) - \lambda_1 \alpha_1 rZ_{n+1}(\alpha_1 r)$$

$$M_{13} = rkW_{n+1}(\beta_1 r)$$

$$M_{14} = rkZ_{n+1}(\beta_1 r)$$

$$M_{15} = nW_n(\beta_1 r)$$

$$M_{16} = nZ_n(\beta_1 r)$$

$$M_{21} = jnW_n(\alpha_1 r)$$

$$M_{22} = jnZ_n(\alpha_1 r)$$

$$M_{23} = -jrkW_{n+1}(\beta_1 r)$$

$$M_{24} = -jrkZ_{n+1}(\beta_1 r)$$

$$M_{25} = -j[-nW_n(\beta_1 r) + \beta_1 rW_{n+1}(\beta_1 r)]$$

$$M_{26} = -j[-nZ_n(\beta_1 r) + \lambda_2 \beta_1 rZ_{n+1}(\beta_1 r)]$$

$$M_{31} = jrkW_n(\alpha_1 r)$$

$$M_{32} = jrkZ_n(\alpha_1 r)$$

$$M_{33} = j\lambda_2 \beta_1 rW_n(\beta_1 r)$$

$$M_{34} = j\beta_1 rZ_n(\beta_1 r)$$

$$M_{35} = 0$$

$$M_{36} = 0$$

$$M_{41} = \frac{\mu_L}{r}(k^2 r^2 - r^2\beta^2 + 2n^2 - 2n)W_n(\alpha_1 r) + 2\alpha_1 \mu_L W_{n+1}(\alpha_1 r)$$

$$M_{42} = \frac{\mu_L}{r}(k^2 r^2 - r^2\beta^2 + 2n^2 - 2n)Z_n(\alpha_1 r) + 2\lambda_1 \alpha_1 \mu_L Z_{n+1}(\alpha_1 r)$$

$$M_{43} = (-2k\mu_L n - 2\mu_L k)W_{n+1}(\beta_1 r) + 2kr\mu_L \lambda_2 \beta_1 W_n(\beta_1 r)$$

$$M_{44} = (-2k\mu_L n - 2\mu_L k)Z_{n+1}(\beta_1 r) + 2k\beta_1 r\mu_L Z_n(\beta_1 r)$$

$$M_{45} = -2n\beta_1 \mu_L W_{n+1}(\beta_1 r) + \frac{\mu_L}{r}(2n^2 - 2n)W_n(\beta_1 r)$$

$$M_{46} = -2n\lambda_2 \beta_1 \mu_L Z_{n+1}(\beta_1 r) + \frac{\mu_L}{r}(2n^2 - 2n)Z_n(\beta_1 r)$$

$$M_{51} = 2\mathrm{j}\mu_L k(n\mathrm{W}_n(\alpha_1 r) - \alpha_1 r\mathrm{W}_{n+1}(\alpha_1 r))$$

$$M_{52} = -2\mathrm{j}\mu_L k(-n Z_n(\alpha_1 r) + \lambda_1 \alpha_1 r Z_{n+1}(\alpha_1 r))$$

$$M_{53} = \mathrm{j}\mu_L(rk^2 - \beta^2 r)\mathrm{W}_{n+1}(\beta_1 r) + \mathrm{j}n\mu_L\lambda_2\beta_1\mathrm{W}_n(\beta_1 r)$$

$$M_{54} = \mathrm{j}\mu_L(rk^2 - \beta^2 r)Z_{n+1}(\beta_1 r) + \mathrm{j}n\mu_L\beta_1 Z_n(\beta_1 r)$$

$$M_{55} = \mathrm{j}\mu_L kn\mathrm{W}_n(\beta_1 r)$$

$$M_{56} = \mathrm{j}\mu_L kn Z_n(\beta_1 r)$$

$$M_{61} = 2\mathrm{j}n(n-1)\frac{\mu_L}{r}\mathrm{W}_n(\alpha_1 r) - 2\mathrm{j}n\alpha_1\mu_L\mathrm{W}_{n+1}(\alpha_1 r)$$

$$M_{62} = 2\mathrm{j}n(n-1)\frac{\mu_L}{r}Z_n(\alpha_1 r) - 2\mathrm{j}n\lambda_1\alpha_1\mu_L Z_{n+1}(\alpha_1 r)$$

$$M_{63} = 2\mathrm{j}\mu_L k(n+1)\mathrm{W}_{n+1}(\beta_1 r) - \mathrm{j}r\mu_L k\lambda_2\beta_1\mathrm{W}_n(\beta_1 r)$$

$$M_{64} = 2\mathrm{j}\mu_L k(n+1)Z_{n+1}(\beta_1 r) - \mathrm{j}r\mu_L k\beta_1 Z_n(\beta_1 r)$$

$$M_{65} = 2\mathrm{j}\beta_1\mu_L\mathrm{W}_{n+1}(\beta_1 r) - \mathrm{j}(2n - 2n^2 + r^2\beta^2)\frac{\mu_L}{r}\mathrm{W}_n(\beta_1 r)$$

$$M_{66} = 2\mathrm{j}\lambda_2\beta_1\mu_L Z_{n+1}(\beta_1 r) - \mathrm{j}(2n - 2n^2 + r^2\beta^2)\frac{\mu_L}{r}Z_n(\beta_1 r)$$

$$(2.126)$$

式 (2.126) 为 $F(n, m)$ 模态位移应力系数表达式。

对于 $L(0, m)$ 模式,有

$$U_\theta = 0, \quad n = 0$$

同理可有

$$M_{11} = -\partial_1 r\mathrm{W}_1(\partial_1 r)$$

$$M_{12} = -\lambda_1\partial_1 r Z_1(\partial_1 r)$$

$$M_{13} = kr\mathrm{W}_1(\beta_1 r)$$

$$M_{14} = kr Z_1(\beta_1 r)$$

$$M_{21} = \mathrm{j}kr\mathrm{W}_0(\partial_1 r)$$

$$M_{22} = \mathrm{j}kr Z_0(\partial_1 r)$$

$$M_{23} = \mathrm{j}\lambda_2\beta_1 r\mathrm{W}_0(\beta_1 r)$$

$$M_{24} = \mathrm{j}\beta_1 r Z_0(\beta_1 r)$$

$$M_{31} = (k^2 r\mu_L - \beta^2 r\mu_L)\mathrm{W}_0(\partial_1 r) + 2\partial_1\mu_L\mathrm{W}_1(\partial_1 r)$$

$$M_{32} = (k^2 r\mu_L - \beta^2 r\mu_L)Z_0(\partial_1 r) + 2\lambda_2\partial_1\mu_L Z_1(\partial_1 r)$$
$$M_{33} = 2\lambda_2 kr\mu_L W_0(\beta_1 r) - 2k\mu_L W_1(\beta_1 r)$$
$$M_{34} = 2kr\mu_L\beta Z_0(\beta_1 r) - 2k\mu_L Z_1(\beta_1 r)$$
$$M_{41} = -2jkr\mu_L\alpha W_1(\partial_1 r)$$
$$M_{42} = -2j\lambda_1 kr\mu_L\alpha Z_1(\partial_1 r)$$
$$M_{43} = j(k^2 r\mu_L - \beta^2 r\mu_L)W_1(\beta_1 r)$$
$$M_{44} = j(k^2 r\mu_L - \beta^2 r\mu_L)Z_1(\beta_1 r) \tag{2.127}$$

对于 $T(0,m)$ 模式，有

$$U_r = U_z = 0, \quad n = 0$$

同理可有

$$M_{11} = -j\beta r W_1(\beta r)$$
$$M_{12} = -j\beta r Z_1(\beta r)$$
$$M_{21} = j(-\beta^2 r\mu_L W_0(\beta r) + 2\beta\mu_L W_1(\beta r))$$
$$M_{22} = j(-\beta^2 r\mu_L Z_0(\beta r) + 2\beta\mu_L Z_1(\beta r)) \tag{2.128}$$

式 (2.126)、式 (2.127)、式 (2.128) 中贝塞尔函数以及参数 λ_1、λ_2 的取法见表 2.3。

表 2.3　在不同圆频率下贝塞尔函数的取法（$\alpha_1 r = |\alpha r|$，$\beta_1 r = |\beta r|$）

区间	Z（J 和 I）和 W（Y 和 K）及 λ_1、λ_2
$v_1 k < \omega$	$J(\alpha r), Y(\alpha r), J(\beta r), Y(\beta r)$，$\lambda_1 = 1$，$\lambda_2 = 1$
$v_2 k < \omega < v_1 k$	$I(\alpha_1 r), K(\alpha_1 r), J(\beta r), Y(\beta r)$，$\lambda_1 = -1$，$\lambda_2 = 1$
$\omega < v_2 k$	$I(\alpha_1 r), K(\alpha_1 r), I(\beta_1 r), K(\beta_1 r)$，$\lambda_1 = -1$，$\lambda_2 = -1$

2) 带包覆层管道的频散方程

图 2.14 为带包覆层管道结构示意图，其中介质 1 为管道本体。介质 2 为管道包覆层。

令 $S = r e^{-j(n\theta + kz - \omega t)}M$，$S_{1,A}$、$S_{1,B}$ 与 $S_{2,B}$、$S_{2,C}$ 分别代表介质 1 中的界面 A、界面 B 与介质 2 中的界面 B、界面 C 的位移应力矩阵。介质 1 中：

$$\begin{bmatrix} U_r & U_\theta & U_z & \sigma_{rr} & \sigma_{r\theta} & \sigma_{rz} \end{bmatrix}_1^T = S\begin{bmatrix} A_f & B_f & A_1 & B_1 & A_3 & B_3 \end{bmatrix}^T \tag{2.129}$$

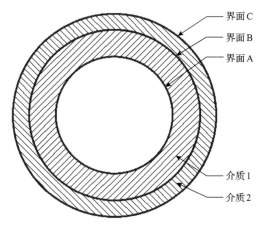

图 2.14 带包覆层管道结构示意图

在界面 A 处：

$$\begin{bmatrix} U_r & U_\theta & U_z & \sigma_{rr} & \sigma_{r\theta} & \sigma_{rz} \end{bmatrix}_{1,A}^T = S_{1,A} \begin{bmatrix} A_f & B_f & A_1 & B_1 & A_3 & B_3 \end{bmatrix}^T \qquad (2.130)$$

在界面 B 处：

$$\begin{bmatrix} U_r & U_\theta & U_z & \sigma_{rr} & \sigma_{r\theta} & \sigma_{rz} \end{bmatrix}_{1,B}^T = S_{1,B} \begin{bmatrix} A_f & B_f & A_1 & B_1 & A_3 & B_3 \end{bmatrix}^T \qquad (2.131)$$

在同一层弹性介质里，振动幅值不变，故

$$\begin{bmatrix} U_r & U_\theta & U_z & \sigma_{rr} & \sigma_{r\theta} & \sigma_{rz} \end{bmatrix}_{1,B}^T = S_{1,B} S_{1,A}^{-1} \begin{bmatrix} U_r & U_\theta & U_z & \sigma_{rr} & \sigma_{r\theta} & \sigma_{rz} \end{bmatrix}_{1,A}^T$$
$$(2.132)$$

同理，在介质 2 中：

$$\begin{bmatrix} U_r & U_\theta & U_z & \sigma_{rr} & \sigma_{r\theta} & \sigma_{rz} \end{bmatrix}_{2,C}^T = S_{2,C} S_{2,B}^{-1} \begin{bmatrix} U_r & U_\theta & U_z & \sigma_{rr} & \sigma_{r\theta} & \sigma_{rz} \end{bmatrix}_{2,B}^T$$
$$(2.133)$$

而在过渡层 B 处，位移和应力连续，故

$$\begin{bmatrix} U_r & U_\theta & U_z & \sigma_{rr} & \sigma_{r\theta} & \sigma_{rz} \end{bmatrix}_{1,B}^T = \begin{bmatrix} U_r & U_\theta & U_z & \sigma_{rr} & \sigma_{r\theta} & \sigma_{rz} \end{bmatrix}_{2,B}^T$$
$$(2.134)$$

因此有

$$\begin{bmatrix} U_r & U_\theta & U_z & \sigma_{rr} & \sigma_{r\theta} & \sigma_{rz} \end{bmatrix}_{2,C}^T = S_{2,C} S_{2,B}^{-1} S_{1,B} S_{1,A}^{-1} \begin{bmatrix} U_r & U_\theta & U_z & \sigma_{rr} & \sigma_{r\theta} & \sigma_{rz} \end{bmatrix}_{1,A}^T$$
$$(2.135)$$

在边界 A 和 C 处，有

$$\sigma_{rr} = \sigma_{r\theta} = \sigma_{rz} = 0 \tag{2.136}$$

令

$$Z = S_{2,\mathrm{C}} S_{2,\mathrm{B}}^{-1} S_{1,\mathrm{B}} S_{1,\mathrm{A}}^{-1}$$

将式(2.136)代入式(2.135)可得

$$\begin{bmatrix} U_r & U_\theta & U_z & 0 & 0 & 0 \end{bmatrix}_{2,\mathrm{C}}^{\mathrm{T}} = Z \begin{bmatrix} U_r & U_\theta & U_z & 0 & 0 & 0 \end{bmatrix}_{1,\mathrm{A}}^{\mathrm{T}} \tag{2.137}$$

将式(2.137)展开，有

$$\begin{bmatrix} 0 & 0 & 0 \end{bmatrix}^{\mathrm{T}} = \begin{bmatrix} Z_{41} & Z_{42} & Z_{43} \\ Z_{51} & Z_{52} & Z_{53} \\ Z_{61} & Z_{62} & Z_{63} \end{bmatrix} \begin{bmatrix} U_r & U_\theta & U_z \end{bmatrix}_{1,\mathrm{A}}^{\mathrm{T}} \tag{2.138}$$

要使式(2.138)有解，则需

$$f = \begin{vmatrix} Z_{41} & Z_{42} & Z_{43} \\ Z_{51} & Z_{52} & Z_{53} \\ Z_{61} & Z_{62} & Z_{63} \end{vmatrix} = 0 \tag{2.139}$$

式(2.139)就是 F 模态导波在镀层管道中的频散方程。

对于 $L(0,m)$ 模态，同理可有

$$\begin{bmatrix} 0 & 0 \end{bmatrix}^{\mathrm{T}} = \begin{bmatrix} Z_{31} & Z_{32} \\ Z_{41} & Z_{42} \end{bmatrix} \begin{bmatrix} U_r & U_z \end{bmatrix}_{1,\mathrm{A}}^{\mathrm{T}} \tag{2.140}$$

要使式(2.140)有解，则需

$$f = \begin{vmatrix} Z_{31} & Z_{32} \\ Z_{41} & Z_{42} \end{vmatrix} = 0 \tag{2.141}$$

式(2.141)就是 F 模态导波在镀层管道中的频散方程。

对于 $T(0,m)$ 模态，同理可有

$$[0] = [Z_{21}][U_\theta]_{1,\mathrm{A}}^{\mathrm{T}} \tag{2.142}$$

要使式(2.142)有解，则需

$$f = |Z_{21}| = 0 \tag{2.143}$$

式(2.143)即为 T 模态导波的频散方程。

频散方程的基本算法基于穷举思想，再结合二分法进行求解。每个模态的根只会出现在其截止频率之后。如图 2.15 所示，在频率 140kHz 以前只有 4 个截止频率，故只有 4 个根，在设计算法时，只需找出 4 个根即可停止搜索。

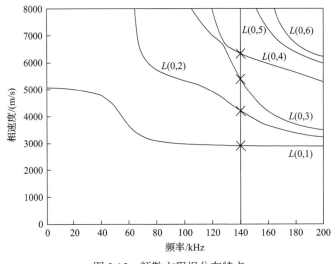

图 2.15　频散方程根分布特点

2.4　本 章 小 结

本章介绍了带包覆层铁磁性构件脉冲涡流检测的电磁场模型、基于磁机械效应的力磁耦合模型、基于磁致伸缩的电磁导波模型。

本章首先将带包覆层铁磁性构件简化为 4 层平板模型；其次基于 Dodd-Deeds 模型推导了谐波涡流场的积分解并运用 TREE 法将其转化为级数解；再次基于傅里叶叠加原理得到了脉冲涡流场的级数解；最后通过实验验证了模型的正确性。该模型计算快速准确，可用于求解任何形式暂态激励下的脉冲涡流探头感应电压信号，从而为后续检测信号分析奠定了基础。

本章还介绍了磁机械效应目前最为成熟的接近原理(J-A 模型)，引入等效磁场理论后，将接近原理通过泰勒展开式描述磁致伸缩比例系数和应力之间的关系，获得了磁致伸缩系数的表达式，建立了非线性应力和局部应力的可计算的等效磁场的表达式，解释了磁记忆现象，并通过力磁耦合场的离散化，将等效磁场理论扩充到应力集中和非弱磁场的条件。在分别研究了非接触式纵向和扭转模态导波原理的基础上，建立非接触式扭转导波检测接收线圈电压表达式，为提出非接触扭转模态导波提供了理论基础。通过求解弹性动力学方程，在不带包覆层管道频散方程的基础上，采用传递矩阵方法，得到带保温层管道的频散方程，为带保温层管道电磁导波检测中模态和频率的选择提供了参考。

参 考 文 献

[1] 赵凯华, 陈熙谋. 电磁学. 3 版. 北京: 高等教育出版社, 2011.

[2] Dodd C V, Deeds W E. Analytical solutions to eddy-current probe-coil problems. Journal of Applied Physics, 1968, 39(6): 2829-2838.

[3] Cheng C C, Dodd C V, Deeds W E. General analysis of probe coils near stratified conductors. International Journal of Nondestructive Testing, 1971, 3: 109-130.

[4] Uzal E, Rose J H. The impedance of eddy current probes above layered metals whose conductivity and permeability vary continuously. IEEE Transactions on Magnetics, 1993, 29(2): 1869-1873.

[5] Theodoulidis T P, Tsiboukis T D, Kriezis E E. Analytical solutions in eddy current testing of layered metals with continuous conductivity profiles. IEEE Transactions on Magnetics, 1995, 31(3): 2254-2260.

[6] Theodoulidis T P, Kriezis E E. Coil impedance due to a sphere of arbitrary radial conductivity and permeability profiles. IEEE Transactions on Magnetics, 2002, 38(3): 1452-1460.

[7] Kolyshkin A A, Vaillancourt R. Series solution of an eddy-current problem for a sphere with varying conductivity and permeability profiles. IEEE Transactions on Magnetics, 1999, 35(6): 4445-4451.

[8] Bowler J R. Eddy-current calculations using half-space Green's functions. Journal of Applied Physics, 1987, 61(3): 833-839.

[9] Theodoulidis T P, Kriezis E E. Eddy Current Canonical Problems(with Applications to Nondestructive Evaluation). Duluth: Tech Science Press, 2006.

[10] Theodoulidis T, Kriezis E. Series expansions in eddy current nondestructive evaluation models. Journal of Materials Processing Technology, 2005, 161(1-2): 343-347.

[11] Skarlatos A, Theodoulidis T. Impedance calculation of a bobbin coil in a conductive tube with eccentric walls. IEEE Transactions on Magnetics, 2010, 46(11): 3885-3892.

[12] Bowler J R, Theodoulidis T P. Eddy currents induced in a conducting rod of finite length by a coaxial encircling coil. Journal of Physics D: Applied Physics, 2005, 38(16): 2861-2868.

[13] Theodoulidis T. End effect modelling in eddy current tube testing with bobbin coils. International Journal of Applied Electromagnetics and Mechanics, 2004, 19(1-4): 207-212.

[14] Theodoulidis T P, Bowler J R. Eddy current coil interaction with a right-angled conductive wedge. Proceedings of the Royal Society A: Mathematical, Physical and Engineering Sciences, 2005, 461(2062): 3123-3139.

[15] Theodoulidis T P, Bowler J R. Eddy current modeling of coils in boreholes. Review of Quantitative

Nondestructive Evaluation, 2007, 896: 233-240.

[16] Skarlatos A, Theodoulidis T. Solution to the eddy-current induction problem in a conducting half-space with a vertical cylindrical borehole. Proceedings of the Royal Society A: Mathematical, Physical and Engineering Sciences, 2012, 468(2142): 1758-1777.

[17] Burrows M. A theory of eddy-current flaw detection. Michigan: University of Michigan, 1964.

[18] Sabbagh H A, Lautzenheiser R G. Inverse problems in electromagnetic nondestructive evaluation. International Journal of Applied Electromagnetics in Materials, 1993, 3(4): 253-261.

[19] Sabbagh H A, Treece J C, Murphy R K, et al. Computer modeling of eddy current nondestructive testing. Materials Evaluation, 1993, 51(11): 1252-1257.

[20] Bowler J R, Jenkins S A, Sabbagh L D, et al. Eddy-current probe impedance due to a volumetric flaw. Journal of Applied Physics, 1991, 70(3): 1107-1114.

[21] Bowler J R. Eddy-current interaction with an ideal crack. I. The forward problem. Journal of Applied Physics, 1994, 75(12): 8128-8137.

[22] Bowler J R, Norton S J, Harrison D J. Eddy-current interaction with an ideal crack. II. The inverse problem. Journal of Applied Physics, 1994, 75(12): 8138-8144.

[23] Waidelich D L, Deshong J A, McGonnagle W J. A pulsed eddy current technique for measuring clad thickness. ANL-5614 Metallurgy & Cermaics AEC Research & Development Report, 1958.

[24] Yang H C, Tai C C. Pulsed eddy-current measurement of a conducting coating on a magnetic metal plate. Measurement Science and Technology, 2002, 13(8): 1259-1265.

[25] Kiwa T, Kawata T, Yamada H, et al. Fourier-transformed eddy current technique to visualize cross-sections of conductive materials. NDT&E International, 2007, 40(5): 363-367.

[26] de Haan V O, de Jong P A. Analytical expressions for transient induction voltage in a receiving coil due to a coaxial transmitting coil over a conducting plate. IEEE Transactions on Magnetics, 2004, 40(2): 371-378.

[27] Bowler J R, Johnson M. Pulsed eddy-current response to a conducting half-space. IEEE Transactions on Magnetics, 1997, 33(3): 2258-2264.

[28] Fu F W, Bowler J R. Transient eddy-current driver pickup probe response due to a conductive plate. IEEE Transactions on Magnetics, 2006, 42(8): 2029-2037.

[29] Theodoulidis T. Developments in calculating the transient eddy-current response from a conductive plate. IEEE Transactions on Magnetics, 2008, 44(7): 1894-1896.

[30] Li Y, Tian G Y, Simm A. Fast analytical modelling for pulsed eddy current evaluation. NDT&E International, 2008, 41(6): 477-483.

[31] Fan M B, Huang P J, Ye B, et al. Analytical modeling for transient probe response in pulsed eddy current testing. NDT&E International, 2009, 42(5): 376-383.

[32] 范孟豹. 多层导电结构电涡流检测的解析建模研究. 杭州: 浙江大学, 2009.

[33] 范孟豹, 曹丙花, 杨雪锋. 脉冲涡流检测瞬态涡流场的时域解析模型. 物理学报, 2010, 59(11): 7570-7574.

[34] 陈兴乐, 雷银照. 金属管道外侧脉冲磁场激励的线圈电压解析式. 中国电机工程学报, 2012, 32(6): 176-182.

[35] Moulder J C, Tai C C, Larson B F, et al. Inductance of a coil on a thick ferromagnetic metal plate. IEEE Transactions on Magnetics, 1998, 34(2): 505-514.

[36] 黄琛. 铁磁性构件脉冲涡流测厚理论与仪器. 武汉: 华中科技大学, 2011.

[37] 徐志远. 带包覆层管道壁厚减薄脉冲涡流检测理论与方法. 武汉: 华中科技大学, 2012.

[38] 宛德福, 马兴隆. 磁性物理学. 北京: 电子工业出版社, 1999.

[39] Bozorth R M, Williams H J. Effect of small stresses on magnetic properties. Reviews of Modern Physics, 1945, 17(1): 72-80.

[40] Bozorth R M. Magnetization and stress. Bell Laboratories Record, 1946, 24(3): 119.

[41] Bozorth R M. Ferromagnetism. New York: Van Nostrand, 1951.

[42] Cullity B D, Graham C D. Introduction to Magnetic Materials. Reading: Addison Wesley, 1972.

[43] Jiles D C, Atherton D L. Theory of the magnetisation process in ferromagnets and its application to the magnetomechanical effect. Journal of Physics D: Applied Physics, 1984, 17(6): 1265-1281.

[44] Jiles D C. Theory of the magnetomechanical effect. Journal of Physics D: Applied Physics, 1995, 28(8): 1537-1546.

[45] Jiles D C, Atherton D L. Theory of ferromagnetic hysteresis. Journal of Magnetism and Magnetic Materials, 1986, 61(1-2): 48-60.

[46] Jiles D C, Devine M K. The law of approach as a means of modelling the magnetomechanical effect. Journal of Magnetism and Magnetic Materials, 1995, 140: 1881-1882.

[47] Maylin M G, Squire P T. Departures from the law of approach to the principal anhysteretic in a ferromagnet. Journal of Applied Physics, 1993, 73(6): 2948-2955.

[48] Squire P T. Magnetomechanical measurements and their application to soft magnetic materials. Journal of Magnetism and Magnetic Materials, 1996, 160: 11-16.

[49] Jiles D C, Thoelke J B, Devine M K. Numerical determination of hysteresis parameters for the modeling of magnetic hysteresis properties using the theory of ferromagnetic hysteresis. IEEE Transactions on Magnetics, 1992, 28(1): 27-35.

[50] Chen Y H, Jiles D C. The magnetomechanical effect under torsional stress in a cobalt ferrite composite. IEEE Transactions on Magnetics, 2001, 37(4): 3069-3072.

[51] Ramesh A, Jiles D C, Roderick J M. A model of anisotropic anhysteretic magnetization. IEEE Transactions on Magnetics, 1996, 32(5): 4234-4236.

[52] Devine M K, Jiles D C. The magnetomechanical effect in electrolytic iron. Journal of Applied Physics, 1996, 79(8): 5493-5495.

[53] Li L, Jiles D C. Modified law of approach for the magnetomechanical model: Application of the Rayleigh law to stress. Journal of Applied Physics, 2003, 93 (10): 8480-8482.

[54] Li L, Jiles D C. Modeling of the magnetomechanical effect: Application of the Rayleigh law to the stress domain. IEEE Transactions on Magnetics, 2003, 39 (5): 3037-3039.

[55] Jiles D C, Li L. A new approach to modeling the magnetomechanical effect. Journal of Applied Physics, 2004, 95 (11): 7058-7060.

[56] Hauser H, Melikhov Y, Jiles D C. Examination of the equivalence of ferromagnetic hysteresis models describing the dependence of magnetization on magnetic field and stress. IEEE Transactions on Magnetics, 2009, 45 (4): 1940-1949.

[57] Pitman K C. The influence of stress on ferromagnetic hysteresis. IEEE Transactions on Magnetics, 1990, 26 (5): 1978-1980.

[58] Viana A, Rouve L L, Cauffet G, et al. Magneto-mechanical effects under low fields and high stresses-application to a ferromagnetic cylinder under pressure in a vertical field. IEEE Transactions on Magnetics, 2010, 46 (8): 2872-2875.

[59] Lo C C H, Tang F, Biner S B, et al. Effects of fatigue-induced changes in microstructure and stress on domain structure and magnetic properties of Fe-C alloys. Journal of Applied Physics, 2000, 87 (9): 6520-6522.

[60] Habermehl S, Jiles D C, Teller C M. Influence of heat treatment and chemical composition on the magnetic properties of ferromagnetic steels. IEEE Transactions on Magnetics, 1985, 21 (5): 1909-1911.

[61] Ranjan R, Jiles D C, Rastogi P K. Magnetic properties of decarburized steels: An investigation of the effects of grain size and carbon content. IEEE Transactions on Magnetics, 1987, 23 (3): 1869-1876.

[62] Chen Y, Jiles D C. The magnetomechanical effect under torsional stress and a cobalt ferrite composite. IEEE Transactions on Magnetics, 2000, 36 (5): 3244-3247.

[63] Fink K, Lange H. Fatigue stress and magnetic properties. Physikalische Zeitschrift, 1941, 42 (6): 90.

[64] Gao Z, Chen Z J, Jiles D C, et al. Variation of coercivity of ferromagnetic material during cyclic stressing. IEEE Transactions on Magnetics, 1994, 30 (6): 4593-4595.

[65] Chen Y, Snyder J E, Dennis K W, et al. Temperature dependence of the magnetomechanical effect in metal-bonded cobalt ferrite composites under torsional strain. Journal of Applied Physics, 2000, 87 (9): 5798-5800.

[66] Kuruzar M E, Cullity B D. The magnetostriction of iron under tensile and compressive stress. International Journal of Magnetism, 1971, 1 (4): 323-325.

[67] Kim Y Y, Park C I, Cho S H, et al. Torsional wave experiments with a new magnetostrictive transducer configuration. Journal of the Acoustical Society of America, 2005, 117 (6): 3459-3468.

第3章 基于复平面分析的焊缝表面裂纹涡流检测技术

在工业生产和人们日常生活中广泛使用的电站、大型石化装置、桥梁、体育场等结构件大都由钢结构制成，并存在许多焊缝。在长期应力作用下，焊缝最容易受到损伤，最常见的缺陷是由疲劳产生的表面裂纹。表面疲劳裂纹危害性比内部的埋藏缺陷更大，裂纹的尖端会引起应力集中，促使裂纹快速扩展并造成严重事故。因此，带油漆层焊缝上的裂纹快速检测以及深度的测量，一直是困扰业界的难题。超声波可以用来检查焊缝，但探头必须与工件表面直接耦合，而且操作复杂。通常采用磁粉或渗透的方法来查找表面开口裂纹，然后用电位法来测量裂纹深度。上述几种方法都需要事先对被检件进行清洁处理，除去表面防腐层、漆层或污垢，这将加大检测成本和延长检测工期，而对于承压设备的在线检测是不允许动火打磨去除防腐层的，因此这些方法是不适合对承压设备在运行状态下进行焊缝表面检测的。传统的涡流方法也能用来检测钢结构件的表面裂纹，并无须清除表面较薄的污垢或漆层，然而这种方法只适用于检查母材上的裂纹，对焊缝上的裂纹会因焊缝在高温熔合时产生的铁磁性不均匀变化而出现杂乱无序的磁畴干扰导致无法实施检测，当然高低不平的焊冠和母材与焊接填充材料的差异，也是造成检测困难的原因之一。

21 世纪初，对于焊缝表面裂纹的快速检测，国外只见俄罗斯某公司销售的以电磁检测为原理的表面裂纹检测仪，但这种仪器只能采用报警方式指示裂纹的有无，不能做任何记录和进一步的数据分析，而且经现场测试，检测灵敏度太低，不能发现焊缝上长为 10mm、深为 1mm 的表面裂纹。在作者所在课题组进行相关研究之前，欧洲已提出采用基于复平面分析的焊缝表面裂纹检测技术，但尚未走向成熟；国内在焊缝表面裂纹的电磁检测技术和仪器方面还是空白的[1]。

针对这一现状，国家"十五"科技攻关项目专门设置了"压力容器在线检测关键技术研究"专题(编号：2001BA803B03-03)，国家质检总局(现国家市场监督管理总局)设置了"大型游乐设施关键部件损伤的弱磁检测技术研究"项目(编号：2002QK06)，两个项目的成果包括开发一种钢焊缝表面裂纹检测仪器和研究一种适用于大型钢结构现场检测的方法，能在带有相对较厚防腐层的钢焊缝表面上快速扫查检测焊缝或母材上存在的表面或近表面裂纹，且能够测量出裂纹的深度。

3.1 检 测 原 理

基于复平面分析的焊缝表面裂纹涡流检测原理如图 3.1 所示。铁磁构件在平行于其表面的外加交变磁场作用下，会在构件表面产生与交变磁场方向垂直的涡流。当构件表面存在裂纹等缺陷时，缺陷附近的磁场(一次磁场)和涡流会分别因为等效磁导率和电导率的突变而发生扰动，分别形成漏磁场和涡流聚集，而涡流聚集又会导致由涡流感生的磁场(二次磁场)分布与无缺陷处存在差异。对于漏磁场和二次磁场的变化量，其强度和相位与缺陷的尺寸有关，因而可用于缺陷尺寸的反演。

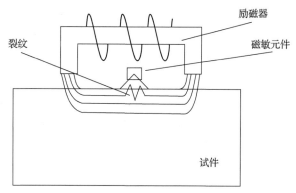

励磁器

磁敏元件

裂纹

试件

图 3.1 基于复平面分析的焊缝表面裂纹涡流检测原理示意图

然而，在对焊缝表面裂纹的检测过程中，探头提离会因焊缝表面高低不同而发生变化，从而影响检测信号[2]。考虑到在用传统涡流检测技术检测母材表面裂纹深度的过程中，若涡流分布区域远小于裂纹的长度，则当涡流方向与裂纹走向垂直，且涡流的趋肤深度和裂纹深度相当时，裂纹在深度方向的变化会因改变了涡流分布，而导致线圈阻抗在复平面中的幅值和相位发生变化；探头提离的变化，则仅改变涡流强度，线圈阻抗在复平面中的相位保持不变。利用裂纹深度方向的变化和探头提离的变化对线圈阻抗在复平面中相位的影响规律的差异，可有效抑制裂纹深度检测中探头提离变化的影响[3]。基于这一原理，在尽量减小交变磁场作用于铁磁构件区域的同时，通过扫查的方式，获取构件表面的漏磁场和二次磁场的变化量，并将其绘制于复平面中，以寻求抑制探头提离变化对信号影响的方法，从而实现对铁磁构件焊缝表面裂纹的检测。

3.2 研究进展与现状

目前国际上成熟的金属表面裂纹电磁检测技术为常规涡流检测技术和交流电

场测量检测技术[4,5]。

3.2.1　常规涡流检测技术研究进展与现状

常规涡流检测技术一般采用常规涡流探伤仪来检测金属母材表面的裂纹；但探头经特殊设计，检测线圈采用正交排列，用以抑制提离效应和焊缝噪声，也可对金属焊缝进行检测，但由于其仪器仍采用常规的涡流检测仪，仅仅对探头进行改进，探头端部尺寸受到限制，不能方便地对角焊缝等位置进行有效检测，而且不能测量裂纹的深度。

近年来国内外推出的此类仪器主要有：①英国 HOCKING 公司 QuickCheck 直方图涡流仪，采用简易的直方图显示，应用于不需要全部阻抗平面信息的场合；有内部存储器用于即时工作设置的回放；有高频 100Hz～3MHz 和低频 5Hz～500kHz 两种（6 步进）工作模式。②爱德森（厦门）电子有限公司的 EEC-13 焊缝及母材表面裂纹检测仪。③PAC 公司的快速涡流检测仪 FastEDDY 为便携式、计算机一体化涡流检测仪，能进行材料分选、表面裂纹检测等各种涡流检测分析；100Hz～5MHz 双频操作，频率分辨率>2%；阻抗平面及 X、Y 轴分解图显示，阻抗平面或 X、Y 轴分解图上的监视报警框可任意调节长度、宽度及位置；数字软件滤波、阈值检测及报警；自动提离及平衡功能；阻抗平面上飞行点实时监视位置；自动存储功能；采样率控制；高速模式。

3.2.2　交流电场测量检测技术研究进展与现状

交流电场测量（alternating current field measurement，ACFM）法由交流电压降法发展而来，能同时检测裂纹并精确测量其深度。ACFM 法的原理为：对检测金属感应一均匀电流，若金属中有裂纹出现，金属表面磁场便会产生变异，探头迅速将检出的信号传输到计算机进行分析，经运算后，可准确地将裂纹的位置、长度及深度显示出来。ACFM 法综合了交流电压法无须校正便可测出裂纹大小的优点，同时也具备涡流非接触性探伤技术的特性。ACFM 法实际操作难度大，扫描速度慢（<50mm/s），且对粗糙表面信号杂乱，探头尺寸较大，难以检测角焊缝。另外，这种仪器价格十分昂贵，不适合在我国推广应用。

目前国外生产的这类仪器主要有：①俄罗斯某公司生产的焊缝裂纹电磁检测仪。根据试用，该仪器灵敏度明显不高，只有在裂纹较宽和较深的情况下才能报警，经现场检测验证不能发现焊缝上长为 10mm、深为 1mm 的表面裂纹，且该仪器只有指示灯显示裂纹的相对深度，对于实际检测而言，检测结果不便于记录保存。②英国某公司生产的 ACFM 裂纹检测系统。该系统综合了交流电位差技术及 ACFM 技术，对工件做非接触性检测，可透过涂层准确检测出导电金属及合金表面和近表面裂纹的深度及其长度；无须校正即可检测内外螺纹等各种复杂工件，还可用于焊缝和水下结构缺陷的高精度定量检测；有 UP-9、UP-19、UW-210 等多种型号，并可在高温、水下等环境下使用。

3.3　仪器开发

3.3.1　研发原则

大型钢结构使用最普遍的材料是碳钢，这种材料的特点是具有铁磁性，考虑到开发的仪器既要适合绝大部分钢结构原位快速检测，并确保检测的灵敏度高，而且需要仪器的制造成本低和销售价格低，便于在全国的推广应用，因此经理论分析较宜采用交流电磁场磁化和磁敏电阻元件检测方法进行仪器开发。

3.3.2　总体设计

根据图 3.2 所示检测原理，基于复平面分析的焊缝表面裂纹涡流检测仪器应能产生交变磁场，且能以平行的角度均匀作用于焊缝表面，作用的区域应尽可能小。该仪器应能将一次磁场产生的漏磁场和二次磁场的变化量转化为电压信号，并能对其进行处理和显示。鉴于现场检测经常需要在高空或窄空间进行作业，仪器设计应特别考虑体积小、重量轻、长时间电池工作和在日光直射下或黑暗环境下均能使用等要求。除此之外，操作简单和在现场能存储缺陷图像、数据，并与上位机进行数据交换，也是仪器设计需要考虑的内容。因此，基于复平面分析的焊缝表面裂纹涡流检测仪器应由如图 3.2 所示的各个部分组成。

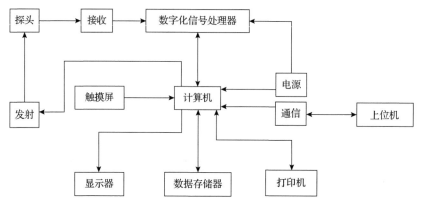

图 3.2　基于复平面分析的焊缝表面裂纹涡流检测仪器的功能框图

3.3.3　硬件研制

基于复平面分析的焊缝表面裂纹涡流检测仪器的硬件由主机和探头组成，因而该仪器的研制可分为主机的研制和探头的研制两方面。

1. 主机的研制

仪器主机以计算机为控制核心，全部电路实行数字化处理，以保证仪器高可靠性和稳定性。为便于操作，摒弃了普通电子仪器面板上的按钮，以新式触控屏和飞梭数码旋钮直观简洁地实现人机对话。计算机内置上百个应用程序，能使操作者在现场迅速获得最佳设置。

为提高检测效率，主机内置了数字化信号处理器，涵盖各种现场焊缝检测所必备的高通、低通、带通滤波功能，具有滤波速度快、实时性好的优点。

为便于打印检测报告，以及和上位机进行数据交互，主机设计有通信接口。

2. 探头的研制

探头主要由产生交变磁场的线圈、将被检件表面磁场转换成电信号的磁敏传感器，以及外部封装结构等组成。采用多个磁敏传感器对磁场的法向分量和垂直分量进行测量。为提高探测灵敏度，选用含有集成放大器的晶片软封装器件对信号进行放大。为减少工程上运用时粗糙的焊缝表面对探头造成磨损，在探头表面特别覆盖一层坚硬的陶瓷保护层或不锈钢护套。

探头的外形根据检测多种复杂结构的需求，设计成多种样式，典型的样式有以下几种。

(1) 圆弧型探头，如图 3.3(a) 所示，用于一般焊缝和热影响区的检测。

(2) 尖锥型探头，如图 3.3(b) 所示，用于不易接近的角焊缝、R 角区域检测。

(3) 直角型探头，如图 3.3(c) 所示，用于狭小空间或孔壁检测。

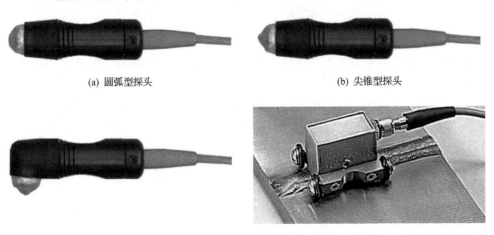

(a) 圆弧型探头　　　　　　　　　　　　(b) 尖锥型探头

(c) 直角型探头　　　　　　　　　　　　(d) 扫描型探头

图 3.3　焊缝表面裂纹检测探头

(4)扫描型探头，如图 3.3(d)所示，为了提高快速大面积扫查焊缝或母材表面裂纹，设计了带轮的扫描探头。

3.3.4　软件开发

为了提高信号处理速度，数据采集与显示驱动程序由汇编语言编写，其他软件则由 C 语言和汇编语言混合编写。图 3.4 为表面裂纹检测仪采集分析软件的流程图。

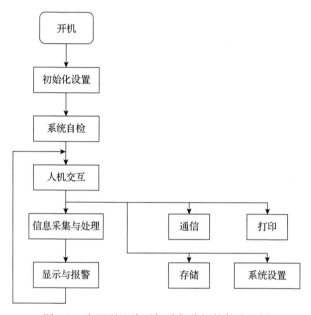

图 3.4　表面裂纹检测仪采集分析软件流程图

仪器通电后，首先初始化有关存储器和接口，然后自检仪器各功能部件，包括锁相环振荡器、放大通道、通信通道、日历时钟和存储器等。检测后无论正常或错误，结果都在屏幕上显示。随后自动调用上次关机时现场保留的设置，进入信息采集与处理过程，在此期间当检测到触摸屏有触动信号时，程序转入人机交互处理，从触摸屏的平面坐标位置值转到对应控制子程序，不同子程序构成系统设置、报警设置、显示设置、数据存储、打印和通信等子菜单。信号采集处理同时将信号以已设定的阻抗图或时基扫描显示模式，在屏幕上显示图形，当出现超越报警阈值的信号时给予实时报警。

3.3.5　仪器整机

自主开发研制的基于复平面分析的焊缝表面裂纹涡流检测仪如图 3.5 所示。该仪器采用镁铝合金作为机身外壳，具备一定的电磁防护功能和优良的防撞击、防磨损性能；采用带背光的半反半透大屏幕液晶显示屏，可以在阳光直射下清晰地观察检测图形，在光线不足或黑暗环境下，还可开启屏幕背光照明；可向上位机传输数据、图形或通过热敏打印机直接打印检测报告；具有质量轻(1.5kg，含电池)、便于携带、自带充电电池、现场不需要交流电源等优点，非常适合于大型钢结构的现场原位检测。仪器的具体性能指标参数如下。

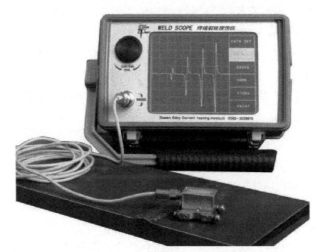

图 3.5 Weld Scope 裂纹检测仪

1) 扫描方式

三种扫描显示模式可选：全屏扫描、刷新扫描和保留模式。可在每格 0.015～9.999s 时间内设置自动扫描，或由外触发扫描。

2) 工作频率

滤波和缺陷响应频率为 1～500Hz，分带通、低通和高通三种滤波模式，步进值为 1Hz。

3) 显示方式

信号的轨迹分复平面显示和扫描显示两种模式。手动强制清屏。屏幕上信号保留时间在 0.1～20s 内可调，也可选择完整的时间间隔周期清除屏幕，或永久保留信号轨迹。

4) 工作参数

(1) 信号激励强度调节：1～200，步进值为 1。

(2) 复平面信号角度调节：0～360°，步进值为 1°。

(3) 增益调节：0～100.0dB，步进值为 0.1dB。水平增益与垂直增益可分开或联动调节。

(4) 驱动能量调节：1～12，步进值为 1。

(5)检测探头：圆弧型、尖锥型、直角型和扫描型四种可选。

(6)报警模式：平面信号显示下，有四种报警模式可选，1～3 个独立的矩形门，1 个圆形分选门。扫描显示报警模式，有 2 个高/低阈值报警，可选为[内]或[外]报警。每个报警模式均可单独调至进入[内]触发或溢出[外]触发报警。

(7)数据存储：仪器可存储 100 个检测设置条件和 20 个检测结果。

(8)数据分析：编写有检测数据处理软件 WS-1，可将检测参数与结果等数据传输到上位机进行分析和编辑。

(9)工作电源：可直接采用 100～260V(AC)、50/60Hz 的交流电，同时配有 10.8V(DC)充电电池，充满电后可连续工作 8h。

上述工作参数中，信号激励强度为表征激励交变磁场频率的参数，该值越大，则激励交变磁场频率越高。

3.4　检测技术研究

为寻求抑制探头提离变化对信号影响的方法，以及更好地应用基于复平面分析的焊缝表面裂纹涡流检测技术。首先，制作标准刻槽试块，通过实验研究仪器工作参数对检测信号的影响，为后续实验中参数的设置提供参考；其次，研究探头提离变化和裂纹深度变化对检测信号相位影响的差异，提出抑制提离效应的方法；再次，通过在带有人工缺陷和自然缺陷的试件上进行实验，研究影响检测信号的各因素，并对基于复平面分析的焊缝表面裂纹涡流检测技术在非铁磁构件裂纹检测方面的适用性进行测试；最后，基于上述研究，研制标准来规范基于复平面分析的焊缝表面裂纹涡流检测技术的现场应用。

3.4.1　基于标准刻槽试块的实验研究

制作如图 3.6 所示的标准刻槽试块，该试块的材质为 45#优质钢，采用电火花加工深度分别为 0.5mm、1mm 和 2mm 三种尺寸的刻槽，开槽深度的最大误差为 0.1mm，刻槽宽度小于 0.15mm。

1. 仪器工作参数对信号的影响

1)仪器激励强度变化对检测信号的影响

初始相位 0°，固定增益 70dB，采用低通滤波方式，对标准对比试块上 1.0mm 深的刻槽进行测试，观察切向磁场和法向磁场对应的信号幅度和相位随强度变化的情况，分别如图 3.7 和图 3.8 所示。

从以上实验曲线可以看出，激励强度对检测信号幅度的影响无明显规律，因为激励强度表示的是励磁器激发的检测信号的大小，只有激励信号与试件缺陷信号相匹配，才能获得最大的信号幅度，故一般可利用强度与增益将对比试块上相应裂纹信号的幅度调至需要的大小，即可保证足够的检测灵敏度。

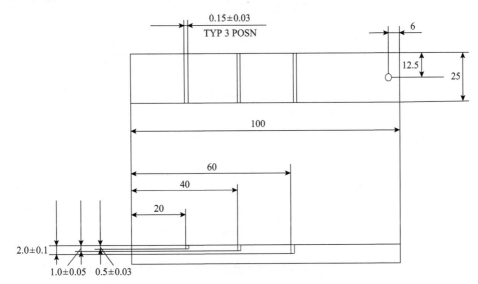

图 3.6　标准刻槽试块(单位：mm)

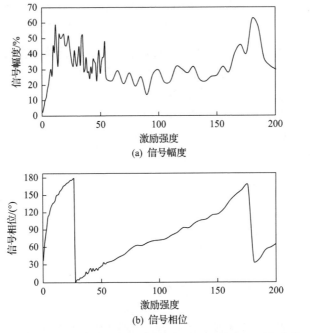

(a) 信号幅度

(b) 信号相位

图 3.7　切向磁场对应的信号幅度和相位随激励强度变化曲线

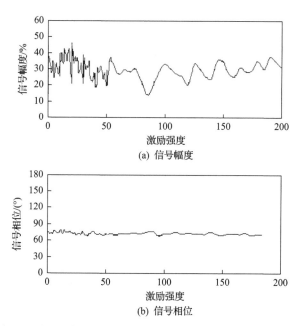

图 3.8　法向磁场对应的信号幅度和相位随激励强度变化曲线

对于切向磁场，信号相位与激励强度之间的关系比较明显，信号相位与激励强度几乎呈正比关系，且以 180° 为周期变化。这就意味着，可通过调整仪器的激励强度，改变裂纹深度变化对应的信号相位变化，使其与探头提离引起的相位变化存在差异，直至两者之间呈正交变化，从而达到抑制提离变化的目的。因而，在后续研究中，主要以切向磁场对应的信号进行分析。

2) 仪器信号增益变化对检测信号的影响

固定强度为 10，初始相位 0°，采用低通滤波方式，测标准对比试块上 1.0mm 深的刻槽，观察切向磁场和法向磁场对应的信号幅度和信号相位随信号增益变化的情况，分别如图 3.9 和图 3.10 所示。

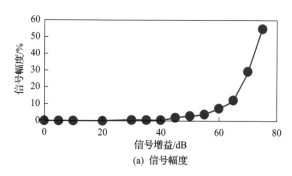

(a) 信号幅度

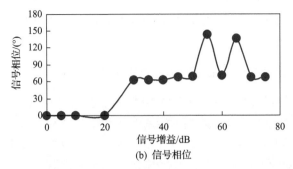

图 3.9　切向磁场对应的信号幅度和信号相位随信号增益变化曲线

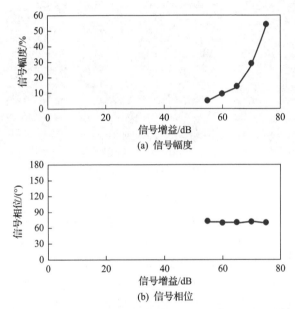

图 3.10　法向磁场对应的信号幅度和信号相位随信号增益变化曲线

　　从上述实验曲线可以看出，仪器信号增益的变化基本上只影响信号幅度，对信号相位影响不大，其中信号幅度随信号增益单调增加，信号相位基本保持不变。因为信号增益是对裂纹信号与背景噪声信号同时放大，所以也不会影响检测的灵敏度。

　　除此之外，仪器其他参数对检测的影响如下。

　　(1)驱动能量代表探头对试件的磁化能力，在未达到磁饱和时，尽量选择高的驱动能量可获得最佳信噪比。

　　(2)滤波方式分为低通、高通、带通和关闭等几种模式，可以根据实际检测对象的背景噪声信号和裂纹信号频率特征的差异，选择适当的滤波模式以避开背景噪声信号，提高信噪比和灵敏度。

　　(3)噪声抑制功能其实是将幅度小于某一设定值的信号全部屏蔽掉，但应注意拟制信号的幅度必须比需探测的最小裂纹信号幅度小，否则有用的信号可能会被屏蔽掉而造成漏检。

2. 探头提离变化和裂纹深度变化对检测信号的影响

在图 3.6 所示的标准试块上分别垫厚度为 0.5mm、1.0mm、2.0mm 的塑料片，以模拟探头提离对检测信号的影响，检测信号如图 3.11 所示。从中可知，随着提离的增大，三种深度的裂纹依然能够分辨，说明自研仪器对非金属涂覆层具备良好的穿透能力，能适用于一般钢结构防腐层下的裂纹检测。

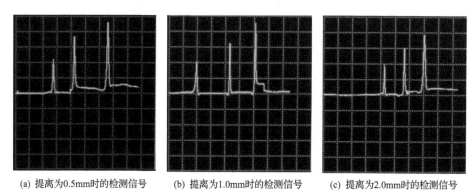

(a) 提离为0.5mm时的检测信号　　(b) 提离为1.0mm时的检测信号　　(c) 提离为2.0mm时的检测信号

图 3.11　不同提离时的检测信号

然而，三种深度的裂纹检测信号幅值会随着探头提离的增大而减小。特别地，通过对比图 3.11(a) 和图 3.11(c)，不难发现提离为 0.5mm 时 1.0mm 深裂纹缺陷对应的信号幅值，和提离为 2.0mm 时 2.0mm 深裂纹缺陷对应的信号幅值较为接近，若非金属涂覆层厚度不均匀，则有可能会造成检测结果的误判。

为此，将探头从试块表面提离至无穷远时的检测信号，以及探头紧贴试块表面进行扫查时的检测信号，分别映射至复平面坐标系中，如图 3.12 所示。

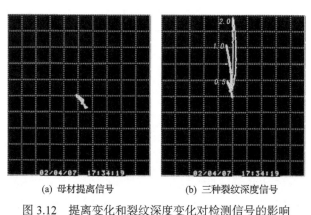

(a) 母材提离信号　　　　(b) 三种裂纹深度信号

图 3.12　提离变化和裂纹深度变化对检测信号的影响

由图 3.12 可知，无论探头提离如何变化，检测信号的相位角始终约为 45°；而裂纹深度的变化会使检测信号的幅值和相位同时发生变化，其相位角约为 225°～270°，与提离信号的相位角存在很大差异。若抑制提离信号相位角方向的幅值，则能减小提离变化对检测结果的影响。

对于漏磁检测，当铁磁试件表面覆盖有非铁磁金属时，非铁磁金属的厚度对漏磁检测信号的影响和提离较为相似。因而在图 3.6 的标准刻槽试块上覆盖一层 0.7mm 厚的不锈钢板，一方面用于模拟探头提离，另一方面用来模拟钢材表面上金属防腐层。在抑制提离信号相位角方向的幅值后，得到未覆盖不锈钢板和覆盖不锈钢板时的裂纹信号分别如图 3.13 和图 3.14 所示。

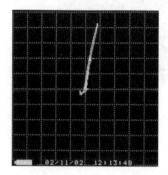 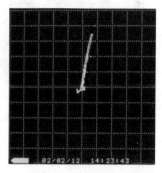

图 3.13　未覆盖不锈钢板时的裂纹信号　　　图 3.14　覆盖不锈钢板时的裂纹信号

对比图 3.13 和图 3.14 可知，覆盖不锈钢板后，裂纹信号幅值有所减小，但相位角保持不变，这表明自研仪器对非铁磁金属薄层具有良好的穿透能力，适合检测不锈钢或钛等薄层或喷涂铝等金属耐腐涂层下基材的裂纹。

3.4.2　基于人工缺陷的实验研究

基于人工缺陷的实验研究主要在两种试件上进行：一种试件的焊缝中，带有指定方向的刻槽，用于研究焊缝上裂纹的走向对检测信号的影响；另一种试件在焊接过程中，通过人为因素使焊缝产生裂纹，用于模拟自然缺陷。下面分别对在这两种试件上的实验情况进行介绍。

1. 形角焊缝开槽试样的检测实验

T 形 16MnR 碳钢角焊缝刻槽试件及测试结果如图 3.15 所示，在焊缝的热影响区和焊缝中部，刻槽方向分别为平行焊缝和垂直焊缝方向的电火花人工模拟裂纹，裂纹长度为 5mm，深度为 1mm，宽度为 0.15mm。探头选用适合角焊缝检测的尖锥型探头。从检测结果可以看出，检测信号与裂纹的走向有关，为了避免探测时遗漏缺陷，需至少在相互垂直的方向进行两次扫查。

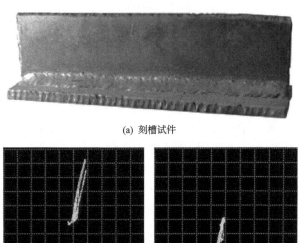

(a) 刻槽试件

(b) 沿*y-z*方向扫查　　　　(c) 沿*x*方向扫查

图 3.15　T 形 16MnR 碳钢角焊缝刻槽试件及测试结果

2. 工焊接裂纹试板的检测实验

图 3.16～图 3.20 为设计制作的带焊接裂纹的 16MnR 碳钢试板照片和这些裂纹的典型信号显示图形。检测实验结果表明，研制的裂纹检测仪对真实焊接裂纹的反应较灵敏。以实际扫描显示为例，可以看出，在探头扫查经过焊接裂纹的位置上，扫查线不再像无裂纹处的较平坦的水平线，均有不同程度的尖峰出现，而且尖峰的位置和次数与裂纹非常吻合，但显示信号的幅度和陡峭程度会有所不同。值得注意的是，陡峭程度实际上反映的是磁场信号的变化率，一般裂纹宽度窄、深度大则磁场变化率高，信号的幅度和陡峭程度相对较大。另外，扫查速度对检测信号也有很大的影响；扫查速度过高，会使仪器采样频率相对信号变化频率过低，检测信号出现严重失真，甚至有可能造成裂纹信号漏检；扫查速度过低，则

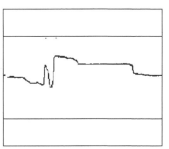

图 3.16　1 号焊缝照片及其裂纹检测信号

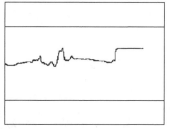

图 3.17　2 号焊缝照片及其裂纹检测信号

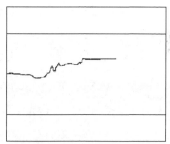

图 3.18　3 号焊缝照片及其裂纹检测信号

图 3.19　4 号和 5 号焊缝照片

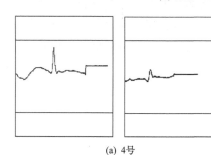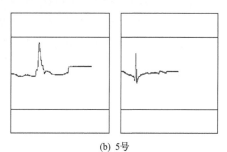

(a) 4号　　　　　　　　　　　　　(b) 5号

图 3.20　4 号和 5 号焊缝裂纹检测信号

信号变化相对平稳，扫查线显示较为平坦，难以区分裂纹信号，造成漏判；一般探头在试件上的扫查速度在 20mm/s 左右为宜。有时候，因为被检试件的表面较粗糙，会使扫查基线出现不同程度的起伏(即噪声)，对裂纹信号的判定有一定影响，严重时甚至会湮没裂纹信号，此时则需要根据背景噪声的特点选择合适的方法，如滤波、噪声抑制等，加以屏蔽。

3.4.3　基于自然缺陷的实验研究

1. 10m³ 液化石油气卧罐焊接裂纹的检测实验

为了研究仪器对真实钢结构上裂纹的反应，选取 1 台已报废的材质为 16Mn、壁厚为 12mm 的 10m³ 液化石油气卧罐，在其筒体的纵焊缝上制作了一个 180mm 长的表面裂纹，其不同部位的裂纹深度为 1mm 到 12mm 不等，如图 3.21 所示。

(a) 卧式储罐人工模拟焊缝裂纹　　　　　　(b) 卧式储罐焊缝裂纹打磨3mm深后

图 3.21　10m³ 液化石油气卧罐焊接裂纹的照片

以五种检测参数(带通滤波、低通滤波、高通滤波、无滤波、无滤波+扫描模式 3)对卧罐的裂纹四个部位进行检测，检测结果如图 3.22～图 3.25 所示。由图可见，高通滤波与带通滤波结果基本一致，表明信号的高频和低频成分较少，主要集中在 10～100Hz 的频带范围内；低通滤波与无滤波结果基本一致，表明信号中的高频成分少，一般低于 100Hz。仪器显示屏上可直接读出信号的幅值和相位，与标准对比试块上标准深度刻槽的信号对照，用插值法即可对被测裂纹的大致深度进行估测。在 0.5～4mm 深度的范围内，信号幅度与裂纹深度近似呈正比关系。

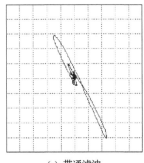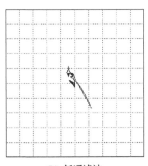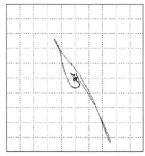

(a) 带通滤波　　　　　　　　(b) 低通滤波　　　　　　　　(c) 高通滤波

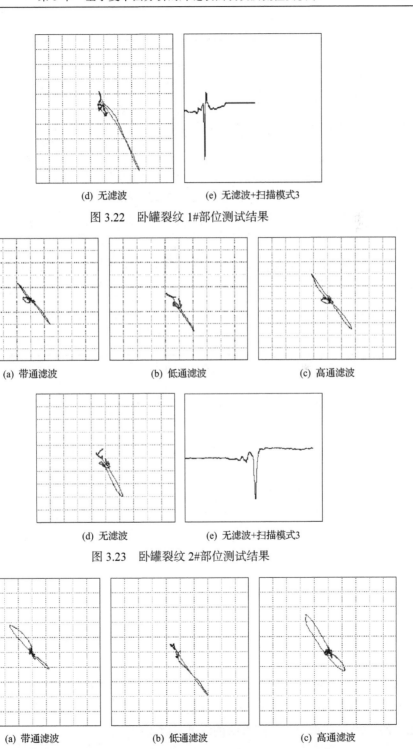

(d) 无滤波　　　　　　　　(e) 无滤波+扫描模式3

图 3.22　卧罐裂纹 1#部位测试结果

(a) 带通滤波　　　　(b) 低通滤波　　　　(c) 高通滤波

(d) 无滤波　　　　　　　　(e) 无滤波+扫描模式3

图 3.23　卧罐裂纹 2#部位测试结果

(a) 带通滤波　　　　(b) 低通滤波　　　　(c) 高通滤波

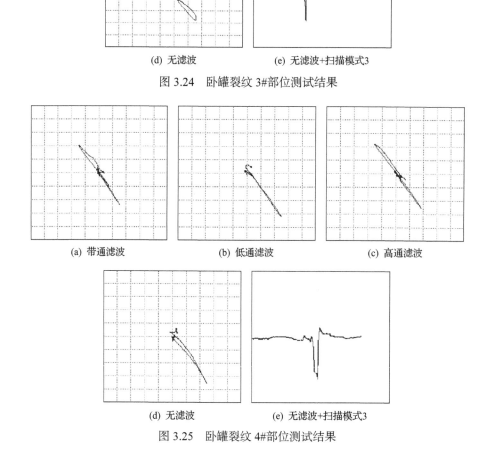

(d) 无滤波　　　　　　　　(e) 无滤波+扫描模式3

图 3.24　卧罐裂纹 3#部位测试结果

(a) 带通滤波　　　　　　(b) 低通滤波　　　　　　(c) 高通滤波

(d) 无滤波　　　　　　　　(e) 无滤波+扫描模式3

图 3.25　卧罐裂纹 4#部位测试结果

2. 15kg 液化气钢瓶焊接裂纹的检测实验

为了进一步测试开发仪器对裂纹的检测灵敏度，选择一个已报废的 15kg 液化气钢瓶，气瓶的材料为 15MnHP，在气瓶的壳体上分别打磨 12 处深度为 3mm 的沟槽，然后加入硫化铁粉末，在焊接时将沟槽填满，浇水冷却后产生大量不同深度和长度的热裂纹，如图 3.26 所示。然后对这些裂纹进行检测实验，检测参数为：强度 20、相位 90°、增益 75dB、带通滤波(10/100)。不同裂纹的初始检测信号如图 3.27 所示，由此可见这些裂纹的深度各有不同。

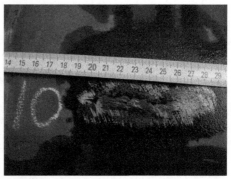

图 3.26　15kg 液化气钢瓶及焊接裂纹照片

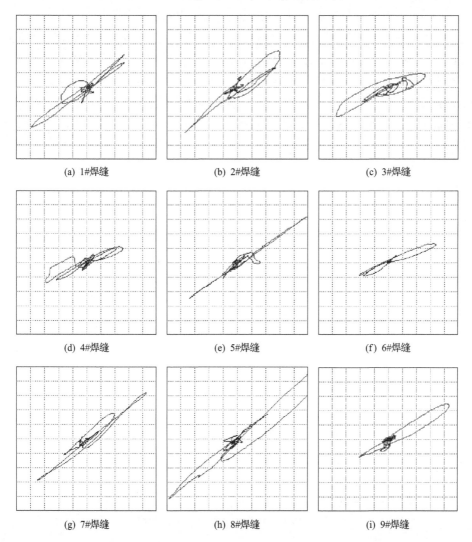

（a）1#焊缝　　　　　　　（b）2#焊缝　　　　　　　（c）3#焊缝

（d）4#焊缝　　　　　　　（e）5#焊缝　　　　　　　（f）6#焊缝

（g）7#焊缝　　　　　　　（h）8#焊缝　　　　　　　（i）9#焊缝

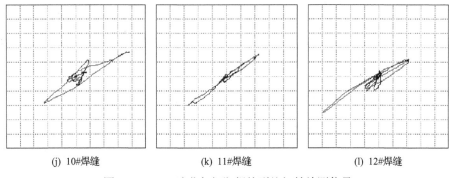

(j) 10#焊缝　　　　　　(k) 11#焊缝　　　　　　(l) 12#焊缝

图 3.27　15kg 液化气钢瓶焊接裂纹初始检测信号

选择 4 个焊缝的裂纹逐一进行打磨，边打磨边测量剩余裂纹的信号和母材的剩余壁厚，以计算裂纹的深度，直至将裂纹打磨完毕。4 个焊接裂纹的打磨测试结果显示，从裂纹初始阶段开始(深 0.5～1mm)直至打磨消失，用磁粉检测技术已不能检测出裂纹，但用仪器均可明显检测出裂纹的存在，裂纹的最小可测深度小于0.2mm。这表明，在适合的条件下，本仪器的灵敏度足以满足检测的精度要求。10 号焊缝裂纹打磨过程的检测信号如图 3.28 所示，到裂纹消失测得裂纹深度为0.6mm。

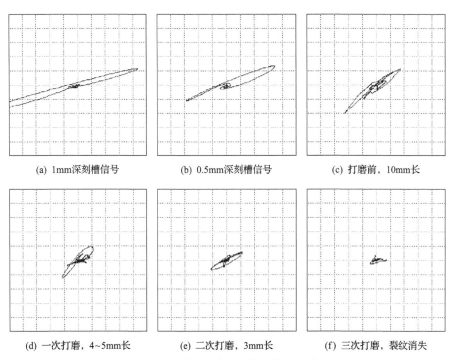

(a) 1mm深刻槽信号　　　(b) 0.5mm深刻槽信号　　　(c) 打磨前，10mm长

(d) 一次打磨，4~5mm长　　(e) 二次打磨，3mm长　　(f) 三次打磨，裂纹消失

图 3.28　10 号焊缝裂纹打磨过程的检测信号

3. 不锈钢裂纹试样的检测实验

为了验证基于复平面分析的焊缝表面裂纹涡流检测技术对非铁磁性金属材料的适用性，现场收集了 304 不锈钢裂纹试样，如图 3.29 所示。通过对该试样进行检测实验，证明开发的仪器也适用于不锈钢材料裂纹的检测，而且有很好的效果。图 3.30 为这些试样上不同位置裂纹的典型信号图。图 3.30(a) 和图 3.30(b) 均在交变电磁场平行于裂纹长度方向时进行检测，其中图 3.30(a) 为垂直于裂纹走向进行扫查得到的信号，信号幅值的最小值与裂纹深度有关，其位置也对应着裂纹最深处；图 3.30(b) 是沿着裂纹走向进行扫查时的信号，信号极大值和极小值的位置对应着裂纹的起始位置。这表明基于复平面分析的焊缝表面裂纹涡流检测技术除能检测铁磁性材料外，对非铁磁性金属材料也能进行检测。因为该技术采用的是交流电磁场的检测原理，只要是导体材料，均能感应涡电流，进而感生磁场，即可进行检测，只是非铁磁性导体材料的信号强度比铁磁性材料有所减弱，可用提高增益或驱动强度的方法来进行补偿。

图 3.29　304 不锈钢裂纹试样照片

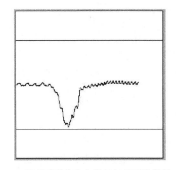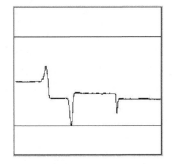

(a) 垂直于裂纹走向进行扫查时的信号　　(b) 沿着裂纹走向进行扫查时的信号

图 3.30　不锈钢试样不同位置裂纹的典型信号

3.4.4 实验结果分析

对仪器性能的测试结果分析表明：固定信号增益和滤波方式，仅改变激励信号的强度指标，可知对某个刻槽的检测结果的幅度和相位都有影响。由 1.0mm 刻槽的测试结果可知，强度对信号幅度的影响在 10 附近到达极值，小于 10 基本为单调增加，大于 10 时基本无太大变化，只是相位基本上呈单调增加趋势(以 180°为周期)。当固定强度和滤波方式，仅仅改变增益时，可知对某个刻槽的检测结果的幅度有影响，基本上是单调增加的，对相位的影响不大；固定强度和增益，仅仅改变滤波方式时，信号呈现出半波变化形式。带通滤波与高通滤波效果基本一致，为全波形信号，而低通滤波与无滤波的效果也相近，为半波形信号；只改变相位对检测结果的幅度基本无影响；裂纹深度在 2.0mm 以下时信号幅度基本随深度增加而增大，超过 2.0mm 时，信号幅度不再有明显的增加。

对标准校正试块的测试结果表明，Weld Scope 裂纹检测仪，对探头操作中产生的提离效应非常不敏感，这与传统的涡流检测技术不同，因此其很适合在焊缝高低不平的焊冠上操作。其次仪器能反映出不同裂纹的深度，虽然受到趋肤效应的影响，波形的幅度与深度已不呈线性关系，然而这在工程检测应用上也十分有用，准确的测量可用加工人工对比试样来得到。

对涂覆层的测量结果表明，仪器对非金属涂层具备良好的穿透能力，甚至对较薄(1.0mm 以下)的非铁磁性金属涂覆层也有一定的穿透能力，能适应一般钢结构防腐层下的裂纹探伤。

对人工模拟裂纹焊接试板测试结果分析表明，对于表面平整度较好的设备母材及焊缝(如自动焊)的表面裂纹和近表面埋藏裂纹，该仪器有较高的检测灵敏度，甚至具有一定的抗提离效应。但对于起伏度较大的手工焊焊缝，检测效果明显下降。对起伏度不大的焊缝可用拟制功能消除由焊缝起伏造成的影响，但相应在此幅度范围内的裂纹则难以检测。对于不同的材料，可以选择适当的检测参数，如幅度、强度、滤波方式等以达到最佳的检测效果。在适当的检测参数下，所有的人工模拟裂纹均能检出，且随着打磨的进行，直至裂纹被打磨消除之前，仍能在仪器上有清晰的信号显示。对裂纹的位置、走向的判断和按照当量比较法对裂纹深度的判断与实际情况基本上是吻合的。检测时检测方向对检测效果的影响较大，探头垂直于裂纹方向进行检测时灵敏度最高，而探头无意中的倾斜，也容易产生干扰信号，造成误判。

3.4.5 技术标准的研制

根据开发的仪器和上述实验结果，起草制订了 GB/T 26954—2024《焊缝无损检测 基于复平面分析的焊缝涡流检测》国家检测标准，确定了检测标准试件、检测仪器要求、检测程序和检测结果评价方法。

3.5 检测工程应用

表面裂纹电磁检测技术在实际锅炉、压力容器、压力管道、起重机械和大型游乐设施检验中得到成功应用,以下为课题组成功应用的典型案例。

3.5.1 热电联产锅炉集箱的表面裂纹检测应用

某蒸发量为每小时 35t 的热电联产锅炉,在以往检验中常发现下集箱易出现表面裂纹,因此在本次停产检验中,表面裂纹的检验也是重点。由于下集箱由 20 号钢 $\phi219mm\times12mm$ 的无缝钢管构成,其表面有粗糙的氧化层,无法直接采用磁粉进行检验,因此采用 Weld Scope 裂纹检测仪首先进行快速扫查检测,对于有异常信号的部位再进行磁粉复验。

图 3.31 为该锅炉房外景与炉膛内下集箱的照片。用裂纹检测仪对该处进行扫查,可以在带背光功能的屏幕上清楚地发现大量密集裂纹信号,且裂纹的开口宽度和深度均比较严重;通过对上述区域以常规磁粉方法检测,证实了裂纹的存在。图 3.32 给出了发现的典型裂纹的信号和照片。

图 3.31 35t 热电联产锅炉房外景与炉膛内下集箱的照片

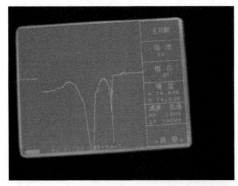

(a) A1部位的检测信号及磁粉复验发现1条37mm长环向表面裂纹

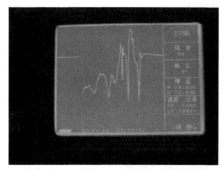

(b) A2部位的检测信号及磁粉复验发现4条13~25mm长环向表面裂纹

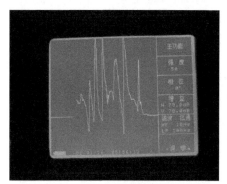

(c) A3部位的检测信号及磁粉复验发现7条9~25mm长环向表面裂纹

图 3.32 下集箱上裂纹信号及磁粉检测裂纹照片

3.5.2 氢气储罐在线检测应用

对某制药厂 1 台 $5m^3$ 氢气储罐的焊缝进行不停机在线表面裂纹检测，发现在储罐封头环焊缝与纵焊缝间母材上，有一处异常信号，如图 3.33 所示，信号幅度

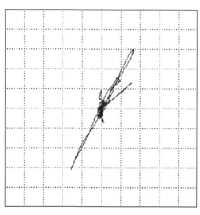

图 3.33 某制药厂氢气储罐检测的异常信号

为 71.5%，相位为 115°。对上述异常信号部位用表面渗透复验，发现母材上有一个长度为 5mm 的重皮，并非裂纹缺陷。因为重皮与本体之间存在一个气隙层，导致此处磁场信号发生畸变。同时，重皮的存在减小了筒体本身的壁厚，局部的壁厚减薄在长期运行条件下必将带来安全隐患。检出此类重皮，也可让厂方在设备运行过程中加强对该处的重点监控，保障安全生产。这也扩展了本仪器的应用空间。

3.5.3　城市埋地燃气管道检测应用

天津城市埋地燃气管道干道主要铺设于天津市外围地段，且大部分处于海滩盐碱地带，为防止土壤腐蚀，管道以厚约 7mm 厚的沥青包裹。对其中近 40km 的干道进行地上不开挖检测，发现多处管道存在防腐层破损现象，然后对这些部位进行开挖，首先采用涡流检测仪进行裂纹检测，发现有多处管道焊缝存在异常信号，去除沥青防腐层后用磁粉检测(magnetic particle testing，MT)、超声波检测(ultrasonic testing，UT)等方法进行复验，发现存在裂纹和漏点，典型的检测结果如图 3.34～图 3.38 所示。检测结果表明裂纹检测仪同样能用于压力管道的检测，

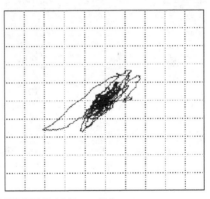

(a) 八米河南侧管道第一个V形焊缝及检测信号(幅度56%，相位149°)

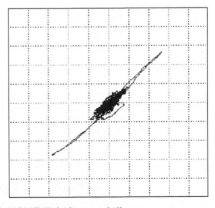

(b) 八米河南侧管道第五个V形焊缝及检测信号(幅度76.5%，相位136°)

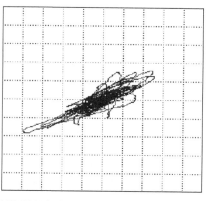

(c) 八米河北侧架空管道V形焊缝及检测信号(幅度72%, 相位152°)

图 3.34　八米河上穿越管道焊缝检测结果

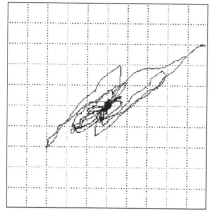

(a) 建国园开挖管道第一个V形焊缝及检测信号(幅度92.5%, 相位148°)

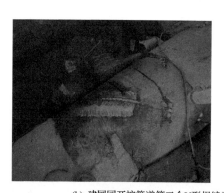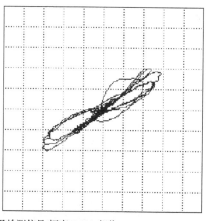

(b) 建国园开挖管道第二个V形焊缝及检测信号(幅度69.5%, 相位149°)

图 3.35　建国园开挖管道焊缝检测结果

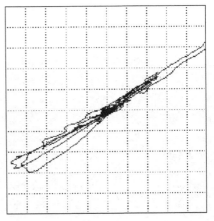

图 3.36　烧碱厂管道南补口破损点修补焊缝及检测结果(幅度 106%，相位 147°)

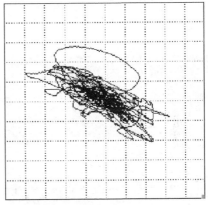

(a) 葡萄园管道弯头焊缝1及检测信号(幅度106%，相位30°)

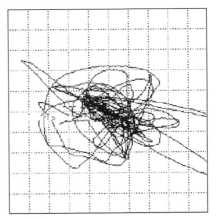

(b) 葡萄园管道弯头焊缝2及检测信号(幅度75%，相位17°)

图 3.37　葡萄园管道弯头焊缝检测结果

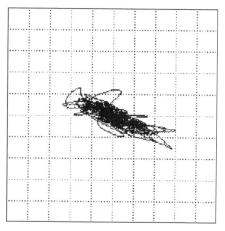

(a) 五号分水器北管道开挖处漏点螺旋焊缝1及检测信号(幅度55.5%, 相位21°)

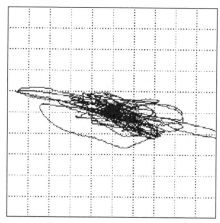

(b) 五号分水器北管道开挖处漏点螺旋焊缝2及检测信号(幅度97.5%, 相位12°)

图 3.38　五号分水器北管道开挖处漏点螺旋焊缝(破损点附近)检测结果

甚至在提高信号强度和增益后能直接穿透相对较厚的防腐层对管道本体焊缝进行检测。本应用仪器参数为：强度 30，相位 0°，增益 70dB，带通滤波 10/100Hz，显示为复平面图。标准对比试块信号：裂纹深度 1mm，幅度 97.5%，相位 144°；裂纹深度 0.5mm，幅度 48.5%，相位 142°。

3.5.4　起重机械检测应用

1. 某港口装卸桥的检测

该装卸桥材料为 Q235-AF，已使用 10 余年，发生过刚性腿屡次开裂的情况。因开裂部位均用厚钢板进行补焊，无法对原有裂纹进行检测。对补板焊缝和柔性腿与大梁连接筋板处进行裂纹检测，发现有信号异常，以磁粉复验得到确认，如

图 3.39 所示。

(a) 装卸桥照片

(b) 标准对比试块1mm深刻槽信号(幅度36.0%, 相位93°)

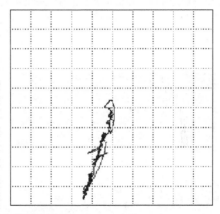

(c) 北刚性腿南面补板及补板右下角焊缝裂纹检测信号(幅度52.0%, 相位106°)

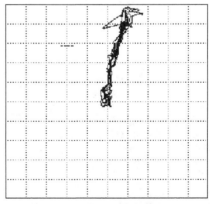

(d) 北柔性腿西侧南端下筋板及筋板角焊缝裂纹检测信号(幅度52.5%, 相位109°)

图 3.39　10t/40m 港口装卸桥钢结构焊缝裂纹检测结果

通过将开发的裂纹检测仪在装卸桥上应用，发现该仪器无法对较厚铁磁性钢板下的焊缝进行检测，但对带油漆层的金属结构焊缝检测具有足够高的灵敏度。业主如果能在例行检查中增加对重点部位的裂纹检测，既不增加多少工作量，又能对历史薄弱环节进行经常性检查，对保证设备的安全运行具有其他方法不可替代的作用。

2. 某门座式起重机的检测

某门座式起重机材料为 Q235-B，已使用七年多，使用单位的此类设备普遍出现轮座支腿焊缝开裂的情况，且开裂补焊后运行一段时间仍会再度开裂。对该起重机的主要受力部位(包括上支架、臂架配重处钢丝绳滑轮与平台焊缝、臂架铰接与驾驶室平台焊缝、主支筒主体焊缝、各轮座支腿焊缝等)进行检测，发现主要信号异常集中于轮座支腿加强筋焊缝处，且信号幅度大。目测发现轮座支腿加强筋焊缝几乎裂透，与历史和实际情况吻合，如图 3.40 所示。

(a) 门座式起重机照片

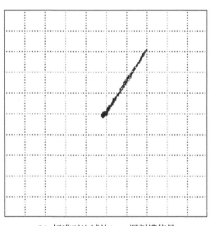

(b) 标准对比试块1mm深刻槽信号

(c) 下平衡梁西南轮座2支腿焊缝东面加强筋焊缝及检测信号

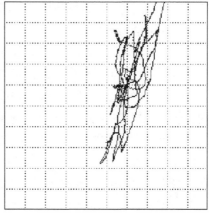

(d) 下平衡梁西北轮座1支腿焊缝东面加强筋焊缝及检测信号

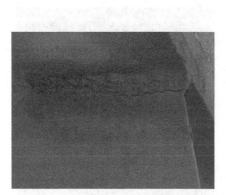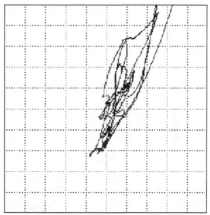

(e) 下平衡梁西南轮座1支腿焊缝西面加强筋焊缝及检测信号

图 3.40　D3065K10 型 30t/10m 门座式起重机焊缝检测结果

　　采用开发的仪器对门座式起重机的角焊缝裂纹的成功检测再次证明了该仪器不仅能在传统的锅炉和压力容器上对焊接裂纹进行检测，也能在起重机械上对钢结构件焊缝上产生的表面裂纹进行带油气层的检测。

3.5.5　大型游乐设施检测应用

　　某游乐园建园已 20 余年，设备情况复杂，既有建园初已投入使用的陈旧老设备，又有近年来才建成使用的新设备；既有国外进口的设备，又有国内厂家生产的设备。设备主要由业主进行维护，而业主只能依靠经验和目测对设备的状况进行判断，对设备是否存在肉眼无法发现或识别的缺陷则因缺乏科学的检测手段而无法及时进行维修。

　　课题组对该园的 13 套游乐设备进行了检测，重点是依据本课题提出的表面裂纹检测技术对其钢结构和焊缝进行检测。结果发现其中"勇敢者转盘"和"宇宙飞船"两套设备存在异常信号。因为设备表面积累了很多灰尘、油垢等物，仅以肉眼观察很难发现这些裂纹，而用裂纹检测仪可以轻易地检测出以上裂纹，并可根据仪器信号的指示分析，对裂纹的走向、开裂长度和大致深度进行评估。随后用磁粉检测技术对裂纹检测仪检测出的异常部位进行复探，结果都得到了很好的验证。对设备打磨以后不仅表面开口裂纹的位置和长度得到了验证，连近表面的埋藏裂纹的走向和长度也得到了证实，图 3.41 和图 3.42 为所发现的典型裂纹信号和照片。

　　此次课题组的检测对象涵盖了所检设备的主要受力构件及其焊缝。因为游乐设施的外观形状决定了其结构的复杂性，有些部位以常规的手段是难以进行无损检测的。而本仪器因配置了四种不同形状的探头，基本能覆盖各种形状和位置的焊缝。结果证明本仪器能够很好地满足游乐设施现场检测的要求。

(a) "勇敢者转盘"照片

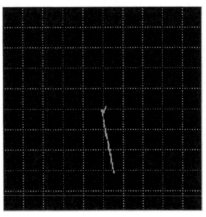

(b) 标准试块1mm深刻槽信号

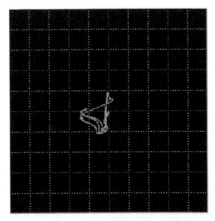

(c) 大轴1-2辐条间焊缝裂纹信号及裂纹(约0.5mm深、10mm长)

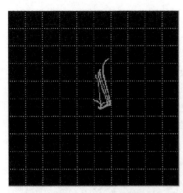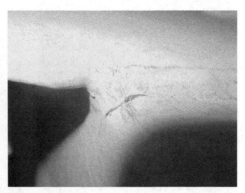

(d) 大轴2-3辐条间焊缝裂纹信号及裂纹(约1mm深、20mm长)

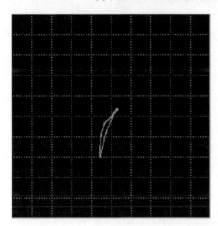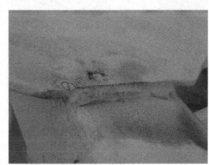

(e) 大轴9-10辐条间焊缝左侧裂纹信号及裂纹(约1mm深、15mm长)

图 3.41　"勇敢者转盘"主轴辐条焊缝检测结果

(a) "宇宙飞船"照片

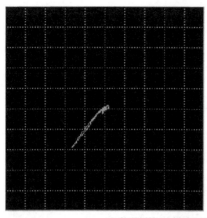
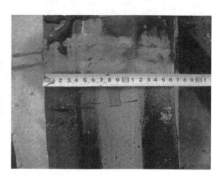

(b) 轨道焊缝1的信号及两处裂纹(80mm长、25mm长)

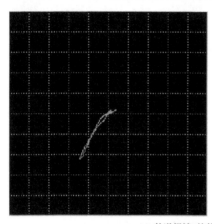

(c) 轨道焊缝2的信号及裂纹(45mm长)

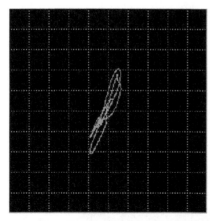

(d) 轨道母材上的信号及分散裂纹带(500mm长度内4处裂纹群20~40mm长)

图 3.42　"宇宙飞船"轨道焊缝及母材检测结果

3.5.6　工程应用小结

开发的表面裂纹检测仪在锅炉、压力容器、压力管道、游乐设施、起重机械的现场检验上都得到了成功的应用，其检测结果得到了磁粉或渗透检测等方法的确认。但相比于磁粉检测，用该仪器无须对检测表面进行打磨处理，还可直接穿透防腐层进行本体焊缝检测，灵敏度和精度与常规磁粉检测技术相当，而且还可对裂纹的深度和走向进行判断。由此可见，基于交流电磁场检测原理的焊缝裂纹检测仪是可以在实际检测上成功使用的无损检测仪器。

该仪器不仅适用于特种设备的在线检测，其应用还适合如下领域。

(1)铁路和地铁：底盘、车身、轮箍、路轨等；

(2)海上平台：管线、管道、泵体、结构支架等；

(3)石油和化工：储气罐、储油罐、管路、阀门、结构件等；

(4)水力、火力发电厂：高压管路、汽包、锅炉、焊接管道、汽轮机、水轮机等；

(5)兵器：炮架、坦克底盘、炮筒、发动机等；

(6)道路交通：桥梁钢结构件、车辆结构件等；

(7)建筑物：钢结构等。

根据实验与现场实际检测应用结果，可以看出：开发的裂纹检测仪可在无须对设备表面进行打磨处理的情况下，对设备进行在役快速检测，发现可能存在裂纹的区域，并对裂纹性质做出初步判断，再用 MT 或 PT 技术进行详细复查。可节约大量检测人员和设备(耗材)成本，尤其可对水下及高温设备进行在线检测，大大缩短了工厂的停产检修时间，经济效益非常可观；且可适用于多种行业的设备检验和维护保养工作，应用前景十分广泛。最重要的是，对安全工作的准确细致，维护了国家、集体和人民的生命财产安全，具有非常可观的经济效益和社会效益。

3.6　本章小结

(1)本章根据基于复平面分析的焊缝表面裂纹涡流检测原理，以及工程应用要求，提出了基于复平面分析的焊缝表面裂纹涡流检测仪器的总体设计方案，研制了仪器主机和多种样式的探头，开发了仪器配套软件，形成具有完全自主知识产权的仪器。

(2)利用自研仪器，开展了基于标准刻槽试块的实验研究、基于人工缺陷的实验研究，以及基于自然缺陷的实验研究，发现磁场切向分量对应的信号，其相位与激励强度有关，可用于抑制提离变化对检测结果的影响；实验研究结果表明，基于复平面分析的焊缝表面裂纹涡流检测技术不仅适用于铁磁构件的表面裂纹检测，还适用于非铁磁构件的表面裂纹检测。基于上述研究，最后，起草制订了 GB/T 26954—2024《焊缝无损检测 基于复平面分析的焊缝涡流检测》国家检测标准，确定了检测标准试件、检测仪器要求、检测程序和检测结果评价方法。

（3）上述研究成果在锅炉、压力容器、压力管道、起重机械、游乐设施的现场检验上得到了检测应用，结果表明，自研仪器可在无须对表面进行打磨处理的情况下，对设备进行在役快速检测，可节约大量检测人员和设备（耗材）成本，具有非常可观的经济效益和社会效益。

参 考 文 献

[1] 沈功田. 中国无损检测与评价技术的进展. 无损检测, 2008, 30(11): 787-793.

[2] 张玉华. 基于场-路耦合模型的涡流探头设计及提离干扰抑制方法研究. 长沙: 国防科技大学, 2010.

[3] 李小亭, 沈功田. 压力容器无损检测: 涡流检测技术. 无损检测, 2004, 26(8): 411-416, 430.

[4] 付检平, 沈功田, 于润桥, 等. 涡流检测技术在我国承压设备中的应用. 特种设备安全与节能技术进展一(下), 2014: 374-379.

[5] 刘凯, 沈功田. 带防腐层焊缝疲劳裂纹的快速探伤. 中国锅炉压力容器安全, 2004, 20(6): 29-33.

第4章 脉冲涡流检测技术

锅炉、压力容器、压力管道等承压设备在石油、化工、电力等行业中得到广泛应用[1]，这些设备一般由铁磁材料制成，其在运行过程中，普遍处于高温、高压、深冷等极端工况下，易发生由腐蚀或物料冲蚀等导致的壁厚减薄。当壁厚减薄到其承载极限时，会产生变形破裂或局部穿孔，引起输送或储存的介质泄漏，进而引发火灾、爆炸、中毒等安全事故。虽然定期停产检修可有效降低安全事故发生的风险，但出于满足日益激增的能源需求和降低生产成本的考虑，则迫切期望在保障承压设备安全运行的前提下，延长停机检修间隔。因此，研究如何在不停机前提下对承压设备的壁厚减薄进行在线检测，在保障安全生产和能源供应，以及降低生产成本等方面具有重要意义。

出于节能和安全防护的考虑，承压设备表面多带有由绝热层和保护层组成的覆盖层。一般而言，绝热层由岩棉、聚氨酯或泡沫玻璃等材料制成，厚度在几十到几百毫米；保护层由镀锌钢、铝或不锈钢等材料制成，厚度不大于 0.8mm。21世纪初，可用于承压设备的不停机检测技术主要有超声波检测、射线检测和脉冲涡流检测。对于超声波检测，检测前需拆除被测部位的覆盖层，并进行打磨处理，检测完成后，还需对打磨区域和覆盖层进行恢复，不仅工序多、综合耗时长，若恢复不当还会形成新的腐蚀隐患。对于射线检测，则难以适用于直径较大承压设备的不停机检测，且对人身安全防护要求严苛，效率低、成本高。对于脉冲涡流检测，因其是一种基于电磁感应原理的检测技术，可克服上述两种技术的缺点，从而实现带覆盖层承压设备均匀壁厚减薄的快速不停机检测，但该技术由荷兰RTD公司独家垄断，所开发的脉冲涡流检测设备价格昂贵(250万～400万元人民币/台)，现场检测受各种因素的影响，无成熟的检测工艺，国内仅有一家检验机构购买，而且国内外均无检测标准，从而使得国内难以推广应用该技术。

为使脉冲涡流检测技术能更好地服务国内工业生产，国家"十一五"科技支撑计划课题"大型高参数高危险性成套装置长周期运行安全保障关键技术研究及工程示范"专门设置了"钢腐蚀脉冲涡流检测技术研究及仪器研制"专题(编号：2006BAK02B02-04)，针对国内特殊的应用条件开发了基于脉冲涡流检测技术的带保温层铁磁性材料腐蚀状况的检测设备，并且研究了新的脉冲涡流信号处理方法，打破国外同类设备在中国市场的垄断，填补国内空白，同时研究并制订了脉冲涡流金属腐蚀检测技术的方法和标准，提高我国在高端无损检测标准和仪器的竞争力。在"十二五"期间，国家"十二五"科技支撑计划课题"基于失效模式的成套装置预知检测评价及动态风险管理关键技术研究"又专门设置了"带保温层承压设备腐蚀检测技术研究及设备研制"任务（编号：2011BAK06B03-09），不仅进一步完善了已开发的脉冲涡流检测仪器系统和检测标准草案，还推动了该技术的能源行业标准和国际标准化组织（International Organization for Standardization，ISO）标准的制定，此外，还对仪器进行了商品化，成功开展了检测应用。

4.1　检　测　原　理

脉冲涡流检测技术是涡流检测技术的一个分支，因其激励信号中包含宽频带的脉冲或跃变波形，而与其他涡流检测技术有所不同。出于便利性考虑，目前研究过程中一般采用矩形波作为脉冲涡流检测技术的激励。

如图 4.1 所示，脉冲涡流探头位于金属被检件上方，激励线圈中加载有矩形波电流，在电流的高电平段，激励线圈产生稳定的一次磁场作用于被检件；当电流跃变到低电平段时，一次磁场急剧减小，根据电磁感应定律，被检件表面会感生出涡流，随着时间的推移，涡流在被检件中扩散和衰减[2,3]，由涡流变化产生的二次磁场变化被接收线圈转换为电压信号，即为脉冲涡流信号。其动态范围大，一般绘制于双对数坐标系中进行分析。由于涡流变化过程与被检件壁厚有关，因而被检件壁厚有望从脉冲涡流信号中反演得到。

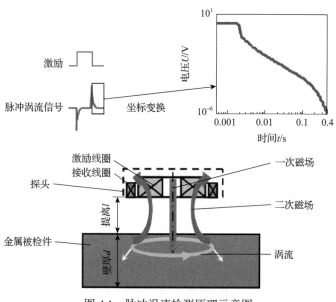

图 4.1　脉冲涡流检测原理示意图

4.2　研究进展与现状

20 世纪 50 年代初，为解决核燃料棒表面金属护层厚度检测的难题，时任美国阿贡国家实验室（Argonne National Laboratory，ANL）研究助理的 Waidelich 基于平面电磁波在异质界面传播时会发生反射的原理，将涡流检测中的单频谐波激励改为脉冲激励，发明了脉冲涡流检测技术。此后，该技术在小提离（提离<5mm）下检测非铁磁性构件的裂纹[4]、电导率[5]（及其相关参数，如应力状态[6-8]、金相组成[9]、金属硬化层深度[10,11]和硬度[11]）等方面得到了极大的发展。

出于检测覆盖层下铁磁管道腐蚀情况的需要，美国大西洋里奇菲尔德公司（Atlantic Richfield Company，ARCO）的 Spies 等[12-14]，以瞬变电磁法（transient electromagnetic method，TEM）为原型，开发了一套脉冲涡流检测系统——TEMP（transient electromagnetic probing），并递交了专利申请。由于 TEM 可探测深度很大，因而以此为原型开发的 TEMP 具有适用于提离较大情况下导体构件检测的优点。1995 年，荷兰 RTD 公司从 ARCO 获得 TEMP 相关技术的授权，并在 TEMP 的基础上进行改进，进而推出脉冲涡流检测系统 INCOTEST（insulated component TEST）。自此，脉冲涡流检测技术才开始在带覆盖层承压设备的检测方面逐步得到工程应用。

4.2.1　模型的研究进展与现状

为探究脉冲涡流检测技术的物理机理和潜在应用，科研工作者主要建立了解析模型、数值模型和等效模型。本节将分别对这三种模型的研究历程与现状进行综述。

1. 解析模型

20 世纪 50 年初，Waidelich[3]将探头的激励电磁场假设成平面电磁场，建立首个脉冲涡流检测模型，应用拉普拉斯逆变换法得到了空气与包裹核裂变材料的锆护层界面上反射磁场对时间的变化率，以此研究探头感应电压的变化规律。然而，脉冲涡流检测传感器产生的电磁场并不是平面场[15]，且实际加载的激励波形亦不可能为理想脉冲，因此，该模型精度较低。对于实际加载的任意激励，均可经傅里叶变换分解为多个谐波激励，在线性系统中，对这些谐波激励的频域响应进行傅里叶逆变换，便可得到任意激励的响应，因此，涡流检测解析模型所取得的进步，推动了脉冲涡流检测解析建模的发展[16]。1968 年，Dodd 和 Deeds 建立了多层导体平板上的涡流检测解析模型，和以往解析模型相比，该模型中线圈的横截面为面积有限的矩形，更接近实际情况，因而精度更高，该模型被称为 Dodd-Deeds

模型。然而，当被测导体层数较多时，Dodd-Deeds 模型的求解非常困难，为解决这一难题，Cheng 等[17]提出了基于传递矩阵求解任意层导体反射系数的方法。此外，由 Dodd-Deeds 模型求得的解，其表达式中包含了贝塞尔函数的二重积分，难于计算。为解决这一难题，Theodoulidis 等[18]将无限大求解区域在有限半径处进行截断，使 Dodd-Deeds 模型的积分解转化为级数和的形式，大大降低了计算难度。Theodoulidis 等将该方法命名为 TREE 法。在 TREE 法的基础上，Li 等[19]、Fan 等[20-22]、陈兴乐等[23]建立了多个脉冲涡流解析模型。

此外，Jesse 等[24,25]将脉冲涡流检测中探头尺寸对于涡流场穿透深度的影响进行了数学建模，并且引入了一个表征探头线圈的物理尺寸性质的参量-空间频率来描述探头尺寸对涡流场穿透深度的影响[25]。其研究结果表明，脉冲涡流场的穿透深度不能用传统涡流穿透深度的经验公式来简单计算，传统涡流的趋肤深度公式仅仅是在空间角频率 $k=0$ 即探头尺寸很大时有效，实际中应用较多的穿透深度，即涡流场幅值衰减到其初始值的 1/e 时对应深度 δ_k 应该由式(4.1)定义：

$$\delta_k = \frac{1}{\mathrm{Re}[\sqrt{k^2 + \mathrm{j}\omega\mu\sigma}]} \tag{4.1}$$

式中，k 为空间角频率，该参数与探头空间尺寸有关；ω 为时间角频率，该参数与激励频率有关；μ 为试件的磁导率；σ 为试件的电导率。

Jesse 等在一块 40%IACS（IACS 是电导率单位，以纯铜电导率为 100%IACS）的铝板上进行了脉冲涡流穿透深度的实验，证明当 ω 较大时，k 的大小对穿透深度影响不大，而当 ω 较小时，k 对穿透深度的影响很大。在脉冲涡流的测厚应用中，低频成分起主导作用，因此探头的空间尺寸尤为重要。

上述模型多以常规涡流检测的解析模型为基础，具有求解速度快、物理意义明确等优点，但仅适用于被检件结构简单的情形，对于结构较为复杂的被检件，需建立数值模型进行研究。

2. 数值模型

用于脉冲涡流检测数值建模的方法主要包括有限差分法[26]、有限元法[27]和边界元法[28]。其中，有限元法因其对场域的形状具有较好的适应性[29]而得到了广泛的应用。用于脉冲涡流检测数值建模的商业化有限元软件有 Ansoft、Comsol 和 Ansys。

在基于 Ansoft 建立的脉冲涡流检测数值模型方面，Angani 等[30]研究了以平行双磁芯线圈作为激励单元时，探头周围的磁场分布，从而直观地说明了该新型探头的检测原理。康学福等[31]研究了用含 H 形铁磁芯的探头检测金属薄膜厚度时的信号，为实验信号的特征提取提供了参考。

在基于 Comsol 建立的脉冲涡流检测数值模型方面，Adewale 等[32]研究了试件电导率和磁导率对脉冲涡流检测信号的影响，从而提出了解耦试件电导率和磁导率影响的方法。刘鑫华[33]研究了缺陷对脉冲涡流检测信号的影响，从而提取出差分信号的峰值作为特征量，用于检测缺陷的深度和宽度。Zhou 等[34]研究了矩形探头尺寸比例对脉冲涡流检测信号的影响，得到了不同检测情况下的最优探头尺寸比例。张斌强[35]研究了激励线圈结构参数对脉冲涡流检测信号的影响，从而对激励线圈结构参数进行了优化。Babbar 等[36]研究了导电平板中缺陷对感应涡流分布的影响，对脉冲涡流检测信号的分析提供了参考。

　　在基于 Ansys 建立的脉冲涡流检测数值模型方面，石坤等[37-40]研究了提离、试件壁厚、激励参数、激励线圈和检测线圈参数对脉冲涡流检测信号的影响，得到了可用于提离和壁厚检测的特征量，以及最优的激励参数、激励线圈和检测线圈参数。余付平等[41]研究了缺陷对脉冲涡流检测信号的影响，得出信号的峰值和过零时间分别与缺陷的体积和深度有关的结论。张辉等[42]研究了矩形线圈尺寸参数对涡流分布、衰减规律的影响，并以此为基础，优化了传感器尺寸。喻星星等[43]研究了在磁导率非线性条件下，激励电流对灵敏度的影响，得到了加大激励电流并不一定能提高检测灵敏度的结论。

　　3. 等效模型

　　对于脉冲涡流检测，目前建立的等效模型均为等效电路模型，且一般将被测构件等效为单个 RL 电路，将传感器线圈等效为 RL 和 RLC 两种电路进行研究。

　　Lefebvre 等[44,45]将自检测线圈和被测构件等效为两个 RL 电路的耦合，得到检测信号的近似表达式，用该近似表达式对实验信号进行拟合，发现在被测构件壁厚一致的情况下，可用提离交叉点的斜率对传感器提离进行测量。Tetervak 等[46]将激励线圈、检测线圈和被测构件等效为三个 RL 电路的耦合，根据基尔霍夫定律列出该模型的微分方程，由此得到的信号和实验信号较为吻合。

　　Harrison 等[47]在研究涡流检测缺陷尺寸及形状时指出，当激励频率较高时，需考虑线圈的寄生电容，应将其等效为 RLC 电路。Yang 等[48]研究用脉冲涡流检测技术检测包裹核裂变元素的金属护层厚度，将激励线圈等效为 RLC 电路，证明了能抑制提离效应的特征——提离交叉点的存在。Bowler 等[49]在研究半无限大导体上的脉冲涡流响应时，考虑到寄生电容的影响，将放置在空气中的激励线圈等效为 RLC 电路，把测量得到的电感和电容代入该等效电路进行分析。结果表明：在方波激励下，计算和实验得到的归一化电流基本一致。

4.2.2　仪器的研究进展与现状

　　脉冲涡流检测仪器可根据被检件的材料和缺陷类型分为两类：第一类仪器

主要用于非铁磁被检件厚度和裂纹的检测；第二类仪器主要用于铁磁被检件厚度的检测。

第一类仪器主要包括英国 QinetiQ 公司开发的 TrecScan，美国通用电气公司（General Electric Company，GEC）开发的 Pulsec，以及瑞士阿西布朗勃法瑞公司（Asea Brown Boveri Ltd.，ABB）开发的 MTG 等。这些仪器一般用于飞行器机身多层金属结构和铆接结构的腐蚀检测、金属薄板生产线上的在线测厚。检测时，探头和被检件间的距离较小，通常不超过 5mm。这些仪器的实物图和参数分别如图 4.2 和表 4.1 所示。

(a) TrecScan　　　　(b) Pulsec　　　　(c) MTG

图 4.2　第一类脉冲涡流检测仪器

表 4.1　第一类脉冲涡流检测仪器的性能参数

技术参数	TrecScan	Pulsec	MTG
测厚范围/mm	—	0～10	0.01～15
检测速度	—	扫描速度 20～120mm/s	数据更新时间 10ms
精度	—	0.75mm	0.1%标称厚度+1μm
是否便携	否	是	否

第二类仪器主要包括荷兰 RTD 开发的 INCROTEST、加拿大 Eddyfi 开发的 Lyft^{TM}，以及爱德森（厦门）电子有限公司开发的 EEC-83 等。这些仪器一般用于带覆盖层铁磁构件的均匀壁厚减薄检测，且最大可透过 150mm 厚的覆盖层，这些仪器的实物图和参数分别如图 4.3 和表 4.2 所示。

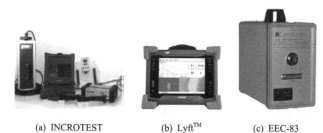

(a) INCROTEST　　　　(b) Lyft^{TM}　　　　(c) EEC-83

图 4.3　第二类脉冲涡流检测仪器

表 4.2　第二类脉冲涡流检测仪器的性能参数

技术参数	INCROTEST	Lyft™	EEC-83
测厚范围/mm	3～65	最大 38	—
最小曲率半径/mm	25	51	25
温度范围/℃	−100～500	−150～500	−100～500
最大覆盖层厚度/mm	152	152	150
灵敏度	壁厚减薄 15%	壁厚减薄 10%	—
是否便携	是	是	是

4.2.3　信号处理方法的研究进展与现状

脉冲涡流信号处理方法的研究主要体现在特征量提取方面。信号的特征量是被测量信号在分析空间的体现，通过坐标变换，将待分析信号映射到合适的分析空间，有利于特征量的提取，进而获得被测量信息，最终达到检测目的。在脉冲涡流检测中，待分析信号会因传感器的组成和布置，以及信号的后续处理方法的不同而存在差异，进而导致所提取的特征量也不尽相同。本节首先对脉冲涡流检测待分析信号进行分类，然后逐类对特征量进行介绍。

一般而言，脉冲涡流检测待分析信号可根据其采集和预处理等过程中，是否采用差分处理而进行初步分类；然后根据差分处理过程中，采用何种信号作为参考信号而进一步分类。常用的参考信号有空气中采集的信号和试件无缺陷区域上采集的信号两种。当以空气中采集的信号作为参考信号时，对待测信号进行差分处理时，其本质是对待测信号进行降噪处理，并未提高缺陷信息在待测信号所含信息中的比例，得到的信号可视为仅从试件上获得的信号；当以试件无缺陷区域上采集的信号作为参考信号，对待测信号进行差分处理时，极大地提高了缺陷信息在待测信号所含信息中的比例，得到的信号可视为仅因缺陷而产生的信号。因此，本书将常见的脉冲涡流检测待测信号分为第一类待分析信号和第二类待分析信号两类。下面，将就这两类信号的定义和适用范围，以及从这两类信号中提取的特征量进行介绍。

在此之前，首先对上述提及的待测信号进行定义：探头的单个信号拾取单元在待测试件或试件的待测区域上获得的信号，即为待测信号。

1. 第一类待分析信号

以探头的单个信号拾取单元在空气中获得的信号作为参考信号，对待测信号进行差分处理，得到的信号定义为试件信号。待测信号和试件信号均属于第一类待分析信号。

当试件为铁磁材料，且信号拾取单元为线圈或磁敏元件时，从第一类待分析信号中提取的特征量主要有二阶系统的特征参数[50]、−3dB 点时间[51]、指数衰减率、功率谱低频段和高频段的峰值[10]等。在这些特征量中，−3dB 点时间和指数衰减率会受到提离变化的影响[52]。

2. 第二类待分析信号

以探头的单个信号拾取单元在无缺陷试件或试件的无缺陷区域上获得的信号作为参考信号，对待测信号进行差分处理，得到的信号定义为缺陷信号。缺陷信号属于第二类待分析信号。此外，如果探头的单个信号拾取单元获得的是由缺陷造成的扰动信号[53]，由于缺陷信息在该扰动信号所含信息中占比很高，因而亦将该扰动信号划归于第二类待分析信号。

当试件为铁磁材料，且信号拾取单元为线圈时，从第二类待分析信号中提取的特征量主要有峰值[39,54,55]、过零时间[39]、幅频谱峰值[56]等。若在差分之前对待测信号和参考信号进行了归一化处理，则峰值时间、幅频谱峰值将不受提离变化的影响。

当试件为铁磁材料，且信号拾取单元为磁敏元件时，从第二类待分析信号中提取的特征量主要有峰值[57]和峰值时间[58]。这两个特征量均受提离变化的影响[59]。

4.2.4　检测技术的研究进展与现状

脉冲涡流检测技术的研究主要是指影响因素的分析，以便相关参数的优化，最终提升仪器性能和了解该技术的适用范围。因脉冲涡流检测技术相对常规涡流检测技术的差异主要是由激励而起，故在影响因素研究方面，主要侧重于激励参数的研究。

最早的脉冲涡流检测激励是 ANL 的 Waidelich 等[60]于 20 世纪 50 年代提出的理想脉冲。然而，由于理想脉冲不可实现，在当时的实际检测中，多以波形为半周期正弦波的脉冲予以替代。1981 年，ANL 的 Sather[61]通过实验，研究了这种替代激励的脉冲长度对涡流渗透深度的影响，得出增大脉冲长度能提高检测深度的结论。1987 年，美国西南研究院的 Beissner 等[62]采用 chirp 波作为脉冲涡流检测激励，达到了在不改变激励峰值功率的情况下，提高检测信号幅值的目的。但该激励对电路要求较高，且信号的分析较为复杂[63]。1990 年，ARCO 的 Gard[14]在其递交的专利申请书中，对另一种理想的脉冲涡流检测激励进行了描述。该理想的脉冲涡流检测激励是双极性矩形脉冲，由高、低、零电平组成。其中，每种电平持续的时长，足以使检测线圈上的信号趋于稳定，即后一个边沿的响应与前一个边沿无关。虽然双极性矩形脉冲具有可抑制温漂等因素的优势，但在研究的过程中，为了简便起见，一般采用单极性矩形脉冲予以替代，研究的参数主要集中在重复频率、占空比、边沿时间和幅值等方面。中国特种设备检测研究院的辛伟等[39]研究了激励的重复频率和占空比对检测结果的影响，指出占空比对检测结果的影响比重复频率对检测结果的影响大。英国纽卡斯尔大学的 Abidin 等[64]研究了占空比对检测深度的影响，指出占空比越大，脉冲涡流检测的可检测深度越深。此外，他们还从不同占空比激励时所采集的信号中提取特征量，用于判断多层导体中缺陷位于哪一层。北京交通大学的吴鑫等[40]研究了激励电流幅值对脉冲涡流检测信号的影响，得出激励电流越大，信号的幅值也越大的结论。南昌航空大学的喻星星等[43]研究了在磁导率非线性条件下，激励电流幅值对灵敏度的影响，指出加大激励电流幅值并不一定能提高检测灵敏度，但激励电流幅值并不是越小越好，需根据实际检测情况进行合理选择。徐平等[65-70]较为全面地研究了激励的重复频率、占空比和幅值对检测信号的影响，指出应根据缺陷可能出现的位置，合理地选择重复频率和占空比，以达到较好的检测效果。例如，对于表面缺陷，应选择较小的重复频率和占空比[66]；对于深层缺陷，则应选择较大的重复频率和占空比[69,70]。此外，他们还指出检测灵敏度会随着激励电压幅值的增大而提高[42,66]，但考虑到器件升温等因素，激励电压幅值不宜过高，应综合实际情况进行设定。

由于研究的影响因素较为单一，截至 21 世纪的头十年，脉冲涡流相关技术标准还未形成。

4.2.5 应用的研究进展与现状

脉冲涡流检测技术自诞生以来，已成功用于核能、航空等领域，相关研究促进了脉冲涡流检测相关理论和信号处理方法的发展，深化了人们对该技术的了解，扩大了该技术的应用范围，但目前主要是针对非铁磁材料，对铁磁材料的应用较少。

4.3 脉冲涡流检测数值模型研究

在基于涡流效应的检测技术中，当涡流渗透深度小于试件厚度一半时，试件的下半部分不会受到激励的影响[71-74]。对于铁磁材料的脉冲涡流检测，涡流自产生之时起，就不断地向试件内部渗透，表现为向下、向外扩散。因而只有当涡流渗透至试件一半厚度时，壁厚信息才开始包含于脉冲涡流信号中，即在某一特征时刻之后，才能从脉冲涡流信号中提取试件壁厚信息。本书 2.2 节介绍的脉冲涡流解析模型，并未指出涡流的扩散过程及其和脉冲涡流信号的对应关系，不利于指导含有壁厚信息的脉冲涡流信号采集和反演，而数值模型则能较好地克服现有解析模型的上述不足。因此，本节首先建立脉冲涡流检测数值模型，然后以此为基础，研究试件中涡流的扩散过程及其和脉冲涡流信号的对应关系，为含有壁厚信息的脉冲涡流信号采集和反演提供指导。

4.3.1　脉冲涡流检测数值模型

1. 模型建立与求解

首先，建立如图 4.4 所示的脉冲涡流检测三维实体模型，因试件为圆形板状结构，具有对称性，而仅建立了 1/4 模型，以减少计算量。为避免试件边缘对脉冲涡流信号造成影响，试件的半径设置为接收线圈外半径的 7 倍。其中，线圈参数和表 2.1 一致。

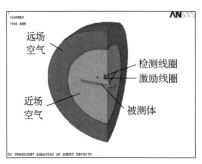

(a) 显示空气区域

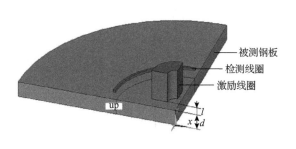

(b) 隐藏空气区域

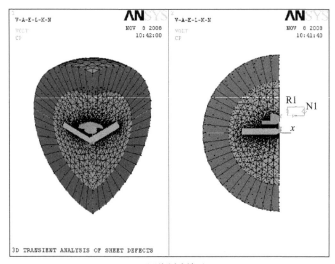

(c) 网格划分情况

图 4.4　脉冲涡流检测三维实体 1/4 模型和网格划分情况

完成实体建模后，需对各实体赋予合适的单元类型。ANSYS10.0 中，能用于三维瞬态涡流分析的单元主要有 SOLID97 和 SOLID117。虽然基于棱边单元法的 SOLID117 具有更高精度，但不具有场路耦合的能力，因而选用具有场路耦合能

力的 SOLID97 单元，以便激励电流的加载。激励线圈和接收线圈与 CIRCU124
电路单元相连，激励电路为独立脉冲电流源与绞线圈电流源串联，接收电路为大
电阻与绞线圈电流源串联。表 4.3 列出了模型的单元选项及节点自由度，表 4.4
则列出了模型各实体的相对磁导率和电阻率。

表 4.3　模型的单元选项及节点自由度

实体模型	单元类型	单元选项	节点自由度
激励线圈	SOLID97	KEYOPT(1)=3	AX, AY, AZ, CURR, EMF
接收线圈	SOLID97	KEYOPT(1)=3	AX, AY, AZ, CURR, EMF
试件	SOLID97	KEYOPT(1)=1	AX, AY, AZ, VOLT
空气	SOLID97	KEYOPT(1)=0	AX, AY, AZ
激励电源	CIRCU124	KEYOPT(1)=3 KEYOPT(2)=2	VOLT
电阻	CIRCU124	KEYOPT(1)=0	VOLT
绞线圈电流源	CIRCU124	KEYOPT(1)=5	VOLT, CURR, EMF

表 4.4　模型各实体的相对磁导率和电阻率

参数名	线圈	试件	空气
相对磁导率	1	600	1
电阻率/(Ω·m)	1.724×10^{-8}	6.25×10^{-7}	∞

在图 4.4 中，试件、激励线圈和检测线圈由内到外依次被近场空气区域和远
场空气区域包裹。管道、覆盖层、激励线圈和检测线圈的网格划分最为致密，近
场空气区域次之，远场空气区域的网格最稀疏，使得在保证求解精度的前提下降
低计算量，如图 4.4(c)所示。

然后，在远场空气区域外表面施加第一类边界条件，并在外电路的其中一个
节点施加接地。

最后，设置求解步长为 0.05ms，求解步数为 16000，采用波前求解器求解。

2. 模型验证

图 4.4 所示模型在求解完成后，利用 ANSYS10.0 自带的时间历程后处理器
POST26，提取接收线圈上的感应电动势(electromotive force，EMF)，便可得到脉
冲涡流检测模型计算信号。分别计算得到不同板厚时的脉冲涡流信号，将其与实
验信号进行对比，如图 4.5 所示。

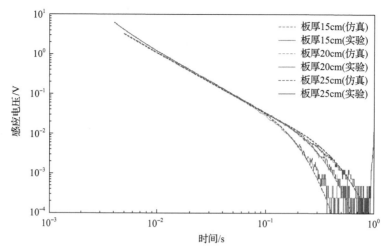

图 4.5   数值模型信号和实验信号对比

由图 4.5 可知，由数值模型求解得到的信号和实验信号基本吻合，从而证明了所建脉冲涡流检测数值模型的正确性。

4.3.2   涡流扩散过程和脉冲涡流信号的对应关系

在涡流扩散过程中，涡流强度会因试件电导率有限而产生损耗，不断地衰减。对于激励任一频率成分所产生的感应涡流，其涡流损耗 W_E 和该频率成分在试件中所产生的最大磁通密度 B_{max} 呈正相关关系，如式(4.2)所示：

$$W_E \propto B_{max}^{y} \tag{4.2}$$

式中，y 是正数[72]。

由于 B_{max} 会随着提离的增大而减小，相应地，涡流损耗 W_E 也会随着提离的增大而减小，在研究涡流扩散过程和脉冲涡流信号对应关系时，还应考虑提离的影响。

因此，在 4.3.1 节模型的基础上，建立如表 4.5 所列参数的脉冲涡流检测数值模型，得到不同试件壁厚、不同提离时的涡流密度分布的演化过程和脉冲涡流信号，以便研究涡流扩散过程和脉冲涡流信号的对应关系。

表 4.5   仿真中用到的参数

参数	数值
提离 L/mm	0～80，以 10 为步进
壁厚 T/mm	10～30，以 5 为步进

　　不失一般性，以 T20L20(T20L20 表示壁厚 T 为 20mm、提离 L 为 20mm，以下依此类推)、T20L30 和 T30L20 三种情况下涡流密度分布的演化过程为代表进行研究。涡流从试件表面扩散至 20mm 壁厚的一半，即 10mm，所需时间为 0.0237s。在该时刻之前，涡流密度分布的演化过程应与壁厚 T 无关，而与提离 L 有关。为证明这一点，绘制 0.020s 时的涡流密度分布如图 4.6 所示，用于对比分析。

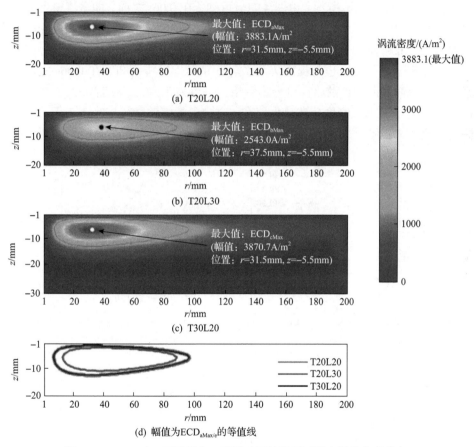

图 4.6　0.020s 时，不同提离、不同壁厚情况下试件中涡流密度分布

　　图 4.6(a)、图 4.6(b) 和图 4.6(c) 依次为 T20L20、T20L30 和 T30L20 三种情况下，试件中涡流密度的分布。从中可知，试件的下半部分确实未受到激励的影响。ECD_{aMax}、ECD_{bMax} 和 ECD_{cMax} 依次是 T20L20、T20L30 和 T30L20 情况下涡流密度分布的最大值，它们的幅值和所处的位置未受到壁厚 T 的影响，但受到了提离 L 的影响。以幅值为 $ECD_{aMax/e}$ 的等值线对试件中的涡流密度分布进行描述，并将其绘制于图 4.6(d) 中进行对比可知：T20L20 和 T30L20 情况下的等值线几乎完全重合，而 T20L20 和 T20L30 情况下的等值线则完全不重合，从而证明了在涡流扩

散至壁厚的一半之前，涡流密度的分布不会受到壁厚 T 的影响，而会受到提离 L 影响的结论。由上述分析可知，壁厚 T 及提离 L 等因素对涡流密度分布最大值和等值线的影响基本一致，为便于比较，以下用涡流密度分布最大值的衰减过程和扩散路径对涡流密度分布的演化过程进行描述。

涡流密度分布最大值在深度方向（z 方向）和半径方向（r 方向）的扩散路径分别如图 4.7(a) 和图 4.7(b) 所示。由图 4.7(a) 可知，在 0.06s 之前，即涡流密度分布最大值扩散到 10mm 之前，T20L20、T20L30 和 T30L20 三种情况下的涡流密度分布最大值的扩散路径几乎完全重合，这说明涡流密度分布最大值在 z 方向上的扩散路径既与壁厚 T 无关，也与提离 L 无关。而由 4.7(b) 中可知，在 0.06s 之前，涡流密度分布最大值的扩散路径可分为两组：一组为 T20L20 和 T30L20，另一组为 T20L30，这说明涡流密度分布最大值在 r 方向上的扩散路径与壁厚 T 无关，而与提离 L 有关。需要注意的是，在 0.002s 之前，r 方向上的扩散路径发生了振荡，

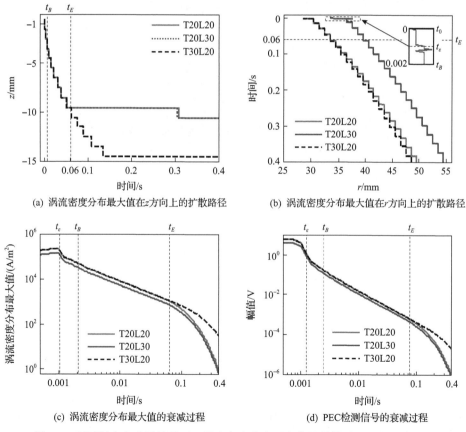

(a) 涡流密度分布最大值在 z 方向上的扩散路径　　　　(b) 涡流密度分布最大值在 r 方向上的扩散路径

(c) 涡流密度分布最大值的衰减过程　　　　(d) PEC 检测信号的衰减过程

图 4.7　不同提离和壁厚情况下，涡流密度分布最大值的扩散路径、衰减过程，以及对应的脉冲涡流检测信号

该振荡产生的原因是由激励边沿引起的[73]。此外，涡流密度分布最大值的衰减过程如图 4.7(c)所示。由图 4.7(c)可知，在 0.06s 之前，T20L20 和 T30L20 两种条件下的涡流密度分布最大值的衰减过程几乎完全一致，但它们与 T20L30 条件下的涡流密度分布最大值的衰减过程不一致，这说明涡流密度分布最大值的衰减过程与壁厚 T 无关，而与提离 L 有关。综合上述分析可知，涡流密度分布的演化过程可由 0.002s 和 0.06s 两个时刻分为 Ⅰ、Ⅱ、Ⅲ三个阶段，与之相对应的，脉冲涡流信号也可划分为 Ⅰ、Ⅱ、Ⅲ三个阶段[74]，为便于说明，将铁磁试件典型脉冲涡流信号绘制于图 4.8 中。

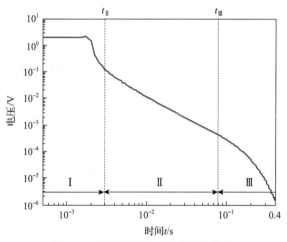

图 4.8　铁磁试件典型脉冲涡流信号

其中，脉冲涡流信号的第 Ⅱ、Ⅲ阶段均与提离 L 有关，且仅有第 Ⅲ阶段才与壁厚 T 有关。第 Ⅲ阶段的起始时刻对应涡流扩散至试件厚度一半的时刻，也对应着脉冲涡流信号随时间呈逆幂律衰减规律变为指数衰减规律的时刻。结合已有研究成果，可得脉冲涡流信号电压的第 Ⅱ、Ⅲ阶段的表达式为

$$U(t) = \begin{cases} F_{\mathrm{II}}(L)\sigma^{1/2}\mu^{-1/2}t^{-3/2}, & t_{\mathrm{II}} \leqslant t < t_{\mathrm{III}} \\ F_{\mathrm{III}}(L, T)\mathrm{e}^{-ct/\sigma\mu}, & t_{\mathrm{III}} \leqslant t \end{cases} \tag{4.3}$$

式中，t 为检测信号的时间；L 为探头提离；σ、μ 和 T 依次为被检件的电导率、磁导率和壁厚；c 为与脉冲涡流信号第 Ⅲ阶段衰减率有关的常数；$F_{\mathrm{II}}(L)$ 为与 L 有关的函数；$F_{\mathrm{III}}(L, T)$ 为与 L 和 T 有关的函数；t_{III} 为脉冲涡流信号第 Ⅲ阶段的起始时刻，其大小正比于 σ、μ 和 T^2，如式(4.4)所示。除此以外，t_{III} 还与 c 密切相关：

$$t_{\mathrm{III}} \propto \sigma\mu T^2 \tag{4.4}$$

4.3.3 脉冲涡流信号采集和反演的基本原则

由图 4.8 和式(4.3)可知，铁磁试件的壁厚信息主要包含脉冲涡流信号的第Ⅲ阶段，因而壁厚反演应侧重在该阶段进行，在此提出脉冲涡流信号采集和反演的基本原则如下：

(1)在实际检测过程中，应使脉冲涡流信号的第Ⅲ阶段幅值足够高，且有足够高的信噪比；

(2)在壁厚反演过程中，应侧重在脉冲涡流信号的第Ⅲ阶段进行。

4.4 仪 器 开 发

在 4.3 节数值模型研究的基础上，研发适用于铁磁性材料的脉冲涡流检测仪器。该仪器采用模块化设计，经后续研究做出的任何改进，均可较为便利地进行升级。

4.4.1 研发原则

脉冲涡流检测仪器应能实现对带覆盖层铁磁被检件厚度的检测，且应具有检测速度快、精度高、成本低、易便携等特点，便于在全国推广应用。

4.4.2 总体设计

根据脉冲涡流检测原理，脉冲涡流检测仪器应能控制一次磁场的产生，将二次磁场转化为电压信号，并从中提取出壁厚信息。因此，脉冲涡流检测仪器应由如图 4.9 所示的便携式计算机、仪器主机、传感器、前置放大器和电源等组成。

便携式计算机中应安装脉冲涡流测厚软件，用于设置检测参数、控制检测过程、分析检测信号和输出检测结果等。电源应能为脉冲涡流检测仪器提供电能，且应具有较长的使用时间。传感器中应包含一对同轴放置的激励线圈和检测线圈，分别用于产生变化的一次磁场和拾取二次磁场的变化率。前置放大器中应包含放大滤波电路，用于对检测线圈感生的电压信号进行放大和降噪处理。仪器主机中应包含数据采集卡和功率放大电路，分别用于接收信号的 A/D 转换和激励信号的电压-电流转换，除了 A/D 转换功能之外，所用数据采集卡还应具有 D/A 转换功能，可输出任意波形的电压信号。

4.4.3 硬件研制

脉冲涡流检测仪器硬件研制的核心在于传感器的设计、功率放大器的研制和前置放大器的设计，以下将分别对这三个方面进行介绍。

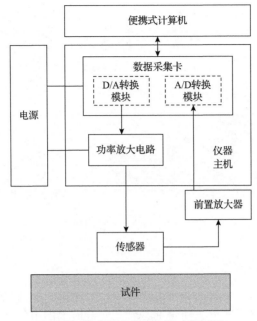

图 4.9 脉冲涡流检测仪器功能框图

1. 传感器的设计

根据涡流检测相关研究,涡流探头的线圈外径越大,其产生磁场的轴向与径向分布范围也越大。对于相同承载压力的压力管道,管径越大,壁厚也越大,所需线圈外径也越大,但外径大的线圈不利于小管径的检测。为解决这一矛盾,将常用工业管道按外径分为四组,然后参考每组最小外径确定激励线圈的外径,在给定激励线圈匝数和线径的情况下,利用式(2.75)计算入射场分布,找出使 $S(\alpha)$ 峰值最大时对应的激励线圈内径和高度,从而实现对激励线圈的设计。由于脉冲涡流信号幅值与接收线圈的匝数和中径正相关,但增大匝数会使脉冲涡流信号信噪比降低,增大中径会使探头的探测区域变大,因此需在信号幅值、信噪比和探测区域之间进行平衡,通过经验和实验对接收线圈进行设计和调整,最终研制得到四种规格的脉冲涡流常规探头[75]。

为减小镀锌钢等铁磁性保护层对脉冲涡流信号的影响,基于磁化饱和能使铁磁性保护层磁导率降低,进而削弱磁通分流的原理,分别研制了带磁化器和磁芯的饱和磁化探头[75,76]。为防止偏斜和晃动对脉冲涡流信号的影响,设计了带 V 形面的探头[77]。上述探头如图 4.10 所示。

实验室和现场实验测试表明,上述探头的检测性能满足标准要求。

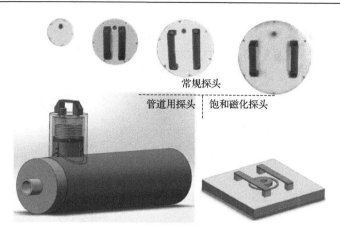

常规探头

管道用探头 ｜ 饱和磁化探头

图 4.10　脉冲涡流检测探头

2. 功率放大器的研制

需要与之配套的功率放大器对上述探头进行激励，然而直接采购的市售功率放大器要么性能达不到要求，使得加载到激励线圈上的电流波形失真严重；要么体积和重量过于庞大，难以用于现场检测，因而需研制脉冲涡流检测仪器专用的功率放大器[78]。研制时需综合考虑的因素包括最大输出功率、功率带宽与体积。

限于体积因素，设计的功率放大单元由四个功率放大单元组成，单个功率放大单元采用无输出变压器(output transformerless，OTL)电路搭建，其最大输出电流为±5A，最大供电电压为±15V，摆率为 20V/μs。

影响功率放大模块最大输出功率的因素包括最大负载电压、最大输出电流。最大负载电压与功率放大器的供电电压有关，对于单个功率放大单元来讲，最大负载电压小于功率放大器的供电电压，对于研制的功率放大单元，最大负载电压为 12.5V 左右，有 2.5V 左右的压降被功率放大单元所消耗。最大输出电流可对功率产生限制：当功率放大器的输出电流恒定为其最大输出电流时，假设负载阻抗由 0 开始不断升高，负载两端的电压会呈线性上升，功率放大器的输出功率也呈线性上升，当负载两端的电压上升至功率放大器能提供的最大负载电压时，功率放大器达到其能提供的最大功率峰值点。此过程可由式(4.5)表示：

$$P_{\text{current}}(R_{\text{load}}) = I_{\text{max}}^2 R_{\text{load}} \tag{4.5}$$

式中，P_{current} 为功率放大器最大输出功率；R_{load} 为负载阻抗；I_{max} 为功率放大器最大输出电流。

接下来讨论由电压限制导致的功率限制：承接上一个阶段，当功率放大器达到其能提供的最大功率后，若负载阻抗继续上升，功率放大模块有限的供电电压将不能使负载电流继续维持为功率放大器的最大输出电流，此时影响功率放大器最大输出功率的因素由电流转变为电压。即负载电压维持为功率放大器能提供的最大负载电压，随着负载阻抗的继续上升，其最大输出功率会由最大功率峰值点以双曲函数形式不断下降，此过程可用式(4.6)表示：

$$P_{\text{voltage}}(R_{\text{load}}) = V_{\text{max}}^2 / R_{\text{load}} \tag{4.6}$$

式中，P_{voltage} 为功率放大器最大输出功率；V_{max} 为功率放大器最大输出电压。例如，当采用一个功率放大单元且负载阻抗为 2.5Ω 时，达到最大功率峰值点，此时最大输出功率峰值为 62.5W。

为了提高功率放大模块的带负载能力，可使用多个功率放大单元并接和桥接的办法搭建功率放大模块。例如，将两个功率放大单元并联连接，可以使功率放大模块的电流输出能力翻倍，而最大负载电压维持不变。桥接是在负载两端分别连接两个功率放大单元，这两个功率放大单元的输出信号为反相，所以可以将功率放大模块的等效供电电压与摆率都提高一倍，而功率放大模块的输出电流能力维持不变。同时使用这两种技术，将大大提高功率放大模块的带负载能力。采用上述方案设计的功率放大模块，其特点在于配置比较灵活，作为研究用柔性平台，可以依据所带负载即激励线圈的阻抗条件、输出功率需求、电池容量等因素，用硬件跳线的形式实现以下功能。

(1)一单元工作模式：用以在某些单元出现故障时，保证基本的功率放大功能，当负载阻抗为 2.5Ω 时达到最大输出功率峰值 62.5W，摆率为 20V/μs，此时由于仅 1 个功率放大单元工作，电能消耗较小。

(2)双单元并接输出模式：相比一单元工作模式，电流吞吐能力翻倍，当负载阻抗为 1.25Ω 时达到最大输出功率峰值 125W，摆率为 20V/μs。

(3)双单元桥接输出模式：相比一单元工作模式，摆率和带负载能力翻倍，当负载阻抗为 5Ω 时达到最大输出功率峰值 125W，摆率为 40V/μs。

(4)四单元并接桥接输出模式：相比一单元工作模式，摆率、带负载能力和电流吞吐能力均翻倍，当负载阻抗为 2.5Ω 时达到最大输出功率峰值 250W，摆率为 40V/μs，此时由于 4 个功率放大单元同时工作，电能消耗较大。

在上述功率放大模块各种配置条件下，其最大功率与负载阻抗的关系如图 4.11 所示。

最后，功率放大模块支持电压/电流驱动模式，可以选择带负载时输出电流信号或者电压信号。因而功率放大模块设定为：四单元并接桥接输出模式，驱动模式为电流驱动。对设计得到的功率放大器进行测试，测试装置和结果如图 4.12 所示。

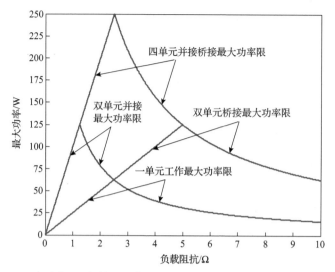

图 4.11　不同配置条件下功率放大模块的最大功率与负载阻抗的关系

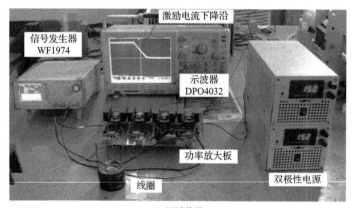

(a) 测试装置

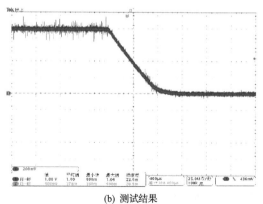

(b) 测试结果

图 4.12　功率放大器测试装置及测试结果

当使用重复频率 1Hz 的矩形波信号通过此功率放大模块驱动电感为 7.15mH、直流电阻为 2.2Ω 的线圈时输出电流波形的跳沿如图 4.12(b)所示，其中电流采样电阻为 0.2Ω。可见当负载电流从 4A 跳变至 0A 时，跳沿的线性度良好，其下降时间约为 800μs。

3. 前置放大器的设计

前置放大器主要用于放大脉冲涡流信号幅值，同时滤除噪声。根据趋肤原理，频率越低，涡流渗透深度越大，因而试件的壁厚信息主要包含在脉冲涡流信号的低频成分中。在设计前置放大器时，选用仪表放大芯片 AD620 作为第一级输入，放大信号幅值的同时抑制共模噪声，然后采用 2 阶 RC 滤波器进行低通滤波。图 4.13(a)和图 4.13(b)分别给出了前置放大器处理前后的脉冲涡流信号。

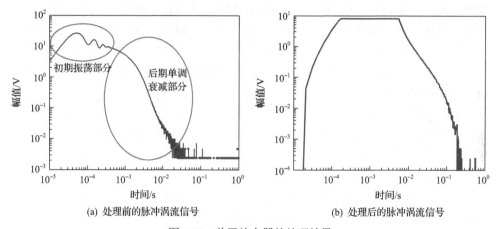

(a) 处理前的脉冲涡流信号　　　　　　(b) 处理后的脉冲涡流信号

图 4.13　前置放大器的处理效果

对比图 4.13(a)和图 4.13(b)可知，虽然脉冲涡流信号的第 Ⅰ 阶段因前置放大器有限的供电电压而被"削平"导致失真，但脉冲涡流信号的第 Ⅱ、Ⅲ 阶段的幅值却得到了放大，使得第 Ⅲ 阶段的有效采集长度变大，有利于试件壁厚信息的提取。

4.4.4　软件开发

为实现仪器的功能，并便于操作，首先对软件进行了需求分析，然后根据需求分析划分了功能模块，最后基于 VC++6.0 进行了开发。

1. 需求分析

脉冲涡流测厚软件应能满足实际检测需求，这些需求可分为功能需求、数据需求和其他需求三类。因此，本节将分别对这三类需求进行分析。

1) 功能需求分析

为满足检测需求，脉冲涡流测厚软件应具备采集卡操作、信号显示、分析和数据存取等基本功能。其中，对采集卡的操作主要包括 D/A 转换和 A/D 转换。D/A 转换需要实现激励波形生成、加载和输出等功能，A/D 转换则需要实现采集参数设置等功能。

考虑到在检测前，应首先对被检件进行资料审查、现场勘察和测绘，以获取被检件和覆盖层的材质、规格和工况，用于判断脉冲涡流检测的可行性，进而为传感器型号及检测参数的选取提供依据；然后将被检件划分为若干个检测区域，并对这些区域进行编号，以便于实施检测和记录结果；最后需对仪器进行校准，以保证检测结果的精度。而在检测过程中，应显示当前区域的检测进度，并直观地给出检测结果。检测结束后，需给出脉冲涡流检测报告，且检测报告中应包含检测人员、检测时间、检测仪器、检测对象和检测内容等检测信息及检测结果。其中，检测内容一栏应用图像标示检测被检件、检测部位和检测条件，而检测结果一栏应以列表的形式，逐点给出检测结果，必要时，还应给出剩余壁厚示意图。综上可知，脉冲涡流测厚软件应具备记录检测信息、划分检测区域、设置检测参数、标识检测结果和生成检测报告的功能。

2) 数据需求分析

实施脉冲涡流测厚，需要用到配置参数和检测信号等数据。配置参数包括用于控制采集卡 D/A 转换和 A/D 转换的参数、用于控制信号显示的参数、用于选取信号分析方法的参数、用于实现数据存取功能的参数、用于描述检测仪器和对象的参数、用于划分检测区域的参数、用于标识检测结果的参数，以及用于生成检测报告的参数。其中，用于控制采集卡 D/A 转换的参数主要由激励波形生成参数、重复频率和幅值等参数组成；用于控制采集卡 A/D 转换的参数主要由触发方式、采样幅值范围、采样频率和采样时长等参数组成；用于控制信号显示的参数主要由坐标系选择、显示范围设置和颜色控制等参数组成；用于选取信号分析方法的参数即为信号分析方法的名称；用于实现数据存取功能的参数主要由存取路径和文件名等参数组成；用于描述检测仪器的参数主要由仪器型号和传感器型号组成，不同的传感器型号，对应着不同的线圈尺寸、匝数和布置方式；用于描述检测对象的参数主要由被检件和覆盖层的规格、材质和工况等参数组成；用于划分检测区域的参数主要由划分的行数和列数组成；用于标识检测结果的参数主要由颜色控制参数组成；用于生成检测报告的参数主要由检测信息和格式控制等参数组成。

检测信号数据对检测而言至关重要，主要用于信号的显示、分析和存储。为保证检测结果的溯源性，以及便于后续分析，检测信号数据中应包含完整的配置参数、检测区域编号、检测结果和检测信号。其中，检测信号应包含直接从采集卡获取的原始信号和多次平均之后的电压信号。

除了脉冲涡流测厚软件需要用到配置参数之外，信号分析方法也需要用到配置参数，且不同的信号分析方法所需的配置参数也不尽相同。例如，基于相似性度量的方法就需要被测试件的电导率和磁导率等参数，而基于变脉宽的方法则不需要。因此，脉冲涡流测厚软件应能根据不同的信号分析方法合理地配置参数。

此外，随着研究的不断深入，脉冲涡流测厚软件的功能逐步完善，可能会导致存储的数据结构发生变化。因此，在配置参数和检测信号等数据中，还应包含数据的版本信息。

3) 其他需求分析

部分现场检测环境复杂、恶劣，石化装置的振动、系统的非平稳放置和搬运过程中的磕碰，均可能会导致系统硬件故障而不能正常工作；传感器的姿态随检测区域发生变化，可能会导致线缆弯折受损而得不到正常信号；阳光下检测时，便携式计算机的显示屏反光严重，用鼠标操作软件较为不便。对于前两种情况，一方面，可通过强化硬件设计和制造工艺进行预防；另一方面，当信号出现异常时，可通过软件进行系统自检，用于迅速判断该异常是由硬件故障引起，还是由被检件、覆盖层和工况的突然变化引起，从而有利于采取合适的处置措施。此外，系统自检还可用于判断接收信号的电压极性是否正确，进而决定在双对数坐标系中显示检测信号时，是否需要进行极性反转处理。对于由屏幕反光而导致鼠标操作不便的情况，一方面，可采用遮光措施和调高计算机显示器亮度的方法降低反光程度；另一方面，可通过完善软件功能，达到简化操作的目的，如自动保存数据、用快捷键取代部分鼠标操作等。

检测过程中，当出现异常或感兴趣的信号时，除了保存相关的信号数据之外，还应截取信号波形图，以便于后续分析。因此，脉冲涡流测厚软件还应具备信号截图的功能。

2. 功能模块划分

将软件划分为各个功能模块，有利于软件的开发、维护和升级。根据前述需求分析，脉冲涡流测厚软件应包含参数设置、采集卡操作、信号显示、信号分析和检测报告等模块，如图 4.14 所示。

3. 功能模块实现

脉冲涡流测厚软件基于 Windows 平台并利用 VC 编程实现，根据脉冲涡流检测的特点，以及出于现场操作便利性的考虑，设计的软件主界面如图 4.15 所示。

由图 4.15 可知，脉冲涡流测厚软件主界面由标题栏、显示与分析参数设置区域、信号显示区域、检测结果显示区域、控制栏和状态栏组成，各部分实现的功能如下。

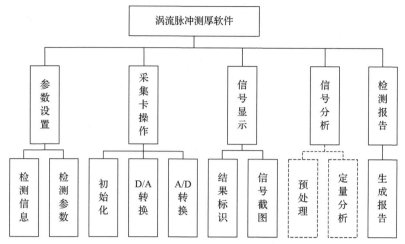

图 4.14　脉冲涡流测厚软件功能模块划分图

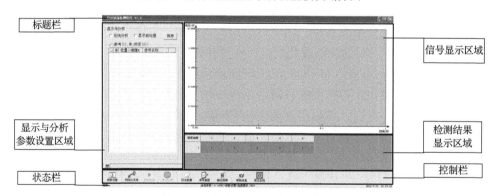

图 4.15　脉冲涡流测厚软件主界面

(1)标题栏用于显示软件名称和版本号。

(2)显示与分析参数设置区域用于设置信号属性和分析方法。该区域包含两个勾选框"在线分析"和"显示前处理"、一个两态按钮"保持"/"更新"和一个信号列表。勾选框是否勾选，用于决定检测过程中是否进行信号分析和滤波处理。两态按钮的状态，用于决定当前检测信号在后续检测中是否绘制于信号显示区域。信号列表中则列出了信号显示区域中信号的属性，这些属性可通过鼠标双击进行设置。

(3)信号显示区域用于显示信号。对于单个检测区域，可能需要重复多次采集和平均，以提高信噪比，因而检测过程中的信号和最终的检测信号之间应有所区别。在此规定用蓝色标示检测过程中的信号，用其他颜色标示最终的检测信号。此外，还提供了是否显示坐标网格和图例的选项，并可通过单击鼠标右键进行勾选。

(4)检测结果显示区域用于显示检测结果。它包含检测位置和检测结果等信息。其中，检测位置由检测区域网格划分的行号和列号标示；检测结果除了被测件的壁厚信息之外，还包含覆盖层的信息，如绝热层的厚度等。划分的检测区域可分为未检测、检测中、已检测和已分析四类，为便于检测工序的管理，需用不同的符号对检测区域的种类进行标识。在此规定用"*"标识未检测区域；用带"当前采集序号/共需采集次数"的进度条标识检测中区域；用"○"标识已检测区域，用壁厚值或壁厚减薄百分比标识已分析区域。当检测结果的获取需要参考信号时，采用"√"对参考区域进行标识。此外，为使检测结果更加直观，不同壁厚值或壁厚减薄百分比所在的区域，用不同的颜色表示。

(5)控制栏主要用于控制软件的运行，其由 9 个按钮组成，从左到右依次为"参数设置"、"初始化系统"、"开始检测"、"停止检测"、"历史数据"、"信号截图"、"输出报表"、"帮助信息"和"退出系统"按钮，分别对应着相应的功能。

(6)状态栏由 3 部分组成，从左到右依次为提示栏、参数路径栏和时间栏。其中，提示栏用于描述软件当前运行的状态，特别地，当鼠标移至控制栏按钮之上时，此处对按钮的相应功能进行简要描述；参数路径栏用于显示当前配置参数文件的路径；时间栏则用于显示当前的系统时间。

由上述分析可知，软件的主界面为功能模块提供了入口。接下来，将逐一介绍这些功能模块的实现。

1)参数设置模块的实现

参数设置模块需提供设置完整配置参数的功能。该模块由控制栏的"参数设置"按钮调用，并采用对话框的形式实现。在参数设置过程中，软件的主界面应随之发生变化，因而对话框应采用非模态的形式。参数设置模块的最终实现效果如图 4.16 所示。

图 4.16　参数设置模块的最终实现效果

2)采集卡操作模块的实现

对采集卡的操作除了上述提及的 D/A 转换和 A/D 转换之外，还应包含对采集卡的初始化处理。初始化处理的主要目的是将采集卡加载至脉冲涡流测厚软件之中，以便于采集卡的后续操作。由于测厚软件的历史数据分析、信号截图和生成报表等功能并不涉及对采集卡的操作，而对采集卡的操作需要采集卡和计算机进行连接，因此，将采集卡的初始化功能单独列出，在有需要时才进行初始化。只有在采集卡的初始化完成之后，才能开始检测。而在软件关闭时，需及时卸载采集卡，以便下次使用时初始化。

根据脉冲涡流的检测原理，检测过程中采集卡需同时进行 D/A 转换和 A/D 转换，D/A 转换用于输出激励，A/D 转换用于采集信号。D/A 转换和 A/D 转换的参数从参数设置模块中获取，并于检测前加载至采集卡中，用于控制采集卡的 D/A 和 A/D 转换功能。

对于 D/A 转换，首先需在软件中生成激励波形，然后随幅值、重复频率和输出模式等参数一同加载至采集卡中，最后才开启 D/A 转换功能，进行输出。然而，经测试发现，所用采集卡在开启 D/A 转换功能时，会产生一个幅值较大的脉冲(持续时长)，易导致仪器主机中功放电路损坏。因此，将开启采集卡 D/A 功能提前至初始化过程中实现，加载的激励波形为零幅值信号，并规定初始化结束之前，应保证功放电路的电源开关处于关闭状态。

对于 A/D 转换，除了设置采样频率、幅值范围和平均次数之外，还应设置触发方式和采样时长等参数。这是因为脉冲涡流检测信号是二次磁场的变化量，为便于分析，应尽量避免一次磁场的影响。因此，以矩形脉冲的下降沿触发采集，且采集时长不超出脉冲间隔。

上述提及的功能中，除激励波形生成功能之外，其余功能均可基于采集卡的 SDK(Software Development Kit)予以实现。出于操作流畅性的考虑，软件中开辟单独的线程，用于 D/A 转换功能和 A/D 转换功能的实现。采集卡操作流程如图 4.17 所示。

3)信号显示模块的实现

信号显示方式应根据检测模式、分析方法的不同进行相应的调整。检测模式分为自检模式和测厚模式。当为自检模式时，信号应绘制于笛卡儿坐标系中，用于查看激励波形和检测波形是否正常。当为测厚模式时，信号应绘制于双对数坐标系中，用于区分不同壁厚时的信号。若需同时绘制多个信号，则会出现采样点数过多而导致信号显示区域出现闪烁和卡顿的现象。多线程双缓存绘图技术可较好地解决这一问题，即将需要绘制的信号分至多个线程中进行绘制，然后将绘制得到的图形进行叠加，最后输出至信号显示区域。此外，采用 C++ 标准模板库(STL)提供的链表(list)实现对信号的任意添加、删除和属性修改等功能。信号显示模块的最终实现效果如图 4.18 所示。

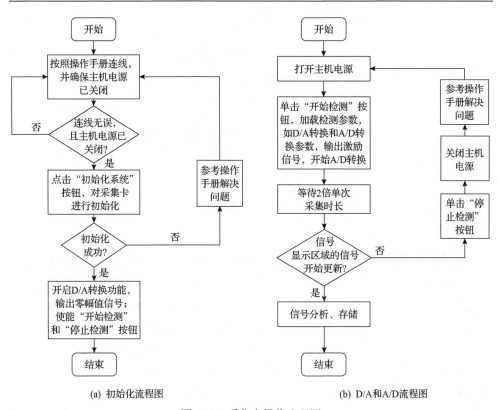

(a) 初始化流程图　　　　　　　　　(b) D/A和A/D流程图

图 4.17　采集卡操作流程图

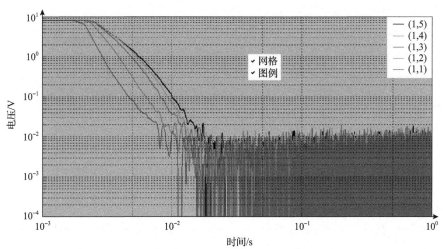

(a) 网格和图例的显示控制

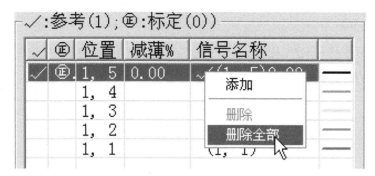

(b) 信号的添加与删除

图 4.18　信号显示模块的最终实现效果图

4) 信号分析模块的实现

信号分析模块是脉冲涡流测厚软件的核心模块,它应包含多种信号分析方法,以适应不同的检测情况。随着研究的深入,信号分析方法逐渐丰富,若将这些信号分析方法直接集成到脉冲涡流测厚软件中,则每当信号分析方法有所改进或扩充时,都需要在脉冲涡流测厚软件中对该模块进行修改和重新编译,比较烦琐。因此,将各信号分析方法以独立软件的形式实现,脉冲涡流测厚软件中保留信号分析模块的接口即可。检测时,脉冲涡流测厚软件以文件的形式将待分析数据传递给信号分析软件,信号分析软件处理完毕之后,再以文件的形式将结果反馈给测厚软件进行显示。该过程的交互流程如图 4.19 所示。

5) 检测报告模块的实现

检测报告中的部分内容应允许后续修改,例如,被检件和覆盖层规格经后期核对,需进行修改的情况。因此,检测报告以 word 文档的方式输出。首先通过组件对象模型(component object model, COM)技术调用 OLE 自动化对象,实现 word 文档的生成;然后通过跟随光标的方式,在 word 文档中插入表格、文字和图片,以形成图文并茂的检测报告。

4.4.5　仪器整机

在上述工作的基础上,开发脉冲涡流检测仪器整机,其硬件实物和软件运行主界面分别如图 4.20(a)和(b)所示。

由该仪器衍生出的商业化仪器——ZTJ-脉冲涡流-A 型脉冲涡流检测系统,能对厚度为 3～70mm、曲率半径不小于 25mm、温度为–196～500℃的铁磁性构件进行检测,适用的最大覆盖层厚度达 200mm,检测灵敏度达 5%。该自研商业化仪器已能很好地满足常见工业现场的检测需求。

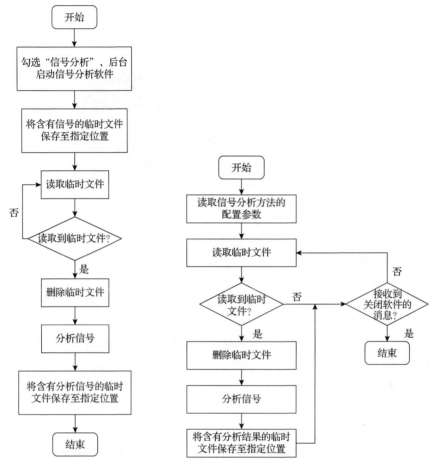

(a) 脉冲涡流测厚软件中信号分析　　　　　　(b) 信号分析软件运行流程图
　　模块接口的运行流程图

图 4.19　脉冲涡流测厚软件和信号分析软件之间的交互流程图

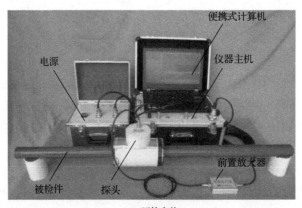

(a) 硬件实物

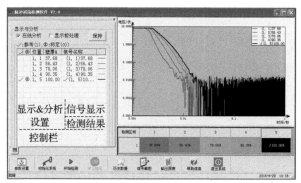

(b) 软件运行主界面

图 4.20　自研脉冲涡流检测仪器

4.5　信号处理方法研究

含有壁厚信息的脉冲涡流信号第Ⅲ阶段幅值较低,更易受到噪声的影响,且第Ⅱ阶段和第Ⅲ阶段之间为平滑过渡,无准确分界,对其无论是定性分析,还是定量分析,都非常困难。因此,信号处理对脉冲涡流检测技术至关重要。本节从脉冲涡流检测原理和脉冲涡流信号特点出发,提出脉冲涡流信号预处理方法和壁厚反演方法,以达到去伪存真和定量检测的目的。

4.5.1　预处理方法

预处理方法主要用于滤除脉冲涡流信号中的噪声,提高脉冲涡流信号的信噪比,达到去伪存真的目的。为实现对脉冲涡流检测信号的预处理,提出基于周期延拓的降噪方法,用于抑制工频噪声和信号漂移;提出双对数域中值滤波方法,用于提高脉冲涡流信号第Ⅲ阶段的信噪比。现将这两种预处理方法介绍如下。

1. 基于周期延拓的降噪方法

该方法首先从原始信号中截取某一时间区间段的一段波形,并且判断这段信号是否为不携带试件信息的纯噪声信号,如果是,则对该准周期信号进行周期延拓得到和原始信号长度相同的信号,并将原始信号与该周期延拓得到的信号相减,最后对相减后得到的信号进行中值滤波。通过采用该方法,可有效滤除脉冲涡流检测信号中的工频干扰,同时抑制信号漂移,提高仪器系统的抗干扰能力,从而减少信号的平均次数,提高检测效率,降低检测成本。图 4.21(a)和(b)分别为滤波前后的信号波形图,可见工频干扰信号被彻底滤除后,信号失真得到最大限度的恢复。

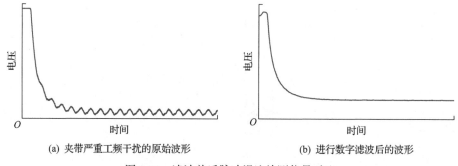

(a) 夹带严重工频干扰的原始波形　　　　　(b) 进行数字滤波后的波形

图 4.21　滤波前后脉冲涡流检测信号对比

2. 双对数域中值滤波方法

中值滤波是一种非线性滤波，具有移除野点、保留信号细节的能力。与笛卡儿坐标系相比，双对数坐标系具有"放大"微小量级、"压缩"较大量级幅值的能力。因此，为了更好地滤除脉冲涡流信号第Ⅲ阶段的噪声，将脉冲涡流信号映射至双对数坐标系中进行中值滤波处理，简称双对数域中值滤波处理，如式 (4.7) 所示：

$$\overline{s}_{\log m}[n_{\log}] = \mathrm{Median}\{\overline{s}_{\log}[n_{\log}]\} \tag{4.7}$$

式中，$\overline{s}_{\log}[n_{\log}]$ 和 $\overline{s}_{\log m}[n_{\log}]$ 分别是双对数域中值滤波前、后的信号序列。

$\overline{s}_{\log}[n_{\log}]$ 的表达式为

$$\overline{s}_{\log}[n_{\log}] = \lg\{\overline{s}_{\mathrm{car}}[n_{\mathrm{car}}]\} \tag{4.8}$$

式中，$\overline{s}_{\mathrm{car}}[n_{\mathrm{car}}]$ 为笛卡儿坐标系中多次平均后的脉冲涡流信号，其长度为 L。

$n_{\log}$ 的表达式为

$$n_{\log} = p\lg(n_{\mathrm{car}}) \tag{4.9}$$

式中，p 定义为

$$p = L / \lg(L) \tag{4.10}$$

对于如图 4.22 (a) 所示的多次平均后的脉冲涡流信号，分别在笛卡儿坐标系和双对数坐标系中进行中值滤波，处理结果分别如图 4.22 (b) 和 (c) 所示。

由图 4.22 (b) 可知，脉冲涡流信号在笛卡儿坐标系进行中值滤波之后，信号峰值从 8V 降低到 0.5V 以下而失真。由图 4.22 (c) 可知，脉冲涡流信号在双对数坐标系进行中值滤波之后，峰值及信号形态均未受到影响，且对脉冲涡流信号第Ⅲ阶段的噪声滤除效果更好，从而验证了双对数域中值滤波方法的有效性。

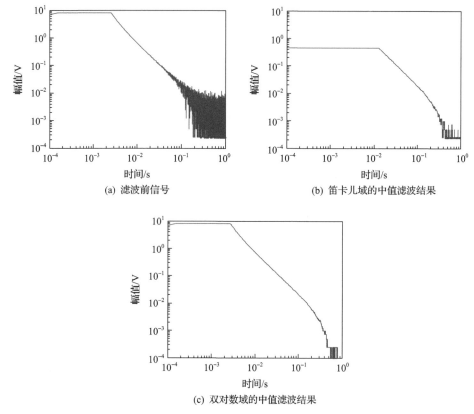

(a) 滤波前信号　　　　　　　　　(b) 笛卡儿域的中值滤波结果

(c) 双对数域的中值滤波结果

图 4.22　笛卡儿域与双对数域中值滤波的效果

3. 两种预处理方法的比较

　　基于周期延拓的降噪方法和双对数域中值滤波方法均能实现对脉冲涡流检测信号的预处理，但因这两种预处理方法的原理不同，其适用范围也不同，下面对这两种方法进行比较。

　　基于周期延拓的降噪方法主要用于滤除脉冲涡流信号中的工频干扰和漂移，而双对数中值滤波主要用于提高脉冲涡流信号第Ⅲ阶段的信噪比。前者需在涡流完全耗散之后继续采集无试件信息的纯噪声信号，信号采集时间较长，从而导致检测效率低下。若实际检测时，工频干扰和信号漂移(温漂)较小，则仅采用双对数中值滤波进行预处理即可达到较好的降噪效果。

4.5.2　壁厚反演方法

　　壁厚反演方法主要用于从脉冲涡流信号中获取壁厚信息，从而达到定量检测的目的。为从脉冲涡流信号中获取壁厚信息，先后提出了基于多涡流环等效电路模型的反演方法和基于变脉宽激励的反演方法。接下来对这两种反演方法分别进行介绍,并进行比较。

1. 基于多涡流环等效电路模型的反演方法

1)多涡流环等效电路模型

对于单频涡流检测,检测时试件中产生的涡流可视为一定尺寸的涡流环,从而等效为单个 RL 电路。脉冲涡流的激励频率成分丰富,不同的频率成分对应不同的渗透深度,因此检测激励后所产生的涡流,可视为多个涡流环,从而等效为图 4.23 所示的多个 RL 电路。但值得注意的是,基于傅里叶变换的谐波分析方法仅适用于分析和确定等效涡流环所在系统的结构,不能直接用于合成该系统的阶跃响应,这是因为频率不同的谐波对应的等效线圈参数不同,而谐波合成分析方

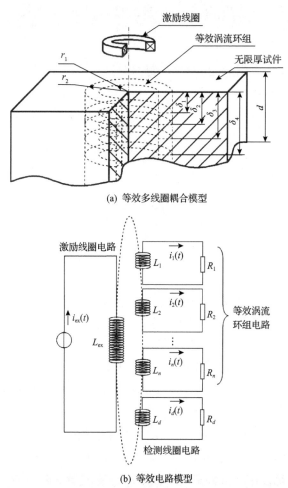

(a) 等效多线圈耦合模型

(b) 等效电路模型

图 4.23 脉冲涡流系统的等效多线圈耦合模型及其电路模型

法要求对所有的谐波成分系统参数一致。

当激励线圈中加载有理想阶跃电流时，图 4.23(b) 电路模型的时域微分方程为

$$
\begin{cases}
i_{\mathrm{ex}}(t) = Au(t) \\
M_{1\mathrm{ex}}\dfrac{di_{\mathrm{ex}}(t)}{dt} - L_1\dfrac{di_1(t)}{dt} + M_{12}\dfrac{di_2(t)}{dt} + M_{13}\dfrac{di_3(t)}{dt}L + \cdots + M_{1n}\dfrac{di_n(t)}{dt} + M_{1d}\dfrac{di_d}{dt} - R_1i_1(t) = 0 \\
M_{2\mathrm{ex}}\dfrac{di_{\mathrm{ex}}(t)}{dt} - M_{21}\dfrac{di_1(t)}{dt} - L_2\dfrac{di_2(t)}{dt} + M_{23}\dfrac{di_3(t)}{dt}L + \cdots + M_{2n}\dfrac{di_n(t)}{dt} + M_{2d}\dfrac{di_d}{dt} - R_2i_2(t) = 0 \\
M_{3\mathrm{ex}}\dfrac{di_{\mathrm{ex}}(t)}{dt} - M_{31}\dfrac{di_1(t)}{dt} - M_{32}\dfrac{di_2(t)}{dt} - L_3\dfrac{di_3(t)}{dt}L + \cdots + M_{3n}\dfrac{di_n(t)}{dt} + M_{3d}\dfrac{di_d}{dt} - R_3i_3(t) = 0 \\
\qquad\qquad\qquad\qquad\qquad\qquad\qquad \vdots \\
M_{(n-1)\mathrm{ex}}\dfrac{di_{\mathrm{ex}}(t)}{dt} - M_{(n-1)1}\dfrac{di_1(t)}{dt} - M_{(n-1)2}\dfrac{di_2(t)}{dt}L - \cdots - L_{n-1}\dfrac{di_{n-1}(t)}{dt} + M_{(n-1)n}\dfrac{di_n(t)}{dt} + M_{(n-1)d}\dfrac{di_d}{dt} - R_{n-1}i_{n-1}(t) = 0 \\
M_{n\mathrm{ex}}\dfrac{di_{\mathrm{ex}}(t)}{dt} - M_{n1}\dfrac{di_1(t)}{dt} - M_{n2}\dfrac{di_2(t)}{dt}L - \cdots - M_{n(n-1)}\dfrac{di_{n-1}(t)}{dt} - L_n\dfrac{di_n(t)}{dt} + M_{nd}\dfrac{di_d}{dt} - R_ni_n(t) = 0 \\
M_{d\mathrm{ex}}\dfrac{di_{\mathrm{ex}}(t)}{dt} - M_{d1}\dfrac{di_1(t)}{dt} - M_{d2}\dfrac{di_2(t)}{dt}L - \cdots - M_{d(n-1)}\dfrac{di_{n-1}(t)}{dt} - M_{dn}\dfrac{di_n(t)}{dt} - L_d\dfrac{di_d(t)}{dt} - R_di_d(t) = 0
\end{cases}
$$

$$(4.11)$$

将拉普拉斯变换应用于式 (4.11) 可得

$$
\begin{cases}
I_{\mathrm{ex}}(s) = \dfrac{A}{s} \\[4pt]
\begin{bmatrix}
-sL_1 - R_1 & sM_{12} & sM_{13} & \cdots & sM_{1n} & sM_{1d} \\
-sM_{21} & -sL_2 - R_2 & sM_{23} & \cdots & LsM_{2n} & sM_{2d} \\
-sM_{31} & -sM_{32} & -sL_3 - R_3 & \cdots & LsM_{3n} & sM_{3d} \\
\vdots & \vdots & \vdots & \vdots & \vdots & \vdots \\
-sM_{n1} & -sM_{n2} & -sM_{n3} & \cdots & L - sL_n - R_n & sM_{nd} \\
-sM_{d1} & -sM_{d2} & -sM_{d3} & \cdots & L - sM_{dn} & -sL_d - R_d
\end{bmatrix}
\times
\begin{bmatrix}
I_1(s) \\ I_2(s) \\ I_3(s) \\ \vdots \\ I_n(s) \\ I_d(s)
\end{bmatrix}
= -
\begin{bmatrix}
M_{1\mathrm{ex}} \\ M_{2\mathrm{ex}} \\ M_{3\mathrm{ex}} \\ \vdots \\ M_{n\mathrm{ex}} \\ M_{d\mathrm{ex}}
\end{bmatrix}
sI_{\mathrm{ex}}(s)
\end{cases}
$$

$$(4.12)$$

式中，$i_{\mathrm{ex}}(t)$ 为时域激励电流；$i_n(t)$ 为第 n 个等效线圈的时域电流；$i_d(t)$ 为检测线圈中的时域电流；$I_{\mathrm{ex}}(s)$ 为 $i_{\mathrm{ex}}(t)$ 的拉普拉斯变换；$I_n(s)$ 为 $i_n(t)$ 的拉普拉斯变换；$I_d(s)$ 为 $i_d(t)$ 的拉普拉斯变换；L_n 为第 n 个等效线圈的自感；R_n 为第 n 个等效线圈的直流阻抗；M_{pq} 为第 p 个和第 q 个等效线圈之间的互感；$M_{n\mathrm{ex}}$ 为激励线圈与第 n 个等效线圈间的互感；L_d 为检测线圈的自感；R_d 为检测线圈电路中的阻尼电阻。

式 (4.11) 和式 (4.12) 描述的是一个 $n+1$ 阶系统的阶跃响应，由此系统所解出的 $i_d(t)$ 如果使用上面所列举的参数来表达，将具有非常复杂的时域解形式，但如果将 $i_d(t)$ 的各参数都使用某常数来表示，则 $i_d(t)$ 写成如下形式：

$$i_d(t) = Z + \sum_{k=1}^{n_1} U_k \mathrm{e}^{-C_k t} + \sum_{k=1}^{n_2} V_k \mathrm{e}^{-F_k t} \sin(\omega_k t + \theta_k) \qquad (4.13)$$

式中，$n_1 + n_2 = n+1$，n 是等效线圈的个数并且 $n \to \infty$。

在式 (4.13) 中，单调指数衰减项与振荡衰减项的项数之和等于模型的阶数。Z、U_k、V_k、C_k、F_k、ω_k、θ_k 都是常数；$\sum_{k=1}^{n_2} V_k \mathrm{e}^{-F_k t} \sin(\omega_k t + \theta_k)$ 是所有振荡衰减项之和；$\sum_{k=1}^{n_1} U_k \mathrm{e}^{-C_k t}$ 是所有单调指数衰减项之和；Z 是直流分量。由于此多线圈耦合模型是一个带线圈式微分环节的高阶稳定系统，$\lim_{t \to +\infty} i_d(t) = 0$ 即 $Z = 0$，所有指数衰减项和振荡衰减项也必须满足稳定条件，因此，$C_k > 0$，$F_k > 0$。

检测中观测到的脉冲涡流信号是检测线圈两端跨接的阻尼电阻 R_d 的电压信号，它可以表示为

$$v_d(t) = R_d \left[\sum_{k=1}^{n_1} U_k \mathrm{e}^{-C_k t} + \sum_{k=1}^{n_2} V_k \mathrm{e}^{-F_k t} \sin(\omega_k t + \theta_k) \right] = \sum_{k=1}^{n_1} B_k \mathrm{e}^{-C_k t} + \sum_{k=1}^{n_2} D_k \mathrm{e}^{-F_k t} \sin(\omega_k t + \theta_k)$$

$$(4.14)$$

式中，B_k、D_k 分别为脉冲涡流电压信号的单调指数衰减项和振荡衰减项的幅值。

结合图 4.13(a) 可知，式 (4.14) 中的振荡衰减项主要体现在脉冲涡流信号的第 I 阶段，它和式 (4.13) 中衰减较快的指数衰减项会因前置放大器的"削峰"而得不到有效采集，因此，脉冲涡流信号的表达式可修正和简化为

$$v_d(t) = \sum_{k=1}^{n} B_k \mathrm{e}^{-C_k t}, \quad C_k > C_{k-1} > 0 \qquad (4.15)$$

式中，C_k 决定了各项的衰减率，使得 $1/C_k$ 具有时间的量纲。通过对大量脉冲涡流实验信号进行拟合后发现，C_1 和脉冲涡流信号第 III 阶段的衰减率密切相关，且同时与试件壁厚有关，因而可选取 C_1 或 $1/C_1$ 为特征量，用于表征试件壁厚。

2) 反演原理与流程

对于有限尺寸的试件，其涡流扩散特征时间表达式为[79]

$$\tau \propto \mu \sigma l^2 \qquad (4.16)$$

式中，μ 与 σ 分别为材料的磁导率和电导率；l 为试件的特征尺寸；符号 "$\propto$"

表示正比关系。

由式(4.16)，对于两个材质相同、特征尺寸分别为l_1、l_2的试件，其涡流扩散特征时间τ_1、τ_2与l_1、l_2有式(4.17)所示的关系：

$$\frac{l_1}{l_2} = \left(\frac{\tau_1}{\tau_2}\right)^{0.5} \tag{4.17}$$

由于式(4.15)中的$1/C_1$可用于表征试件壁厚，且具有和涡流扩散特征时间相同的量纲，故可将$1/C_1$代入式(4.17)，但因$1/C_1$并不一定恰好等于t_{III}，代入后，需进行修正，得到

$$\frac{T_x}{T_r} = \left(\frac{1}{C_{1x}} \middle/ \frac{1}{C_{1r}}\right)^{\alpha} \tag{4.18}$$

式中，下标带有r和x的量，分别表示参考区域和待测区域的量，如T_r和T_x分别表示参考区域和待测区域的壁厚；α为待定系数，以下称为壁厚系数。

将式(4.18)写成便于理解的形式，则待测区域与参考区域壁厚之比为

$$P = \frac{T_x}{T_r} = \left(\frac{C_{1x}}{C_{1r}}\right)^{-\alpha} \tag{4.19}$$

由于式(4.19)中的α为待定系数，在用该式进行反演时，应包括标定和测量两部分，具体流程如下。

(1)标定。

①用式(4.15)对壁厚已知的脉冲涡流信号进行拟合，得到各脉冲涡流信号的特征量。

②以其中某一壁厚作为参考壁厚，其余壁厚作为待测壁厚，用式(4.19)对壁厚值和特征值进行拟合，得到壁厚系数α。

(2)测量。

①用式(4.15)对待测区域的脉冲涡流信号进行拟合，得到该信号的特征量。

②将所得特征量和标定得到的壁厚系数代入式(4.19)中，便可求得待测区域的壁厚。

上述过程中，在采用式(4.15)对脉冲涡流信号进行拟合时，为减少信号中零均值噪声的影响，实际上是对脉冲涡流信号的累积积分曲线进行的拟合，并通过调整n来达到较高的拟合精度。另外，在标定过程中，如果采用壁厚比值进行拟合，那么在测量过程中，得到的待测区域壁厚则为参考壁厚的百分比。

3）实验验证

为验证上述基于多涡流环等效电路模型的反演方法的有效性，以及研究该方法对提离变化的鲁棒性能，采用自研仪器和 P1 探头，在 Q235 阶梯壁厚板的 10～25mm 壁厚区域上，以 0mm、20mm 和 40mm 三种提离高度各重复 20 次检测，对检测得到的脉冲涡流信号进行累积积分之后，用式（4.15）进行拟合，得到不同壁厚对应的特征量平均值如表 4.6 所示。

表 4.6　10～25mm 区域信号特征量的平均值和标准差

传感器提离/mm	区域标称壁厚/mm	特征量的平均值	特征量的标准差
0	10	24.9588	1.2543
	12.5	20.1109	0.4984
	15	16.3724	0.2071
	17.5	13.2797	0.1692
	20	10.487	0.1972
	22.5	9.1767	0.0944
	25	7.9697	0.2036
20	10	27.6124	0.9324
	12.5	22.0807	0.395
	15	18.1322	0.4496
	17.5	15.0159	0.191
	20	11.7482	0.3055
	22.5	10.2396	0.1106
	25	9.4171	0.1891
40	10	30.4511	0.9475
	12.5	23.6014	0.5902
	15	20.2425	0.7115
	17.5	16.3602	0.2638
	20	13.3173	0.3241
	22.5	11.5443	0.1218
	25	11.1486	0.3543

考虑到实际检测过程中，一般选择无壁厚损失区域作为参考区域，因此以壁厚为 25mm 的区域作为参考区域进行分析。

在各提离下，用式（4.19）对表 4.6 中各提离下的壁厚值和特征值进行拟合，拟合效果如图 4.24 所示，得到的壁厚系数如表 4.7 所示。

由图 4.24 和表 4.7 可知，各提离下的壁厚系数拟合效果较好，但壁厚系数会受到提离的影响，这就要求在采用基于多涡流环等效电路模型的反演方法时，应

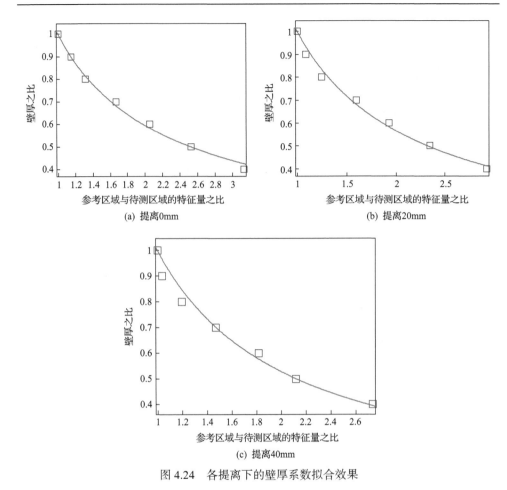

(a) 提离0mm

(b) 提离20mm

(c) 提离40mm

图 4.24　各提离下的壁厚系数拟合效果

表 4.7　各提离下的壁厚系数拟合结果

提离/mm	置信区间下限	置信区间上限	参数估计值	均方根误差
0	0.7096	0.7936	0.7516	0.0155
20	0.7555	0.8913	0.8234	0.0226
40	0.8025	1.0430	0.9227	0.0353

保持探头提离不变。因此，该方法适用于覆盖层厚度均匀一致时的检测，当覆盖层厚度不均时，检测精度会下降，甚至得不到正确的结果。

2. 基于变脉宽激励的反演方法

现有脉冲涡流检测激励参数相关研究中[39,40,65,70]，主要集中于激励参数的优化，以提高脉冲涡流检测能力，对提高脉冲涡流检测精度的研究较少，且这些研究并未考虑覆盖层厚度变化产生的提离效应对检测结果的影响。因此，需进一步改变脉冲涡流检测的激励，得到新的脉冲涡流测厚方法，以实现覆盖层厚度变化工况下的铁磁构件壁厚检测。

　　1）反演原理与流程

　　脉冲涡流检测中，脉冲的上升沿和下降沿均会在试件中产生涡流，且上升沿和下降沿产生的涡流方向相反。若下降沿产生涡流，上升沿产生的涡流并未完全衰减，那么这两个涡流在扩散和衰减的过程中，会相互抵消，且脉宽越窄，抵消程度越大。而对于某一宽度脉冲，试件壁厚越薄，涡流抵消程度越小。因此，涡流抵消程度不仅和激励脉宽有关，还和试件壁厚有关。特别地，当脉宽窄到一定程度，涡流在扩散至试件厚度一半之前就已完全衰减，脉冲涡流检测信号中将不含试件壁厚信息；而随着脉宽逐渐增大，脉冲涡流检测信号中的壁厚信息将趋于"饱和"。因此，在以图 4.25 所示脉宽逐渐增大的脉冲序列作为激励时，脉冲涡流检测信号中的壁厚信息将逐渐增加，其增加程度不仅和脉宽及其增量有关，还和试件壁厚有关。

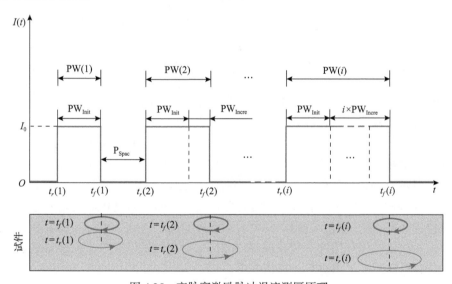

图 4.25　变脉宽激励脉冲涡流测厚原理

　　与壁厚信息增加相对应的是，穿过检测线圈的磁通量因涡流抵消程度变小而增大，因而可用式(4.20)所示的相邻脉冲激励的磁通量增量(increment of magnetic flux，IMF)描述脉冲涡流检测信号中的壁厚信息的增加程度：

$$
\begin{aligned}
\mathrm{IMF}(k) &= \Delta\Phi(k+1) - \Delta\Phi(k) \\
&= \frac{\displaystyle\int_{t_f(k+1)+t_1}^{t_f(k+1)+t_2} U_{\mathrm{PW}(k+1)}(t)\mathrm{d}t}{N_p} - \frac{\displaystyle\int_{t_f(k)+t_1}^{t_f(k)+t_2} U_{\mathrm{PW}(k)}(t)\mathrm{d}t}{N_p}
\end{aligned}
\tag{4.20}
$$

式中，k 为脉冲序号；$U_{\mathrm{PW}(k)}(t)$ 为第 k 个脉冲对应的脉冲涡流检测信号；$\mathrm{PW}(k)$ 为第 k 个脉冲的宽度；$t_f(k)$ 为第 k 个脉冲下降沿的起始时刻；t_1 和 t_2 依次为分析区间的起始时刻和终止时刻，且满足 $t_1,t_2 \in [0, P_{\mathrm{Spac}}]$，$t_1 < t_2$，$P_{\mathrm{Spac}}$ 为脉冲间隔；N_p 为检测线圈的匝数。

若脉宽增量为固定值，IMF 将随脉宽增大而减小，呈现衰减规律，且该衰减规律应与试件壁厚有关，从中可提取出用于壁厚检测的特征量。然而，穿过检测线圈的磁通量会受到覆盖层的影响，当覆盖层厚度发生变化时，IMF 也会随之变化，从 IMF 随脉宽变化规律中提取出的特征量可能会受到覆盖层的影响，因此，对式(4.20)进行相对变换，得到相邻脉冲激励的磁通量相对增量(relative increment of magnetic flux[78]，RIMF)如式(4.21)所示：

$$
\begin{aligned}
\mathrm{RIMF}(k) &= \frac{\Delta\Phi(k+1) - \Delta\Phi(k)}{\Delta\Phi(k)} \\
&= \frac{\displaystyle\int_{t_f(k+1)+t_1}^{t_f(k+1)+t_2} U_{\mathrm{PW}(k+1)}(t)\mathrm{d}t - \int_{t_f(k)+t_1}^{t_f(k)+t_2} U_{\mathrm{PW}(k)}(t)\mathrm{d}t}{\displaystyle\int_{t_f(k)+t_1}^{t_f(k)+t_2} U_{\mathrm{PW}(k)}(t)\mathrm{d}t}
\end{aligned}
\tag{4.21}
$$

随着脉宽增大，上式中分子减小，而分母增大，因而 RIMF 将随脉宽增大而减小，呈现衰减规律，且该衰减规律应与试件壁厚有关，而与覆盖层厚度无关。从 RIMF 随脉宽变化规律中可提取出合适的特征量，以实现覆盖层厚度变化情况下的壁厚检测。

若将从 RIMF 随脉宽衰减规律中提取的测厚特征量记为 $F_{\mathrm{RIMF\text{-}PW}}$，由于 $F_{\mathrm{RIMF\text{-}PW}}$ 和壁厚之间的关系未知，因而变脉宽激励的磁通量相对增量壁厚检测方法应包含标定和测量两个过程。其中，标定过程用于得到 $F_{\mathrm{RIMF\text{-}PW}}$ 和壁厚之间的关系，而测量过程利用这一关系得到待测信号对应的试件壁厚。标定与测量过程均在传感器检测范围内进行，具体如下。

(1)标定。

①以试件不同已知壁厚区域作为标定点，将传感器置于标定点之上，用于获得标定信号。

②按式(4.21)对标定信号进行处理，得到 RIMF 随脉宽变化曲线。

③从 RIMF 随脉宽变化曲线中得到 $F_{\mathrm{RIMF\text{-}PW}}$ 的值。

④得到 $F_{\mathrm{RIMF\text{-}PW}}$ 和壁厚之间的关系，即标定曲线。

(2)测量。

①以试件其余壁厚区域作为待测点，传感器以任意高度置于待测点之上，用于获得待测信号。

②按式(4.21)对待测信号进行处理，得到 RIMF 随脉宽变化曲线。

③从 RIMF 随脉宽变化曲线中得到 $F_{\text{RIMF-PW}}$ 的值。

④将 $F_{\text{RIMF-PW}}$ 的值代入标定曲线，便得到待测点的壁厚。

由上述标定与测量过程可知，特征量 $F_{\text{RIMF-PW}}$ 对壁厚测量至关重要，因此，以下将首先提取特征量 $F_{\text{RIMF-PW}}$，然后再验证变脉宽激励的磁通量相对增量壁厚检测方法的有效性。

2) 特征量提取

对于如图 4.25 所示的变脉宽激励，其响应可根据 2.2 节介绍的脉冲涡流解析模型计算得到。考虑到计算时或实际检测过程中，寄存器长度有限，导致激励的长度 Len_{Exc} 和矩形脉冲的个数 N_p 亦有限，变脉宽激励的脉冲序列表达式应为

$$I(t) = \begin{cases} I_0, & t \in [t_r(k), t_r(k) + \text{PW}(k)],\ k = 1, 2, \cdots, N_p \\ 0, & \text{其他} \end{cases} \tag{4.22}$$

式中，I_0 为脉冲序列的幅值；$t_r(k)$ 为第 k 个脉冲上升沿对应的时刻；$\text{PW}(k)$ 为第 k 个脉冲的宽度，其表达式为

$$\text{PW}(k) = \text{PW}_{\text{Init}} + (k-1) \times \text{PW}_{\text{Incre}} \tag{4.23}$$

式中，PW_{Init} 为初始脉冲的宽度；PW_{Incre} 为相邻脉冲的脉宽增量。

在脉冲间隔采集得到的脉冲涡流检测信号的表达式为

$$U_{\text{PW}(k)}(t) = U(t), \quad t \in [t_f(k), t_f(k) + P_{\text{Spac}}],\ k = 1, 2, \cdots, N_p \tag{4.24}$$

式中，$t_f(k)$ 为第 k 个脉冲下降沿对应的时刻；P_{Spac} 为脉冲间隔。将其代入式(4.21)，便可得到第 k 个脉冲对应的 RIMF。

在计算过程中，I_0 为 4A，PW_{Init} 为 25ms，PW_{Incre} 为 25ms，P_{Spac} 为 1000ms，N_p 为 6，Len_{Exc} 为 10s，得到的时域响应信号如图 4.26 所示。

由图 4.26 可知，在激励脉冲的上升沿和下降沿，检测线圈中均感生了幅值较大的电压信号，随后便迅速衰减，该衰减过程和诸多因素有关，如激励脉宽、试件壁厚和传感器提离等。参考式(4.22)截取脉冲间隔的响应，并以脉冲下降沿的起始时刻作为零时刻，便得到不同脉宽激励时的脉冲涡流检测信号。绘制其中三个信号如图 4.27 所示。

不难发现，脉冲涡流检测信号的幅值随着脉宽的增加而增加。这是因为，对于某一脉冲，脉宽越大，上升沿产生的涡流和下降沿产生的涡流之间抵消程度越小，涡流衰减越快，检测线圈中感应电压幅值就越大。脉冲涡流检测信号幅值的增大，使得式(4.21)的分母随之增大。而由于涡流衰减速率随着时间逐渐减小，

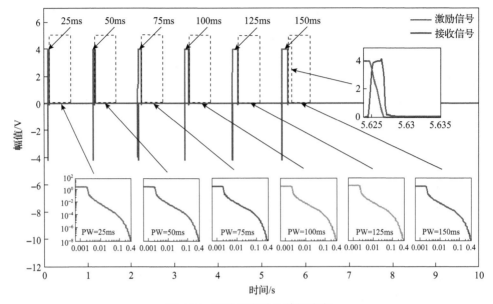

图 4.26　变脉宽激励及其相响应

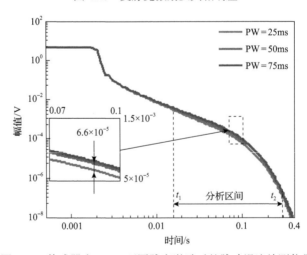

图 4.27　传感器为 P01、不同脉宽激励时的脉冲涡流检测信号

当脉宽增量保持不变时，随着脉宽的逐渐增大，相邻脉冲的涡流抵消差异逐渐减小，导致式(4.21)的分子减小。因此，RIMF 随着脉宽 PW 的增大而减小。特别地，当 $t_1 = 15\text{ms}$ 和 $t_2 = 360\text{ms}$ 时，RIMF 随着脉宽 PW 变化的曲线，即 RIMF-PW 曲线如图 4.28(a)所示，在单对数坐标系中，该曲线几乎为一条直线，如图 4.28(b)所示。

　　进而继续计算不同试件壁厚、不同传感器提离下的脉冲涡流检测信号，以得到不同试件壁厚时的 RIMF-PW 曲线如图 4.29(a)所示，以及不同传感器提离下的 RIMF-PW 曲线如图 4.29(b)所示。综合图 4.29(a)和(b)可知，虽然不同壁厚有着

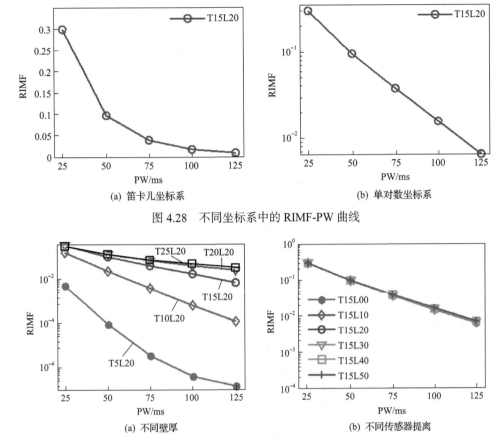

图 4.28　不同坐标系中的 RIMF-PW 曲线

图 4.29　不同壁厚或传感器提离情况下的 RIMF-PW 曲线

不同的线性变化区域，但从整体来看，这些线性衰减区域的斜率和试件壁厚呈现单调递增的关系，且该斜率几乎不受提离的影响。因此，可以选取单对数域中磁通增量随脉宽增长线性衰减的斜率 $S_{\text{RIMF-PW}}$ 作为特征量，用于壁厚检测。

3）反演方法的有效性分析

为验证变脉宽激励的磁通量相对增量脉冲涡流测厚方法的有效性，本节将通过标定和测量过程对所提特征量的有效性进行研究。

在标定过程中，首先，对图 4.29 所示 RIMF-PW 曲线的线性区间进行线性拟合，得到 $S_{\text{RIMF-PW}}$；然后，绘制 T-$S_{\text{RIMF-PW}}$ 曲线如图 4.30 所示，可知壁厚 T 随 $S_{\text{RIMF-PW}}$ 单调递增，且递增的幅度越来越大，当 T 超出脉冲涡流检测能力时，$S_{\text{RIMF-PW}}$ 趋近于零；而当 T 趋近于零时，$S_{\text{RIMF-PW}}$ 为负无穷，因此，采用曲线方程 $f(x)=28.49\mathrm{e}^{150.00x}+14.58\mathrm{e}^{17.28x}$ 可较好地描述 T 和 $S_{\text{RIMF-PW}}$ 之间的关系（R^2=0.997），从而完成了标定过程。在完成上述标定过程后，即可实施测量过程，例如，把试件壁厚 12mm 和 22mm 对应的 $S_{\text{RIMF-PW}}$ 代入标定曲线方程，便能得到测厚结果为

12.41mm 和 21.66mm，其相对误差分别为 3.42%和 1.55%，精度较高，从而验证了变脉宽激励的磁通量相对增量脉冲涡流测厚方法的有效性。

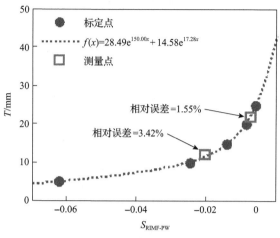

图 4.30　标定曲线与测厚结果

4）实验验证

为了进一步验证变脉宽激励的磁通量相对增量脉冲涡流测厚方法的有效性，采用自研仪器在 Q345R 钢板各区域上分别以提离为 0mm、20mm，以及带 0.5mm 厚镀锌钢板（galvanized steel sheet，GS）（镀锌钢板可等效为提离）进行重复多次检测。

对获得的脉冲涡流实测信号，用式（4.21）进行处理，处理时，分析区间的起始时刻 t_1 选为 15ms，终止时刻 t_2 选为 360ms，从而得到不同壁厚时的 RIMF，经过平均之后，用实线绘制于图 4.31（a）之中。由图 4.31（a）可知，当试件壁厚为 11.9mm 且脉宽大于 50ms 时，RIMF-PW 曲线并未呈现线性衰减。因此，对于壁厚 11.9mm，曲线的线性区域位于脉宽 50ms 的左侧；而对于壁厚 14.8mm，线性区域则位于脉

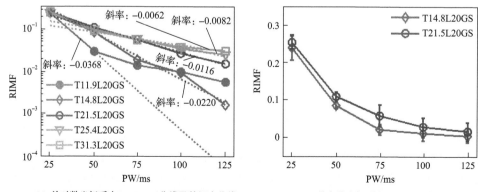

(a) 单对数坐标系中RIMF-PW曲线及其拟合曲线　　　(b) 笛卡儿坐标系中RIMF的误差范围

图 4.31　L20GS 时直接从脉冲涡流检测实测信号中提取的 RIMF-PW 曲线及其拟合曲线

宽 50ms 的右侧。对这些线性区域进行曲线拟合，得到的拟合曲线用虚线（其 R^2 均大于 0.97）绘制于图 4.31(a) 之中，$S_{\text{RIMF-PW}}$ 随试件壁厚的变化规律变得更加明显。然而，正如图 4.31(b) 所示，由于 RIMF 的误差波动较大，难以根据 RIMF 的单次检测结果对壁厚为 14.8mm 和 21.5mm 的区域进行区分。

因而在计算 RIMF 之前，对脉冲涡流检测实测信号进行 501 阶双对数域中值滤波处理[77]，得到的结果如图 4.32(a) 和 (b) 所示（其 R^2 均大于 0.97）。从中可知，拟合曲线的斜率 $S_{\text{RIMF-PW}}$ 和滤波前几乎一致，且 RIMF 的标准误差已明显降低。

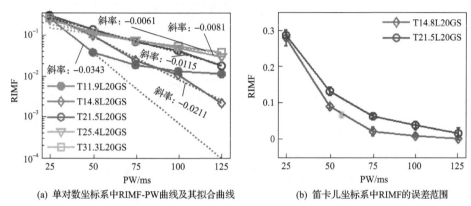

(a) 单对数坐标系中RIMF-PW曲线及其拟合曲线　　　(b) 笛卡儿坐标系中RIMF的误差范围

图 4.32　L20GS 时从经双对数域中值滤波处理的实测信号中提取的
RIMF-PW 曲线及其拟合曲线

因而可以认为，虽然磁通量的相对增量易受噪声的影响，但可通过合适的方法有效地抑制噪声的影响。此外，由图 4.32(a) 和 (b) 可知，拟合曲线的斜率 $S_{\text{RIMF-PW}}$ 随试件壁厚的增加而增加，这和图 4.29(a) 所呈现的规律较为相似，从而在 P02 传感器的极限检测情况下，验证了特征量 $S_{\text{RIMF-PW}}$ 的有效性。

由于镀锌钢对脉冲涡流检测信号的影响可视为附加提离对脉冲涡流检测信号的影响，接下来将仅讨论传感器提离对 RIMF-PW 曲线的影响。移去传感器下方的镀锌钢保护层，调整传感器和 Q345R 钢板之间塑料板的数量和组合，使传感器提离分别为 25mm 和 5mm 时重复上述实验过程，根据实测信号得到的 RIMF-PW 曲线分别如图 4.33(a) 和 (b) 所示（其 R^2 均大于 0.97）。

将上述不同覆盖层条件下获得的特征值 $S_{\text{RIMF-PW}}$ 和试件实际壁厚 T 绘制于图 4.34 中。

参考由解析信号得到的拟合曲线形式，如图 4.34 所示，对各特征值的均值和壁厚间关系进行拟合，得到 $f(x) = 44.01e^{220.4x} + 20.51e^{16.19x}$ 的拟合曲线。参考图 4.34 所示的标定与测量过程，利用该曲线和由实测信号得到的 $S_{\text{RIMF-PW}}$，便可对试件壁厚进行定量检测，从而验证了变脉宽激励的磁通量相对增量脉冲涡流测厚方法的有效性。

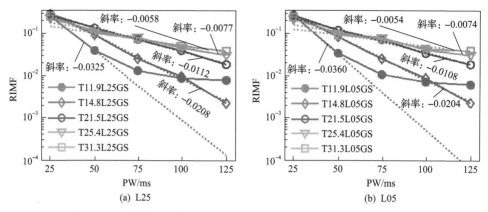

图 4.33　不同提离下从经滤波处理的脉冲涡流检测实测信号中提取的
RIMF-PW 曲线及其拟合曲线

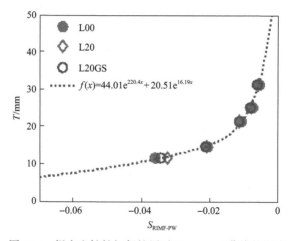

图 4.34　提离和镀锌钢保护层对 $S_{RIMF\text{-}PW}$-T 曲线的影响

3. 两种反演方法的比较

基于多涡流环等效电路模型的反演方法和基于变脉宽激励的反演方法，均能实现铁磁材料试件厚度的反演，但由于这两种测厚方法的原理不同，因而其适用范围也不同，下面对这两种测厚方法进行比较。

基于多涡流环等效电路模型的反演方法所用的特征量主要与脉冲涡流第Ⅲ阶段有关。由式(4.3)可知，该阶段脉冲涡流信号不仅与壁厚有关，还与提离有关，因而用该方法对试件壁厚进行反演会受到提离的影响。

变脉宽激励的磁通量相对增量脉冲涡流测厚方法则利用变脉宽激励下相邻脉冲激励的磁通相对增量，在单对数坐标系中随脉宽的线性衰减率对试件壁厚敏感、对覆盖层厚度却不敏感的特性，实现覆盖层厚度变化情况下的构件壁厚检测。但该方法因其在检测过程中，涡流发生了抵消，而使得检测能力下降，图 4.30 所示特征量 $S_{RIMF-PW}$ 和试件壁厚的标定曲线也佐证了这一点，随着壁厚的增长，定量结果会对 $S_{RIMF-PW}$ 的值越来越敏感，因而该方法适用于较薄的试件。

综上可知，当试件壁厚较厚且覆盖层厚度较为均匀时，可用基于多涡流环等效电路模型的反演方法进行检测；当试件较薄时，可用变脉宽激励的磁通量相对增量脉冲涡流测厚方法实施检测。

4.6 检测技术研究

为了更好地应用脉冲涡流检测技术，首先制作材质和结构尺寸各异的试件，然后模拟实际工作状态下的检测，并揭示影响检测信号的机理，从而了解脉冲涡流检测技术的适用条件与范围，并以此为依据研制标准来规范脉冲涡流检测技术的现场应用。

4.6.1 试件制作

为模拟现场检测中带覆盖层铁磁承压设备，试件由被检件和覆盖层组成，其中，被检件包括常见铁磁性材料(如碳钢和低合金钢等)制成的钢板、钢管和弯头，覆盖层包括绝热层和保护层。制作的试件如图 4.35 所示。

图 4.35 检测试件

1. 检测试件

1)钢板

根据现场检测可能遇到的各种规格的钢制承压设备，制作了常见材质和规格的不同钢板试件，如表 4.8 所示。

表 4.8　钢板试件列表

种类	材料牌号	数量	规格（Δ 边宽，厚度，长度×宽度×壁厚）
钢板	Q235	5	Δ3mm、6mm、10mm、20mm、30mm
	Q345R	5	500mm×500mm×10mm、500mm×500mm×20mm、500mm×500mm×30mm、500mm×500mm×45mm、500mm×500mm×60mm
阶梯钢板	Q235	5	Δ3mm、6mm、10mm、20mm、30mm
	Q345R	4	600mm×600mm×45mm、1480mm×780mm×10mm、1480mm×780mm×20mm、1480mm×780mm×30mm

2）管件

根据现场检测可能遇到的各种规格的管件，制作了常见材质和规格的不同管道和弯头试件，如表 4.9 和表 4.10 所示。

表 4.9　管道试件列表

种类	材料牌号	数量	规格（直径，外径×壁厚，外径×壁厚×长度）
钢管	20G	4	ϕ133mm×10mm、ϕ219mm×10mm、ϕ273mm×12mm、ϕ325mm×10mm
	20#	7	ϕ48mm、ϕ57mm、ϕ60mm、ϕ76mm、ϕ89mm、ϕ108mm、ϕ114mm
	12Cr1MoV	4	ϕ108mm×8mm、ϕ133mm×10mm、ϕ273mm×13mm、ϕ325mm×13mm
	X70	1	ϕ810mm×20mm
阶梯钢管	20#	3	ϕ218mm×20mm×500mm + ϕ214mm×18mm×500mm + ϕ210mm×16mm×500mm ϕ206mm×14mm×500mm + ϕ202mm×12mm×500mm + ϕ198mm×10mm×500mm ϕ194mm×8mm×500mm + ϕ190mm×6mm×500mm + ϕ186mm×4mm×500mm
		3	ϕ218mm×20mm×500mm + ϕ218mm×18mm×500mm + ϕ218mm×16mm×500mm ϕ218mm×14mm×500mm + ϕ218mm×12mm×500mm + ϕ218mm×10mm×500mm ϕ218mm×8mm×500mm + ϕ218mm×6mm×500mm + ϕ218mm×4mm×500mm
		3	ϕ218mm×30mm×500mm + ϕ210mm×26mm×500mm + ϕ202mm×22mm×500mm ϕ194mm×18mm×500mm + ϕ190mm×16mm×500mm + ϕ182mm×12mm×500mm ϕ178mm×10mm×500mm + ϕ174mm×8mm×500mm + ϕ166mm×4mm×500mm

表 4.10　弯头试件列表

种类	材料牌号	数量	规格（直径，外径×壁厚，外径×壁厚×长度）
弯头	20#	16	ϕ48mm×3mm、ϕ57mm×3.5mm、ϕ60mm×3.5mm、ϕ76mm×4mm、ϕ89mm×4mm、ϕ108mm×5mm、ϕ114mm×4.5mm、ϕ133mm×4.5mm、ϕ159mm×5mm、ϕ219mm×6mm、ϕ273mm×8mm、ϕ325mm×8mm、ϕ377mm×8mm、ϕ426mm×10mm、ϕ529mm×10mm、ϕ630mm×10mm

2. 覆盖层

1) 绝热层

绝热层材质分别为岩棉、全硅酸铝、复合硅酸铝和聚氨酯等四种材料,用于模拟工业现场常见的绝热层。

2) 保护层

保护层材质分别为镀锌钢、铝和不锈钢的 0.5mm 厚薄钢板,用于模拟工业现场常见的保护层。

4.6.2　影响检测信号的因素研究

由脉冲涡流检测原理可知,凡能影响被检件中涡流产生、扩散和衰减过程的因素,均会对脉冲涡流信号造成影响,进而影响检测结果。研究现场检测中各因素的影响机理,不仅有利于提出合适的方法来提高检测精度,还有利于获知和拓展脉冲涡流检测技术的适用范围,从而为相关标准的研制奠定基础。通过现场实验和应用发现被检件的规格、金属损失类型、形状、材质、温度、绝热层厚度、保护层材质和传感器姿态等均会对脉冲涡流信号及检测结果造成影响,接下来分别对这些因素的影响机理进行研究。其中,被检件的形状(包含钢板、钢管及弯头)和规格归一化为曲率半径和壁厚的变化。

1. 壁厚

被检件壁厚对脉冲涡流信号的影响如图 4.36 所示。从中可知,随着壁厚增大,脉冲涡流信号第Ⅲ阶段的起始时刻变大,衰减率变小,其影响机理可由式(4.3)和

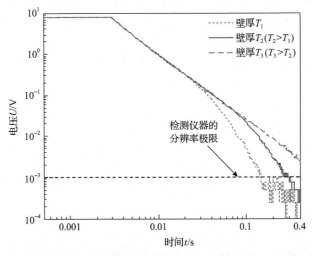

图 4.36　壁厚对脉冲涡流信号的影响

式(4.4)解释。若第Ⅲ阶段的起始时刻足够大，其后的信号可能会因幅值低于检测仪器的分辨率极限而得不到有效采集；若第Ⅲ阶段的衰减率极大，则会导致在该阶段信号衰减至检测仪器的分辨率极限之前，采样点数过少，用式(4.15)进行拟合分析时，误差较大。因此，适用的被检件壁厚应存在上下限。

为拓展被检件壁厚的上下限，一方面应采用位数较多的采集卡，并提高脉冲涡流信号的信噪比；另一方面应保证矩形波的下降沿时间足够短，以避免其后信号受到第Ⅰ阶段脉冲涡流信号的影响。另外，在矩形波占空比不变的情况下，减小重复频率有利于大壁厚的检测，增大重复频率能提高检测小壁厚的效率，因此，激励的重复频率应可根据被检件壁厚范围进行调整。

2. 金属损失类型

由于产生二次磁场的涡流分布于被检件中的一定区域之内，因而脉冲涡流信号中包含的是涡流分布区域内的被检件信息，即为一定体积范围内的被检件信息，该体积范围取决于探头的探测区域(也称 footprint[80])。

对于铁磁性被检件，由现有信号处理方法得到的检测结果是探测区域内的平均壁厚，因而脉冲涡流检测技术适用于图 4.37(a)所示的均匀壁厚减薄的检测，而不适用于图 4.37(b)所示的不均匀壁厚减薄的检测。对于图 4.37(b)所示的带有沟槽、点腐蚀或裂纹的被检件，依据脉冲涡流检测结果可能会判定其为轻微腐蚀，造成漏检。因此在现场检测前，应预估被检件可能的金属损失类型，以判断其是否适用脉冲涡流检测。

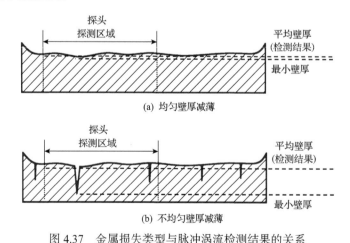

图 4.37　金属损失类型与脉冲涡流检测结果的关系

3. 曲率半径

试件的曲率半径对脉冲涡流检测的影响机理较为复杂。图 4.38 中虚线所绘为平板状试件，当其曲率半径发生变化时，不仅会使感应涡流的初始分布因作用在试件上的一次磁场分布变化而发生变化，还会使感应涡流的扩散路径和衰减过程发生变化[81]，从而影响脉冲涡流检测信号，如图 4.39 和图 4.40 所示。

图 4.39 给出了板件和管件的初始涡流分布，从图中可知，相对于板件而言，

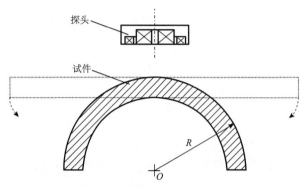

图 4.38　曲率半径变化示意图

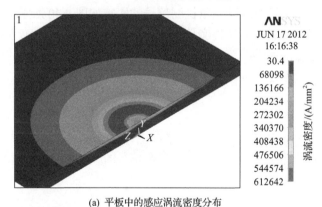

(a) 平板中的感应涡流密度分布

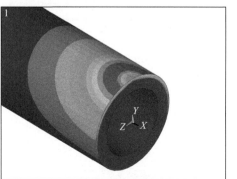

(b) ϕ114管壁中的涡流密度分布

图 4.39　曲率半径对初始涡流分布的影响

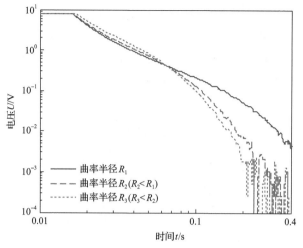

图 4.40　曲率半径对脉冲涡流检测信号的影响

管件的初始涡流更为集中。

　　被检件的曲率半径对脉冲涡流检测信号的影响如图 4.40 所示。从中可知，随着曲率半径的减小，脉冲涡流检测信号的曲线形态变化较大，第 Ⅱ 阶段的幅值有所增加，第 Ⅲ 阶段的起始时刻变小、衰减率变大。因此，被检件的曲率半径不能过小，且检测区域和参考区域的曲率半径应保持一致。

　　4. 材质

　　材质对脉冲涡流检测信号的影响本质上是材料电导率和磁导率对脉冲涡流检测信号的影响。被检件材质对脉冲涡流检测信号的影响如图 4.41 所示。图中 Q345R

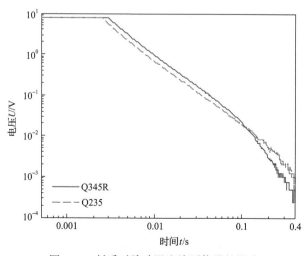

图 4.41　材质对脉冲涡流检测信号的影响

和 Q235 均为铁磁性材料，其电导率相近，Q345R 的磁导率小于 Q235 的磁导率。从中可知，相对于 Q345R，Q235 对应的脉冲涡流信号第 II 阶段幅值较低、第 III 阶段起始时刻较大、衰减率较小。其影响机理可由式(4.3)和式(4.4)解释。因此，检测时应确保检测区域和参考区域被检件材质一致。

5. 温度

温度对脉冲涡流检测信号的影响，也可归结为被检件电导率和磁导率变化对脉冲涡流检测信号的影响。如图 4.42 所示，金属材料的电导率会随着温度的升高而降低，其中，对于铁磁性材料，其磁导率会先随温度升高而变大，在高出居里温度之后急剧减小。结合式(4.3)和式(4.4)可知，脉冲涡流信号第 III 阶段的衰减率会因温度变化而变化，特别地，当温度高于居里温度时，脉冲涡流信号第 III 阶段的起始时刻会变得极小，衰减率会变得极大，不利于信号反演。因此，被检件的温度应低于其居里温度，且检测区域和参考区域的温度应保持一致。

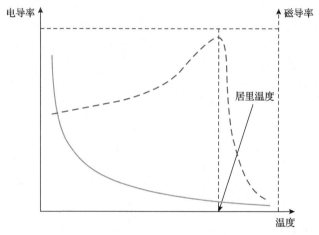

图 4.42　温度对试件磁导率和电导率的影响

图 4.43(a)所示为温度对脉冲涡流检测信号的影响实验装置。图 4.43(b)为检测试件位置示意图，图中，被检件为 20mm 厚的 Q345R 钢板，置于岩棉之上，在用 LCD 型履带式加热器将其加热至 500℃之后，移除加热器，并覆盖 30mm 厚的岩棉。脉冲涡流探头置于岩棉之上，在钢板温度从 450℃下降至 30℃的过程中实施检测，每隔 20℃检测一次。其中，钢板的温度由热电偶实时测得，从而得到不同温度下的脉冲涡流信号如图 4.44 所示。

由图 4.44 可知，随着温度的升高，脉冲涡流信号第 II 阶段的幅值降低，第 III 阶段的衰减率各不相同，这与前述分析结果一致。因此，一般需采用基于温度补偿的方法对检测结果进行修正[82,83]，或者采用与被检件温度相近的对比试件。

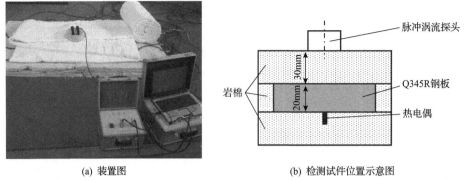

(a) 装置图　　　　　　　　　　　　　(b) 检测试件位置示意图

图 4.43　温度对脉冲涡流检测信号的影响实验装置与检测试件位置示意图

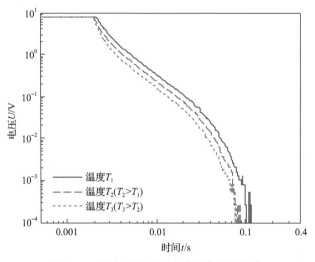

图 4.44　温度对脉冲涡流检测信号的影响

6. 绝热层厚度和保护层材质

绝热层厚度和保护层材质对脉冲涡流检测信号的影响如图 4.45 所示。图中"D"和"$D+\Delta D$"分别表示被检件表面仅带有厚度为 D 和厚度增加 ΔD 后的绝热层，"$D+$不锈钢保护层"、"$D+$铝保护层"和"$D+$镀锌钢保护层"表示厚度为 D 的绝热层表面还分别带有 0.5mm 厚不同材质的保护层。从中可知，增大绝热层厚度，脉冲涡流检测信号幅值减小；带不锈钢保护层对脉冲涡流检测信号几乎无影响；带铝保护层使脉冲涡流检测信号第 Ⅰ 阶段和部分第 Ⅱ 阶段的幅值增大，但对第 Ⅲ 阶段的幅值几乎无影响；带镀锌钢保护层对脉冲涡流检测信号第 Ⅱ、Ⅲ 阶段的影响与增大绝热层厚度时的情况相似。

经有限元仿真并建立脉冲涡流检测等效磁路模型分析发现[1]，绝热层厚度的

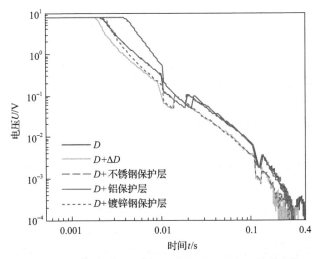

图 4.45　绝热层厚度和保护层材质对脉冲涡流检测信号的影响

增加，不仅会使涡流的分布更加分散，还会使探头和被检件之间的磁阻变大，从而增大了探头的探测区域，并降低了信号幅值；金属保护层中涡流产生的二次磁场，叠加在被检件中涡流产生的二次磁场之上，影响着脉冲涡流检测信号，其影响时间由保护层中涡流完全耗散所需时间决定，不锈钢、镀锌钢、铝保护层中涡流完全耗散所需时间依次增大，但均小于 100ms；镀锌钢等铁磁性保护层因其磁导率较大，会对空间磁场进行磁通分流，不仅使作用于被检件的一次磁场分布分散，还会使探头和被检件之间的耦合程度减小，其作用和增加一定厚度的绝热层相似。因此，检测前需了解绝热层厚度和保护层材质，以及其是否均匀一致。

7. 传感器姿态

脉冲涡流探头放置在曲面上实施检测时，其姿态易发生偏斜，从而影响检测结果。对于压力管道，探头的偏斜可分解为探头偏心、探头周向倾斜和探头轴向倾斜，如图 4.46(a)、图 4.46(c) 和图 4.46(e) 所示。其不同的偏斜程度对应的脉冲涡流检测信号分别如图 4.46(b)、图 4.46(d) 和图 4.46(f) 所示，其中探头周向倾斜角 $\alpha \in [0°, 90°]$，探头轴向倾斜角 $\theta \in [0°, 90°]$。

由图 4.46(b)、图 4.46(d) 和图 4.46(f) 可知，脉冲涡流检测信号受到了探头偏斜的影响，且偏斜程度越大，脉冲涡流检测信号受影响越大。因而需采用图 4.10 所示管道用脉冲涡流探头实施检测，以避免由探头偏心和摇晃引起的信号波动，提高检测结果的重复性。

8. 其他因素

通过现场实验和应用还发现焊疤、锈蚀堆积物、支吊架、内部和外部附件，

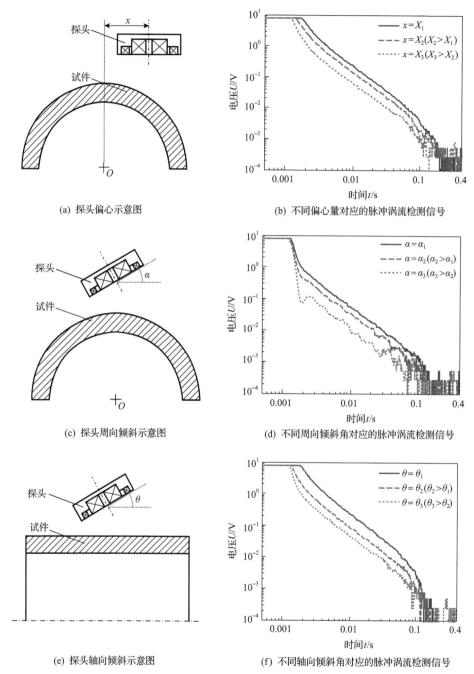

(a) 探头偏心示意图

(b) 不同偏心量对应的脉冲涡流检测信号

(c) 探头周向倾斜示意图

(d) 不同周向倾斜角对应的脉冲涡流检测信号

(e) 探头轴向倾斜示意图

(f) 不同轴向倾斜角对应的脉冲涡流检测信号

图 4.46　探头偏斜及其对脉冲涡流检测信号的影响

以及环境中的电磁干扰均会影响脉冲涡流检测结果。这是因为焊疤、锈蚀堆积物、支吊架、内部和外部附件会改变被检件周围的电磁特性，探头偏斜会改变涡流的初始分布，电磁干扰会使脉冲涡流信号信噪比降低。因此，检测时应了解这些可能存在的因素，并采取合适的方法避免或减少其带来的影响。

4.6.3　技术标准的研制

基于上述研究，并结合实际检测需求，由中国特种设备检测研究院牵头，研制了脉冲涡流检测方面的首个国家标准 GB/T 28705—2012《无损检测　脉冲涡流检测方法》和首个国际标准 ISO 20669: 2021 *Non-destructive testing — Pulsed eddy current testing of ferromagnetic metallic components*，规范了脉冲涡流检测技术的现场应用。

4.7　检测工程应用

脉冲涡流检测仪器自研制以来，对多家企业的数百条压力管道和数十台压力容器进行了在线检测，产生了可观的经济和社会效益。下面介绍两个典型的检测工程应用，来说明脉冲涡流检测技术在承压设备壁厚减薄检测方面的实用性和可靠性。

4.7.1　压力管道脉冲涡流检测应用

2015 年 5 月，用自研脉冲涡流检测仪器对某企业多条压力管道进行了检测。在该企业的常减压车间，有一条待检的压力管道如图 4.47 所示。

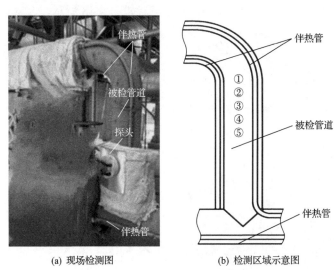

(a) 现场检测图　　　　　　　　(b) 检测区域示意图

图 4.47　压力管道脉冲涡流检测应用

该管道的规格为 DN200mm×10mm，材质为 20#钢，工作温度为 25℃，管道外包覆由岩棉和镀锌薄板组成的覆盖层。在脉冲涡流检测过程中，发现沿管道特定方位的检测信号存在异常，拆除覆盖层发现存在脉冲涡流检测异常的部位，紧挨着管道布置有伴热管。因此，选取远离伴热管的区域继续实施脉冲涡流检测，其检测结果和超声波测厚仪测得的结果如表 4.11 所示。

表 4.11　压力管道脉冲涡流检测结果

检测区域	脉冲涡流检测 壁厚比值	超声测厚 结果/mm	超声检测 壁厚比值	误差
①	0.9515	9.56	0.9166	0.0349
②	0.9525	9.67	0.9271	0.0254
③	1.0000	10.43	1.0000	0.0000
④	0.9525	9.70	0.9300	0.0225
⑤	0.9575	9.72	0.9319	0.0256

由表 4.11 可知，自研脉冲涡流检测仪器在覆盖层厚度不均情况下的检测结果和拆除覆盖层后超声波测厚仪测得的结果基本一致，检测误差在±0.05(±5%)以内，说明脉冲涡流检测技术在压力管道壁厚减薄检测应用方面具有较高的实用性和可靠性。

4.7.2　压力容器脉冲涡流检测应用

2016 年 4 月，用自研脉冲涡流检测仪器对某企业多台压力容器进行了检测。在该企业的常减压车间，一台待检的压力容器如图 4.48 所示。

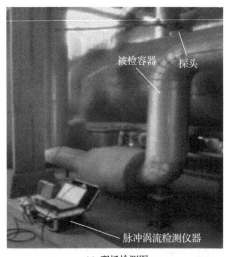

(a) 现场检测图

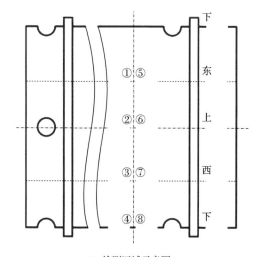

(b) 检测区域示意图

图 4.48　压力容器脉冲涡流检测应用

该容器的内径为 1100mm,壁厚为 21mm,材质为 Q345R,工作温度为 369.7℃,容器外包覆由硅酸铝和镀锌薄板组成的覆盖层。在脉冲涡流检测完毕之后,拆除覆盖层,用超声波测厚仪对各检测区域进行测厚,对比检测结果如表 4.12 所示。

表 4.12　压力容器脉冲涡流检测结果

检测区域	脉冲涡流检测壁厚比值	超声测厚结果/mm	超声检测壁厚比值	误差
①	0.9570	21.3	0.9907	−0.0337
②	0.9870	21.8	1.0140	−0.0270
③	0.9740	21.4	0.9953	−0.0213
④	0.9560	21.4	0.9953	−0.0393
⑤	0.9250	21.3	0.9907	−0.0657
⑥	0.9960	22.0	1.0233	−0.0273
⑦	0.9820	21.7	1.0093	−0.0273
⑧	1.0000	21.5	1.0000	0.0000

由表 4.12 可知,和超声检测结果相比,虽然自研脉冲涡流检测仪器的检测结果误差最大达到−0.0657(−6.57%),且测得的最厚区域的位置不一致,但壁厚分布基本一致,尤其是壁厚较薄区域的位置和超声检测得到的一致。因此,检测结果仍具有较大的参考价值,说明脉冲涡流检测技术在压力容器壁厚减薄检测应用方面具有较高的实用性和可靠性。

4.8　本　章　小　结

(1)建立了脉冲涡流检测数值模型,得到了试件中涡流扩散过程和脉冲涡流信号的对应关系,将铁磁试件的脉冲涡流检测信号分为Ⅰ、Ⅱ、Ⅲ三个阶段,指出在涡流密度极大值转移至试件厚度一半的时刻,为脉冲涡流检测信号第Ⅱ阶段向第Ⅲ阶段转化的时刻,且试件壁厚信息主要含于脉冲涡流检测信号的第Ⅲ阶段,并以此为基础,提出了脉冲涡流检测信号采集和反演的基本原则,即在实际检测过程中,应保证信号在该阶段有足够高的信噪比,并采集足够的有效数据长度。

(2)根据脉冲涡流检测原理,以及脉冲涡流检测信号采集和反演的基本原则,提出了脉冲涡流检测仪器的总体设计方案,设计了型号和规格多样的传感器,研制了功率放大器和前置放大器等核心硬件,基于模块化思想开发了仪器配套软件,形成具有完全自主知识产权的仪器,并衍生出商业化仪器。

(3)针对含有壁厚信息的脉冲涡流检测信号第Ⅲ阶段幅值较低、更易受到噪声的影响，且第Ⅱ阶段和第Ⅲ阶段之间为过渡平滑，无准确分界，对其无论是定性分析，还是定量分析，都非常困难的难题，本章不仅提出了基于周期延拓的降噪方法和双对数域中值滤波方法，还提出了基于多涡流环等效电路模型的反演方法和基于变脉宽激励的反演方法，达到了去伪存真和定量检测的目的。

（4）为更好地应用脉冲涡流检测技术，模拟实际检测情况制作了多种材质和尺寸的钢板、管道和弯头，对试件的规格、金属损失类型、形状、材质、温度、绝热层厚度、保护层材质，以及传感器姿态等因素对脉冲涡流检测信号的影响机理与规律进行了研究，并以此为基础，结合实际检测需求，牵头制定了脉冲涡流检测方面的首个国家标准 GB/T 28705—2012《无损检测 脉冲涡流检测方法》、首个能源行业标准 NB/T 47013.13—2015《承压设备无损检测 第 13 部分：脉冲涡流检测》和首个国际标准 ISO 20669: 2021 *Non-destructive testing — Pulsed eddy current testing of ferromagnetic metallic components*，对脉冲涡流检测技术的现场应用进行了规范。

（5）利用自研仪器对多家石油、化工企业的数百条压力管道和数十台压力容器进行了检测应用。结果表明，自研仪器可以在不拆保温层的情况下对承压设备的腐蚀状况进行检测和评价。检测结果证明该方法速度快、效果好，而且可以缩短检验时间和降低拆除与恢复保温层的费用。由此证明，该成果具有良好的推广应用前景，可以为企业产生巨大的经济效益和社会效益。

参 考 文 献

[1] 沈功田, 胡斌. 大型承压设备不停机电磁无损检测技术及应用. 中国特种设备安全, 2016, 32(1): 6-12.

[2] 李建. 铁磁构件脉冲涡流测厚中磁通量检测模型与方法. 武汉: 华中科技大学, 2015.

[3] Waidelich D L. Coating thickness measurements using pulsed eddy currents. Proceedings of the National Electronics Conference, Chicago, 1954: 500-507.

[4] Zagidulin R V, Zagidulin T R, Bakiev T A, et al. Models of signals of eddy-current transducers above defects of the continuity of metal. IOP Conference Series: Earth and Environmental Science, 2021, 666(4): 042066.

[5] Tai C C, Rose J H, Moulder J C. Thickness and conductivity of metallic layers from pulsed eddy-current measurements. Review of Scientific Instruments, 1996, 67(11): 3965-3972.

[6] Morozov M, Tian G Y, Withers P J. The pulsed eddy current response to applied loading of various aluminium alloys. NDT&E International, 2010, 43(6): 493-500.

[7] 周德强, 田贵云, 王海涛, 等. 脉冲涡流技术在应力检测中的应用. 仪器仪表学报, 2010, 31(7): 1588-1593.

[8] Habibalahi A, Safizadeh M S. Forward to residual stress measurement by using pulsed eddy

current technique. Insight-Non-Destructive Testing and Condition Monitoring, 2013, 55 (9):
492-497.

[9] Lee C. Characterization of Thin Coatings using Eddy Current Methods. Troy: Rensselaer Polytechnic Institute, 2004.

[10] 游凤荷, 魏莉. 材质涡流检测信号处理方法. 测控技术, 2002, 21 (10): 11-13.

[11] 麻雪莉. 基于 FPGA 的脉冲涡流硬度无损检测系统的研究. 哈尔滨: 哈尔滨理工大学, 2007.

[12] Spies B R. Transient electromagnetic method for detecting corrosion on conductive containers: US 4839593. 1989-06-13.

[13] Lara P F. Transient electromagnetic method for detecting corrosion on conductive containers having variations in jacket thickness: US 4843319. 1899-06-27.

[14] Gard M F. Transient electromagnetic apparatus with receiver having digitally controlled gain ranging amplifier for detecting irregularities on conductive containers: US 4906928. 1990-03-06.

[15] Mottl Z. The quantitative relations between true and standard depth of penetration for air-cored probe coils in eddy current testing. NDT International, 1990, 23 (1): 11-18.

[16] Dmitriev S, Malikov V, Ishkov A. The steel defects investigation by the eddy current method. IOP Conference Series: Materials Science and Engineering, 2019, 698 (6): 066045.

[17] Cheng C C, Dodd C V, Deed W E. General analysis of probe coils near stratified conductors. International Journal of Nondestructive Testing, 1971, 3: 109-130.

[18] Theodoulidis T P, Kriezis E E. Eddy current canonical problems (with applications to nondestructive evaluation). Henderson: Tech Science Press, 2006.

[19] Li Y, Tian G Y, Simm A. Fast analytical modelling for pulsed eddy current evaluation. NDT&E International, 2008, 41 (6): 477-483.

[20] Fan M B, Huang P J, Ye B, et al. Analytical modeling for transient probe response in pulsed eddy current testing. NDT&E International, 2009, 42: 376-383.

[21] 范孟豹. 多层导电结构电涡流检测的解析建模研究. 杭州: 浙江大学, 2009.

[22] 范孟豹, 曹丙花, 杨雪锋. 脉冲涡流检测瞬态涡流场的时域解析模型. 物理学报, 2010, 59 (11): 7570-7574.

[23] 陈兴乐, 雷银照. 金属管道外侧脉冲磁场激励的线圈电压解析式. 中国电机工程学报, 2012, 32 (6): 176-182.

[24] Jesse S J, Robert A, Smith R A, et al. Enhanced detection of deep corrosion using transient eddy currents. Proceedings of the 7th Joint Dod/FAA/NASA Conference on Aging Aircraft, New Orleans, 2003: 1-8.

[25] Skramstad J, Smith R A, Harrison D. Enhanced detection of deep corrosion using transient eddy

currents. Proceedings of the 7th Joint Dod/FAA/NASA Conference on Aging Aircraft, New Orleans, 2003: 1-8.

[26] Dai X W, Ludwig R, Palanisamy R. Numerical simulation of pulsed eddy-current nondestructive testing phenomena. IEEE Transactions on Magnetics, 1990, 26(6): 3089-3096.

[27] Ida N, Lord W. A finite element model for three-dimensional eddy current NDT phenomena. IEEE Transactions on Magnetics, 1985, 21(6): 2635-2643.

[28] Tanaka M, Tsuboi H, Kobayashi F, et al. Transient eddy current analysis by the boundary element method using Fourier transforms. IEEE Transactions on Magnetics, 1993, 29(2): 1722-1725.

[29] 倪光正, 杨仕友, 钱秀英, 等. 工程电磁场数值计算. 北京: 机械工业出版社, 2004.

[30] Angani C S, Park D G, Kim C G, et al. Dual core differential pulsed eddy current probe to detect the wall thickness variation in an insulated stainless steel pipe. Journal of Magnetics, 2010, 15(4): 204-208.

[31] 康学福, 陈立晶, 王奔, 等. 基于脉冲涡流信号的金属膜厚测量. 机电工程, 2012, 29(1): 4-7.

[32] Adewale I D, Tian G Y. Decoupling the influence of permeability and conductivity in pulsed eddy-current measurements. IEEE Transactions on Magnetics, 2013, 49(3): 1119-1127.

[33] 刘鑫华. 含有缺陷的脉冲涡流检测系统的数值建模方法研究. 成都: 电子科技大学, 2014.

[34] Zhou D Q, Li Y, Yan X Y, et al. The investigation on the optimal design of rectangular PECT probes for evaluation of defects in conductive structures. International Journal of Applied Electromagnetics and Mechanics, 2013, 42(2): 319-326.

[35] 张斌强. 脉冲涡流检测系统的设计与研究. 南京: 南京航空航天大学, 2009.

[36] Babbar V K, Harlley D, Krause T W, et al. Finite element modeling of pulsed eddy current signals from aluminum plates having defects. AIP Conference Proceedings, 2010, 1211: 337-344.

[37] 石坤, 林树青, 何得峰, 等. 提离对脉冲涡流壁厚检测的影响. 无损检测, 2009, 31(12): 931-936.

[38] 吴鑫, 李方奇, 石坤, 等. 脉冲涡流测厚技术理论与应用. 北京交通大学学报(自然科学版), 2009, 33(1): 20-23, 31.

[39] 辛伟, 丁克勤, 黄冬林, 等. 基于 ANSYS 的脉冲涡流激励参数选取的仿真分析. 机械工程与自动化, 2010, (2): 58-60.

[40] 吴鑫, 谢基龙, 石坤, 等. 脉冲涡流参数对金属测厚影响的仿真分析. 北京交通大学学报, 2012, 36(1): 122-126, 131.

[41] 余付平, 朱荣新, 王韫江, 等. 基于 ANSYS 的管道腐蚀缺陷有限元仿真. 计算机测量与控制, 2009, 17(1): 151-153.

[42] 张辉, 杨宾峰, 王晓锋, 等. 脉冲涡流检测中参数影响的仿真分析与实验研究. 空军工程大学学报(自然科学版), 2012, 13(1): 52-57.

[43] 喻星星, 付跃文. 基于磁导率非线性条件下的油套管脉冲涡流检测仿真. 无损检测, 2013, 35(4): 1-4, 64.

[44] Lefebvre J H V, Mandache C, Letarte J. Pulsed eddy current empirical modeling. Proceedings of the Vth International Workshop, Advances in Signal Processing for Non Destructive Evaluation of Materials, Québeccity, 2005: 69-74.

[45] Lefebvre J H V, Mandache C. Pulsed eddy current measurement of lift-off. Proceedings of the Vth International Workshop, Advances in Signal Processing for Non Destructive Evaluation of Materials, Québeccity, 2006: 669-676.

[46] Tetervak A, Krause T W, Mandache C, et al. Analytical and numerical modeling of pulsed eddy current response to thin conducting plates. Review of Progress in Quantitative Nondes-Tructive Evaluation, San Diego, 2010: 353-360.

[47] Harrison D J, Jones L D, Burke S K. Benchmark problems for defect size and shape determination in eddy-current nondestructive evaluation. Journal of Nondestructive evaluation, 1996, 15(1): 21-34.

[48] Yang H C, Tai C C. Pulsed eddy-current measurement of a conducting coating on a magnetic metal plate. Measurement Science and Technology, 2002, 13(8): 1259-1265.

[49] Bowler J, Johnson M. Pulsed eddy-current response to a conducting half-space. IEEE Transactions on Magnetics, 1997, 33(3): 2258-2264.

[50] 尹慧琳, 王磊, 农静, 等. 用于脉冲涡流检测的新型数据处理方法. 现代科学仪器, 2010, (2): 141-143.

[51] de Haan V O, de Jong P J. Simultaneous measurement of material properties and thickness of carbon steel plates using pulsed eddy currents. The 16th Word Conference on Non-Destructive Testing, Montreal, 2004: 925-937.

[52] van den Berg S M. Modelling and inversion of pulsed eddy current data. TU Delft: Delft University of Technology, 2003.

[53] 张玉华, 孙慧贤, 罗飞路, 等. 基于三维磁场测量的脉冲涡流检测探头的设计. 机械工程学报, 2009, 45(8): 249-254.

[54] 权毅, 曹洁, 王勇, 等. 基于 ARM 的便携式高速铁路钢轨无损检测仪. 仪表技术与传感器, 2010, (1): 29-31.

[55] Tai C C, Yang H C. Pulsed eddy current for deep metal surface cracks inspection. AIP Conference Proceedings, 2001, 557: 354-360.

[56] Yang B F, Li B, Wang Y J. Reduction of lift-off effect for pulsed eddy current NDT based on sensor design and frequency spectrum analysis. Nondestructive Testing and Evaluation, 2010,

25(1): 77-89.

[57] He Y Z, Tian G Y, Zhang H, et al. Steel corrosion characterization using pulsed eddy current systems. IEEE Sensors Journal, 2012, 12(6): 2113-2120.

[58] 杨宾峰, 罗飞路, 张玉华, 等. 脉冲涡流在飞机铆接结构无损检测中的应用研究. 计量技术, 2005, 49(12): 15-17.

[59] Tian G Y, Sophian A, Rudlin J, et al. Wavelet-based PCA defect classification and quantification for pulsed eddy current NDT. IEE Proceedings-Science, Measurement and Technology, 2005, 4: 141-148.

[60] Waidelich D L, Deshong J A, Mcgonnagle W J. A pulsed eddy current technique for measuring clad thickness. Lemont: Argonne National Laboratory, 1958.

[61] Sather A. Investigation into the depth of pulsed eddy-current penetration//Birnbaum G, Free G. Eddy-Current Characterization of Materials and Structures. West Conshohocken: ASTM International, 1981: 374-386.

[62] Beissner R E, Fisher J L. Use of a chirp waveform in pulsed eddy current crack detection// Thompson D O, Chimenti D E. Review of Progress in Quantitative Nondestructive Evaluation. Boston: Springer, 1987: 467-472.

[63] 闫贝, 李勇, 李达, 等. 结合磁场梯度测量的脉冲调制涡流检测关键技术研究. 传感器与微系统, 2016, 35(4): 15-17, 21.

[64] Abidin I Z, Mandache C, Tian G Y, et al. Pulsed eddy current testing with variable duty cycle on rivet joints. NDT&E International, 2009, 42(7): 599-605.

[65] 徐平, 罗飞路, 张玉华, 等. 脉冲涡流检测系统工作点最优化设计. 传感器世界, 2005, 11(4): 15-18, 10.

[66] 徐平. 多层金属结构中腐蚀缺陷的脉冲涡流检测技术研究. 长沙: 国防科技大学, 2005.

[67] Sabbagh H A, Treece J C, Murphy R K, et al. Computer modeling of eddy current nondestructive testing. Materials Evaluation, 1993, 51(11): 1252-1257.

[68] Bowler J R. Eddy-current interaction with an ideal crack. I. The forward problem. Journal of Applied Physics, 1994, 75(12): 8128-8137.

[69] 潘孟春, 何赟泽, 罗飞路. 基于谱分析的脉冲涡流缺陷 3D 分类识别技术. 仪器仪表学报, 2010, 31(9): 2095-2100.

[70] 杨宾峰, 罗飞路. 脉冲涡流检测系统影响因素分析. 无损检测, 2008, 30(2): 104-106.

[71] Agarwal P D. Eddy-current losses in solid and laminated iron. Transactions of the American Institute of Electrical Engineers, Part I: Communication and Electronics, 1959, 78(2): 169-181.

[72] Sakaki Y, Imagi S. Relationship among eddy current loss, frequency, maximum flux density and a new parameter concerning the number of domain walls in polycrystalline and amorphous soft magnetic materials. IEEE Transactions on Magnetics, 1981, 17(4): 1478-1480.

[73] Cheng W Y, Komura I. Simulation of transient eddy-current measurement for the characterization of depth and conductivity of a conductive plate. IEEE Transactions on Magnetics, 2008, 44(11): 3281-3284.

[74] 沈功田, 李建, 武新军. 承压设备脉冲涡流检测技术研究及应用. 机械工程学报, 2017, 53(4): 49-58.

[75] 徐志远. 带包覆层管道壁厚减薄脉冲涡流检测理论与方法. 武汉: 华中科技大学, 2012.

[76] 武新军, 徐志远, 黄琛, 等. 对具有导磁材料保护层的构件腐蚀检测方法及装置: 101520435. 2011-08-24.

[77] 武新军, 李建, 张卿. 管道用脉冲涡流探头: 102967256. 2015-09-23.

[78] Ohanian H C. On the approach to electro- and magneto-static equilibrium. American Journal of Physics, 1983, 51(11): 1020-1022.

[79] 黄琛. 铁磁性构件脉冲涡流测厚理论与仪器. 武汉: 华中科技大学, 2011.

[80] Li J, Wu X J, Zhang Q, et al. Pulsed eddy current testing of ferromagnetic specimen based on variable pulse width excitation. NDT&E International, 2015, 69: 28-34.

[81] Brett C R, Raad de J A. Validation of a pulsed eddy current system for measuring wall thinning through insulation. Conference on Nondestructive Evaluation of Highways, Utilities and Pipelines, Scottsdale, 1996: 211-222.

[82] 柯海. 脉冲涡流测厚信号斜率法研究. 武汉: 华中科技大学, 2013.

[83] 李建, 沈功田, 武新军, 等. 高温铁磁性构件壁厚减薄脉冲涡流检测研究. 第三届全国特种设备安全与节能学术会议暨科技成果展, 厦门, 2016.

第5章　金属磁记忆检测技术

在工业生产中，金属构件在动、静载荷下产生的机械应力集中和疲劳损伤[1]是管道、压力容器、涡轮盘、压缩机叶片、飞机构件等重要承力结构件和设备产生腐蚀和疲劳损伤的主要原因之一[2]。

在内应力或外应力的作用下，材料的物理特性，尤其是机械特性会发生不同程度的改变。机械构件由加工、热处理、焊接等原因造成的残余应力，以及在动、静载荷的作用下产生局部应力集中都会对结构的力学性能、耐腐蚀性、疲劳强度、形状精度产生较大的影响。对关乎重大安全问题的结构件，如果不能及时准确地评价其应力状态，会导致对结构的安全状况和使用寿命的误判，其后果和危害性非常严重。但是现有的无损检测技术只能够对裂纹以及其他宏观缺陷进行检测，而无法有效地对可能导致这些缺陷的应力集中状态进行评价，在实现早期诊断预防安全事故方面更显不足。

钢铁材料等铁磁性金属在工业生产中应用非常广泛，数量巨大，如油气管线、球罐、塔器、轧辊、铁路、桥梁、船舶、海上石油平台，水利水电工程中的转轮、闸门和压力钢管等大型构件，以及航空、航天、核工业的有关设备等，如何快速有效地分析测定这些构件在外力或内力作用下的应力应变分布，进而了解构件的强度，评估构件的使用状况与寿命，已经成为迫切需要解决的问题，也是工业检测发展的重要方向之一。

20世纪90年代，俄罗斯学者率先提出利用加载铁磁构件产生表面磁场分布可以检测构件表面的应力集中区，并称该方法为金属磁记忆检测技术，其能够评价铁磁材料应力集中状态实现早期诊断，又具有非接触测量，不需要表面处理，不需要磁化，检测速度快，便于实现多通道自动化检测等显著优点，具有广阔的研究前景和应用潜力。

作为金属磁记忆检测技术基础的磁机械效应从19世纪发展至今，已经形成较为完整的理论体系，部分应用技术也已经比较成熟。但对应力-磁化曲线的宏观建模仍存在许多与实验事实不能完全符合的问题，磁机械效应的微观机理也不能从本质上得到彻底清楚的阐明。具体来说，在微弱磁场环境下，非弹性应力以及非线性应力分布(如应力集中)情况下的磁机械效应(磁记忆现象)研究少有涉及，尚有许多空白。实验研究以及实际工程应用也大多局限在恒定外场和人为磁化情况下。而磁记忆的研究工作主要集中在技术应用领域，对于金属磁记忆的微观机理及其建模、磁记忆的不可逆过程研究、地磁场下非均匀分布应力及非线性应力下的磁记忆机理没有解释清楚。

由于影响磁记忆检测的因素多，对其物理机制的认识尚不深入，出现了许多相互矛盾的检测结果；同时方法本身主要是利用地磁场的作用来检测应力集中等造成的磁场异常，而地磁场作为一个矢量场，在不同的方向上大小不同，而且它又是微弱的磁场，在实际应用中也存在局限性，例如，采用磁粉探伤后，剩余磁场就大大超过地磁场，就有可能掩盖应力集中产生的磁场畸变。在复杂的工程环境中，金属磁记忆检测技术能否可以真正解决工程实际问题，这关系到方法本身，也是当前应用中必须要解决的问题。

本章的研究针对磁记忆检测技术在现场应用中的信号解释不清等问题，通过设计不同状态下的磁记忆信号产生的实验，建立力磁对应关系，通过现场和实验修正力学数学模型，并在此基础上，研究铁磁性材料的早期损伤、疲劳损伤和典型缺陷的磁记忆信号特征，确定金属磁记忆检测技术的使用准则和适用范围，开发磁记忆检测仪器，实现铁磁性构件的早期损伤和疲劳损伤的快速检测与评价[3]。

5.1　检　测　原　理

5.1.1　磁记忆现象及其解释

在地磁场环境中，铁磁性金属材料在外界环境因素(如载荷、温度、机械加工或碰撞等)作用下，在局部区域产生不可逆的残余磁性现象，该现象表现为在该外界环境因素去除后，铁磁性材料表面的局部磁场变化仍然保留。进一步，零件、制品和焊接接头磁化强度沿着工作载荷造成的主应力作用方向的不可逆转化以及它们在地磁场中制造和冷却后的残余磁化强度被俄罗斯学者定义为金属的磁记忆。

磁记忆的原理可简单表述为：由铁磁材料制造的金属构件和设备，在地磁场环境中，在载荷作用下发生"自磁化"现象[4]。图 5.1 给出了导致残余磁感应强度增大的磁弹性效应的作用机理。其中，ΔB_r 为残余磁感应强度的变化；σ 为周期性载荷的变化。

杜波夫认为，在结构的某个部位上施加周期性载荷，且有外部磁场(如地球磁场)，该部位就会出现残余磁感应强度和残余磁化强度的增长。这种"自磁化"现象广泛存在。当设备和结构"自磁化"时，可以显现出不同的磁致伸缩效应，表

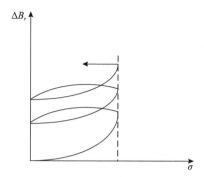

图 5.1   周期性载荷作用下磁弹性效应原理图

现为对于设备金属中实际变形和组织变化的金属磁记忆形式。

金属磁记忆检测技术即是基于这一记忆功能的新型检测技术，通过测定铁磁性构件表面的磁场分布，进行一定的信号分析与处理，可以评价内应力的状态。

金属磁记忆检测技术与其他磁检测技术相比独特的地方在于：金属磁记忆检测技术利用在工作载荷作用下形成的金属稳定位错滑移带区域中所产生的自有磁场。自有磁场和地磁场相互作用，在被检测对象表面的应力集中区生成漏磁场梯度，可以通过磁记忆检测仪器进行测量。

金属磁记忆检测技术通过测量铁磁体的磁场法向分量 H_p 来进行应力集中的检测。杜波夫根据研究提出：铁磁体表面 $H_p=0$ 的线与应力集中最大位置重合，因此检测中根据 $H_p=0$ 的线判断铁磁体应力集中位置。

采用通过应力集中线($H_p=0$ 线)时磁场法向分量 H_p 梯度 K 对应力集中水平进行定量评估。定义 K 如下：

$$K = \frac{\Delta H_p}{\Delta l_k} \tag{5.1}$$

式中，ΔH_p 为两检测点之间磁场的 H_p 差的绝对值；Δl_k 为两检测点之间的距离。

5.1.2   检测实施原理

在不施加人工激励磁场的条件下，采用传感器测量被检件的表面磁场分布，通过获得磁场突变信号来发现被检件上可能存在的应力集中、材料劣化或材料损伤部位。

图 5.2 为金属磁记忆检测原理示意图。通过传感器扫查被检件表面磁场来获取磁场分量(常用法向分量，也可为多维分量)的变化，经过适当的数据处理和分析，来发现被检件上存在的损伤或应力集中区域。

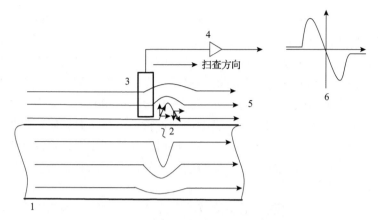

图 5.2　金属磁记忆检测原理示意图

1-被检件；2-损伤或应力集中区域；3-传感器；4-放大器；
5-表面磁场分布；6-表面磁场法线分量输出的磁记忆信号

5.2　研究进展与现状

金属磁记忆检测技术的提出者 Dubov[4,5]多次在国际会议上介绍金属磁记忆检测技术在俄罗斯压力容器和蒸汽管道上的应用经验和成果，并推广其名下的"动力诊断"公司开发的金属磁记忆检测设备。随后这一技术在原独联体和东欧地区得到迅速推广和应用，在 Dubov 团队的努力下，国际标准化组织颁布了金属磁记忆检测标准。国际焊接学会(International Institute of Welding，IIW)第 V 委员会在"应力与变形检测"课题中提出一项任务专门考察磁记忆检测技术的有效性并与其他技术比较，目前该委员会已经发出 20 余项肯定金属磁记忆检测技术作用的文件。

作为金属磁记忆检测方法的最早提出者，俄罗斯杜波夫等[6-9]在推广该检测技术方面做出了最大的努力，在其应用、标准等方面做了大量的工作。目前与磁记忆检测技术有关的主要国际标准[10-12]基本都与杜波夫团队的工作有关。从 1991 年到 1998 年,俄罗斯注重金属磁记忆测试的工程应用,制定了一系列指导性文件；1991 年，指出蒸汽管道中高应力集中区是失效的根源，描述了一种可以早期诊断管道中处于高应力集中区的磁检测法；1995～1996 年，指出金属磁记忆的变化反映应力集中区的应力应变改变，并给出零件、螺栓、锅炉管、管焊缝检测的具体操作方法，用探头垂直于被测表面扫描，以 $H_p=0$ 线确定应力集中区，应力集中最大值用 $K = \Delta H_p / \Delta l_k$ 确定；1997 年，简明阐述了磁记忆的基本原理，给出受热面管子的测试方法和结果及残余应力和工作载荷作用的腐蚀伤痕的测试结果；1999 年，给出管件上各类应力集中线，计算出一系列受力情况的摩尔应力圆分布，这些受力情况包括固定内压力、固定拉伸载荷、固定压缩载荷、扭转力矩、弯曲力矩、横向力矩、压缩和弯曲、纵向载荷和弯曲力矩，并通过实验验证了最小主应力线与磁场法向分量符号改变 $H_p=0$ 线的分布相似；2002 年，明确指出磁记忆是在地球弱磁场下，由于工作载荷在应力集中区引发的位错滑移而产生的自发磁化场(spontaneous magnetization field，SMF)，其受三个因素影响，即应力区域的累积、磁力和磁弹性效应的影响、外加磁场的影响；2002 年，杜波夫[6]再一次说明了金属磁记忆检测技术和相应仪表的原则性特征，指出金属磁记忆检测技术的独到之处在于，其是利用工作载荷作用下形成的位错稳定滑移带区域中出现的自由漏磁场，并出版了关于金属磁记忆检测技术的研究论文集来阐述其特征、原理及一些工程应用[7-9]。

此外，Wang 等[13]对磁记忆检测技术在焊缝、裂纹检测等的应用都进行了研究，并通过和其他检测技术的对比研究其检测能力。波兰 Roskosz 等[14,15]研究了金属磁记忆检测技术对材料的应用，并将应用范围扩大到不锈钢的焊接检测领域；加拿大 Pearson 等[16]研究了应力作用下纯铁的磁记忆特征。由于杜波夫的金属磁记忆检测技术的理论没有足够的物理理论支撑和严格的数学推导过程，只是基于实验规律和实验现象的总结归纳，金属磁记忆检测技术的概念始终未得到西方学术界和工业界的认可，对这一技术的研究也甚少涉及，但总体来说，金属磁记忆检测技术的研究还处于验证和应用尝试阶段。

金属磁记忆检测技术于 1999 年 10 月由杜波夫教授引入我国，由于其能评价应力集中且无须磁化的特点引起了国内无损检测同行的极大关注，并在众多领域开展了广泛的研究和讨论。清华大学、南昌航空大学、北京航空航天大学、北京理工大学、人民解放军陆军装甲兵学院等高校开展了金属磁记忆检测的理论和实验研究，中国特种设备检测研究院、华北电力科学研究院、广东电网有限责任公司电力科学研究院、中国铁道科学研究院等研究院所开展了金属磁记忆检测的应用研究，爱德森(厦门)电子有限公司等多个单位开发出了金属磁记忆检测设备，应用行业包括石油化工、电力、航空航天、铁路、军事装备、冶金等。

金属磁记忆检测技术的研究是国内无损检测学术界最热门的研究内容之一，每年都有数十篇学术论文发表，在金属磁记忆检测技术的理论研究和应用研究上都取得了较大的进展：2000 年，任吉林等[17]撰写了介绍金属磁记忆检测的中文专著；同年，林俊明等[18]开始了国产金属磁记忆检测设备的研发；2001 年，仲维畅[19]提出了铁磁性材料的自发磁化过程可通过该材料的磁化曲线和退磁曲线来估计的观点，开始了对机理层面的研究和讨论；2002 年，李路明等[20,21]在研究地磁场下应力集中导致的磁场畸变时，注意到地磁场在磁场畸变形成中的作用，开始了地磁场和环境磁场影响规律的研究[22]；任吉林等[23]、黎连修[24]分别基于磁弹性效应的逆效应这一观点对磁场畸变的机理进行阐述；周俊华等[25]提出了地磁场下受应力作用的铁磁杆件的有效场表达式；耿荣生等[26]在航空器检测方面展开了应用研究；沈功田等[27]研究了这一检测技术在特种设备检测领域的应用，并率先发现了表面裂纹磁记忆信号随载荷的变化规律；刘红文等[28]从电力系统检测应用的角度对这一检测技术进行了尝试；董丽虹等[29]、张卫民等[30]、梁志芳等[31]、徐敏强等[32]研究团队都对金属磁记忆检测技术的应用和机理进行了研究，发表了大量的研究成果。

随着应用的推广和研究的深入，现有的金属磁记忆检测理论和评价准则难以对所有磁记忆信号给出合理的解释，尤其是部分磁记忆信号与现有理论和评价结果相悖，引起了部分工程技术人员的困惑；此外，由于对金属磁记忆检测技术的认识不一致，部分工程人员过分夸大其适用范围和作用，进一步加深了工程技术人员对金属磁记忆检测技术的怀疑，甚至导致该技术在部分行业难以推广使用。因此，金属磁记忆检测技术在我国的应用出现了停步不前的现象。

目前国内外金属磁记忆检测技术的研究大部分都集中在各种新领域的应用研究上，其使用的检测原理主要还是基于杜波夫提出的检测理论，杜波夫提出的评价判据等近十年基本没有改进和发展。理论上的不足已成为金属磁记忆检测技术进一步发展的瓶颈。因此，深入了解金属磁记忆现象的产生规律和影响因素，系统研究金属磁记忆检测技术的适用对象、适用范围、评价参数、评价准则，并建立金属磁记忆检测标准，对于更加合理、有效地使用这项新的应力损伤检测技术，充分发挥该技术的优越性，具有十分重要的意义。

5.3　金属磁记忆信号产生的规律研究

金属磁记忆检测是基于铁磁性材料受应力作用引起的磁场畸变现象，无论是杜波夫的磁弹性效应原理[4]还是 Jiles 等提出的接近原理[33]，畸变磁场与材料所在的环境磁场、初始磁场、材料磁参数、应力及其形式相关；在实际工况下，被检对象的材质、环境及载荷形式多样，这两种原理的解释均存在一定的局限性：磁弹性效应强调在地磁环境下周期载荷的作用，接近原理强调在弱磁环境下小应力的作用。鉴于磁记忆信号的量值较小，且为了避免磁污染，不能进行励磁放大，而且铁磁性材料的磁化又易受到环境的影响，为了便于磁记忆信号的识别，本节重点介绍磁记忆信号产生和采集过程中的影响因素、在不同拉伸阶段和疲劳阶段的特征、在加载过程中的变化规律，以及典型损伤的磁记忆信号特征。

5.3.1　磁记忆信号的影响因素

材料的缺陷即材料内充当节点的杂质或者不均匀微应变，是存在磁滞的根本原因之一。节点可以使磁畴或者磁畴壁保持在原有位置。应力的施加则能导致这些节点的解散，因此促使磁畴壁运动，从而导致材料的磁化强度接近该外场下的非磁滞磁化强度，不同的外场对应不同的非磁滞磁化强度。也就是说，应力的施加导致材料磁化强度的变化，从而导致应力集中区域的磁场畸变，该磁场畸变与环境磁场有关。

1. 环境磁场在磁记忆信号形成过程中的作用

现有的磁记忆研究主要集中在磁记忆检测技术的应用研究上，对于地磁场作用的认识还没有脱离杜波夫的认识，在实际检测中只是将其差分消除。由于地磁场作为一个环境磁场普遍存在于磁记忆检测技术过程中，地磁场在磁记忆检测技术中的作用机制涉及磁记忆检测技术的实施甚至技术本身的可靠性问题。此外，由于工况的原因，环境磁场不仅仅是地磁场的作用，还有其他周边磁源的作用。

1) 地磁场的作用

地磁场是磁记忆信号产生的重要条件，但在实际应用中，被检对象、载荷方向和磁记忆信号的提取扫查方向会存在一定的角度，甚至会出现方向相反的情况，因此，传统地认为地磁场的单一方向作用并不合理。地磁场可以分解为一个三轴正交的分量，即工件内载荷方向的分量和与载荷方向垂直的平面的两个正交分量，忽略地磁场本身的扰动，对于垂直于测量方向且垂直于载荷方向的磁场分量，在磁记忆信号形成过程是固定的，可通过差分方式消除；对于载荷所在平面的正交分量，由于工件与地磁场的夹角原因，与载荷方向的夹角存在一定的变化，这是现场应用中最为常见的现象。因此，可以通过模拟应力方向的磁场变化评价地磁场方向与磁记忆信号的关系。

实验设定利用三维亥姆霍兹线圈产生垂直方向固定、水平面不断旋转的环境磁场，中心带孔平板拉伸试件承受拉伸载荷为1000N，测量试件表面磁场分布的变化，测量提离为2mm，模拟地磁场环境中地磁场方向变化对磁记忆信号的影响。图5.3为地磁场不同角度作用下试件表面磁场分布曲线。试件中间部位为应力集中区域，图5.3中的曲线也能清晰地标识出该区域存在明显的磁场畸变和畸变幅度的变化。分析畸变幅度变化的大小可得出旋转磁场对应力致磁畸变的磁记忆检测信号的影响规律，如图5.4和图5.5所示。

分析实验结果发现，试件表面磁场分布的畸变值大小的变化与拉伸方向上磁场的变化十分接近，近似于线性的正相关关系，垂直于拉伸方向上的磁场变化的影响可忽略不计。磁场方向变化的影响实际上最大的作用是改变了拉伸方向上的磁场强度，从而影响应力集中引起的磁场畸变的大小。实际工况中，应力并不是单一方向，地磁场下的应力集中必然会导致磁场畸变，即磁记忆信号的存在是必然的，但使用幅值的大小判断应力集中的程度时还需考虑地磁场方向的影响，因此可以对怀疑应力集中区域采取不同的扫查方向进行多次扫查后综合评判。

2) 磁记忆信号产生后加载应力以及应力产生后加载磁场的影响

地磁场下形成的磁记忆信号受到地磁场本身的影响，从广义上地磁场对被检

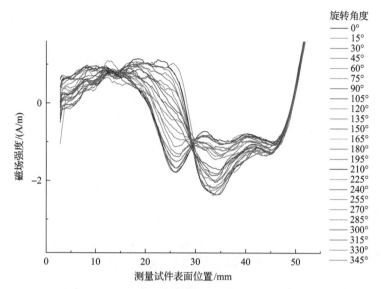

图 5.3　地磁场不同角度作用下试件表面磁场分布曲线

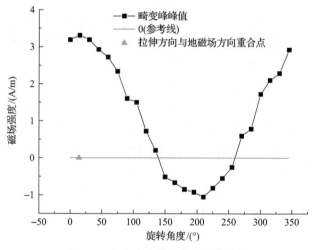

图 5.4　中央畸变部位的峰峰值曲线

部件而言是一个环境磁场。J-A 模型也证实了较小外加磁场对小应力的应力磁化场的单向放大作用，但在实际工况下，环境磁场并不是单一的地磁场，如何评价较大环境磁场在磁记忆信号形成过程中的作用是采用磁记忆评价应力集中区域的一个重要因素。

本节还设计了三维磁场空间实验研究各种环境磁场在磁记忆信号形成过程中的作用机制。实验中首先使用退磁器对中心带孔试件进行退磁，使用亥姆霍兹线圈分别产生 0Gs、1Gs、2Gs、4Gs、16Gs 的环境磁场，并在此环境磁场下拉伸试

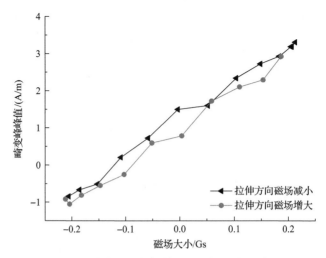

图 5.5　畸变幅度与拉伸方向磁场大小的关系

样测量相应的磁场分布数据，研究不同的环境磁场在磁记忆场的形成过程中起到的作用。

在不同环境磁场作用下，拉应力以 200N 步进由 0N 加载至 2000N，获取的试件表面磁场分布曲线如图 5.6 所示，应力加载导致的最大磁场畸变随着环境磁场的增大而变大，环境磁场对磁记忆信号有放大作用。对各环境磁场下的最大磁场畸变以及产生该最大磁场畸变时的应力值进行统计，见表 5.1。

由于实验前的退磁处理，试件的剩余磁化强度大大降低。随着环境磁场变化，材料的剩余磁化强度和材料的非磁滞磁化强度之间的关系影响材料磁场强度的变化趋势。根据接近原理，在弹性范围内材料磁感应强度的变化与初始磁感应强度和非磁滞磁感应强度之间的位移成比例。材料的剩余磁化强度低于材料在该应力及环境磁场下的非磁滞磁化强度，因此应力集中区域磁化强度增加以接近非磁滞磁化强度，从而导致该区域对应材料表面磁力线的致密；材料的剩余磁化强度高

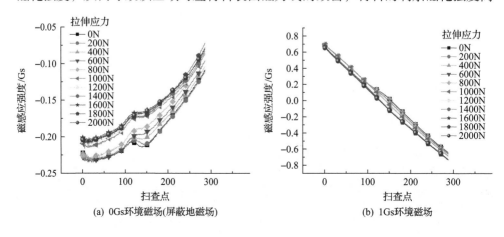

(a) 0Gs环境磁场(屏蔽地磁场)　　　　　　　　　　(b) 1Gs环境磁场

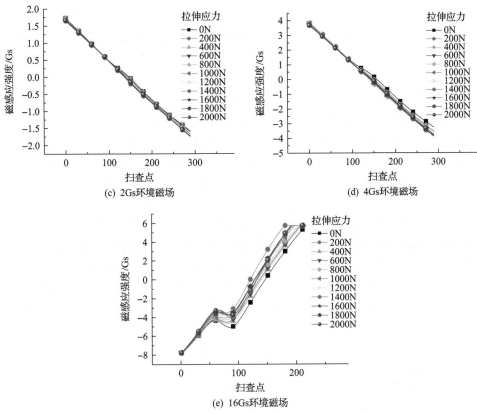

图 5.6　沿试样拉伸方向不同环境磁场下随拉应力由 0N 至 2kN 被测试件表面磁场分布

表 5.1　不同环境磁场下应力加载导致的最大磁场畸变以及产生该最大磁场畸变的拉应力值

环境磁场/Gs	0	1	2	4	16
最大磁场畸变/Gs	0.020	0.087	0.175	0.770	1.456
拉应力/N	2000	1400	1400	1000	1000

于材料的非磁滞磁化强度，因此应力集中区域磁化强度的增加导致该区域对应材料表面磁力线的稀疏。环境磁场和应力同时影响材料的非磁滞磁化曲线，导致随着环境磁场增大，材料受力部位磁化强度变化增大，从而引起其表面磁场畸变也相应变大。从图 5.6 环境磁场和应力导致的磁场畸变的对应关系可以看到，环境磁场的应力增大导致的磁场畸变也在变大。

这样就提供一种广义的磁记忆检测技术：当应力形成时或形成前赋予材料一个较大的环境磁场，这样应力导致的磁记忆磁场也较大，该磁记忆磁场在从形成到检测的一系列过程中不会轻易被一般的干扰场如地磁场等影响，提高了检测的可靠性。

最大磁场畸变值并不是一定产生在应力最大处，这是由于应力导致的材料磁场强度变化是非线性的。考虑到材料设计的特殊性，随着拉应力的增加，材料的应力分布按比例增加，应力导致的材料磁特性的变化体现在环境磁场分布上主要为磁场局部畸变和磁场分布整体偏移。

3）不同环境磁场在磁记忆信号提取过程中的作用

实际工况中，形成磁记忆信号后，由于其他检测技术的实施（如磁粉检测、漏磁检测等）或其他磁场源的存在（如焊接、电加热等），存在一个与磁记忆信号形成时不同的环境磁场。本节设计在零场下拉伸试件到一定应力之后逐步改变环境磁场测量相应的磁场分布实验，研究环境磁场在磁记忆信号的提取过程中起到的作用。

图 5.7 为各试件在零场下加载至 8Gs、12Gs、16Gs、20Gs 时不同应力状态下试样表面磁场分布曲线的比较。实验结果表明，环境磁场对同一试样相同应力状态下的测量结果有较大的影响。随着环境磁场的增大，表面磁场畸变的幅度增大，并且其增大并非按比例增大，环境磁场对磁畸变具有放大作用。而且这个放大作用是非线性的，可以看出环境磁场由 16Gs 增至 20Gs 时的磁畸变比前几个阶段

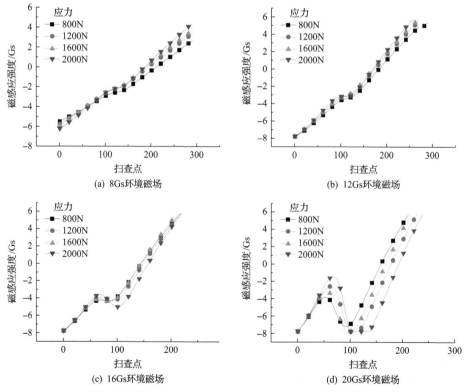

(a) 8Gs环境磁场　　　　　　　　　　　(b) 12Gs环境磁场

(c) 16Gs环境磁场　　　　　　　　　　　(d) 20Gs环境磁场

图 5.7　各试样在零场下加载应力后变化环境磁场到不同幅度时表面磁场分布

都要剧烈。环境磁场由 12Gs 增至 16Gs，磁畸变场从 0.5Gs 增加到 1.2Gs，约增长了两倍。而环境磁场为 20Gs 时，磁畸变场约为 6Gs，是环境磁场为 16Gs 时的 5 倍。这证明了环境磁场在磁畸变场检测过程中放大形状因素的同时也放大了应力导致的磁场畸变因素。这一发现提供了一种新的检测思路，即在检测时施加一定的外场可能会将磁畸变场放大到一个较大的比例，得到一个更好的检测效果。

2. 应力加载形式在磁记忆信号形成过程中的作用

磁记忆信号形成过程中是先存在环境磁场后产生应力(磁场-应力)，而检测过程是先存在应力集中再施加环境磁场(应力-磁场)。为了验证上述两个过程中环境磁场的作用是否有区别，观察环境磁场为 16Gs 下加载应力至 2000N 以及应力为 2000N 下加载环境磁场至 16Gs 后的磁场分布，见图 5.8。从图中可以看出，应力和磁场不同的加载顺序导致最后材料表面的磁场分布也有所区别。存在 16Gs 磁场的情况下加载应力至 2000N 导致的磁场畸变明显大于先存在应力后加载环境磁场至 16Gs 产生的磁场畸变。从磁畴角度看，应力加载过程是解散部分节点的过程，此过程降低了磁畴壁运动所需的能量并促使部分磁畴壁开始运动。磁畴的状态以及应力能够解散的节点数目受应力产生时的环境磁场影响较大，可以说是磁场和应力对磁畴的作用耦合在一起导致材料表面磁场畸变。从作用角度看，应力的加载是促使材料磁化强度向非磁滞磁化强度接近，这种接近作用与材料环境磁场大小有很大关系。而应力加载完成后再施加磁场，外加磁场的作用是对铁磁材料进行技术磁化，其作用机制与先加磁场后加应力不同。

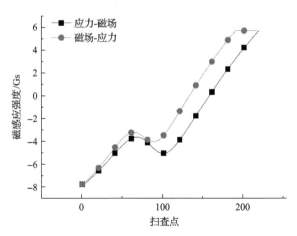

图 5.8　磁场和应力不同加载顺序的影响

3. 不同材料的磁记忆信号特征

工业用铁磁性材料种类多样，典型的如Q235、Q345、45#钢、A3 钢和纯铁等，

　　这些牌号的钢材由于组织、成分、力学性能各不相同，在实际实验中，不同材料的磁记忆信号特征差异较大。应力集中区域的磁场畸变都是存在的，但由于各自材料成分的不同，其畸变幅度存在较大的变化。材料含碳量越少则杂质缺陷越少，越接近非磁滞状态，按照接近原理应力作用导致材料趋向非磁滞状态，则含碳量越小接近趋势就越不明显。从磁滞回线角度理解，磁滞回线面积越大的材料磁化强度与非磁滞磁化强度之间的距离也越远，磁记忆效应越明显，含碳量增加导致剩磁增加则磁滞回线面积增大，磁记忆效应自然比较明显。Habermehl 等对含碳量和热处理工艺对材料磁特性的影响做了深入的研究，结果表明，在同样的热处理条件下，磁滞损失、矫顽力和剩余磁化强度随含碳量的增加而增加。

　　图 5.9 所示为 45#钢、A3 钢和纯铁三种材料不同含碳量的磁记忆信号，含碳量的增加会导致钢材料磁性对应力敏感程度增加，材料含碳量越低，磁记忆效应就越不明显，其他条件相同的情况下材料产生的磁场畸变幅度越小。图 5.10 所示为 16MnDR 和 Q235 两种材料加载时应力集中引起的磁场畸变信号，说明磁记忆检测技术也有其自身的材料选择性，应用磁记忆检测技术对不同材料进行检测时要注意材料本身的影响。

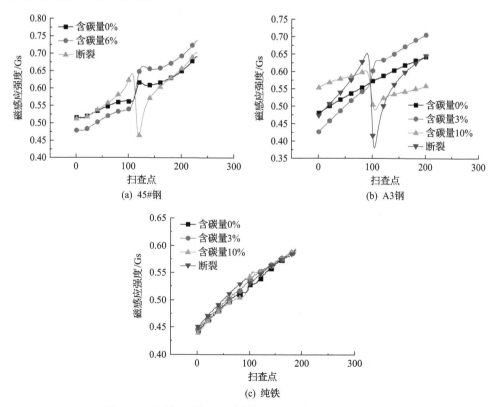

图 5.9　地磁场环境下三种材料不同含碳量的磁记忆信号

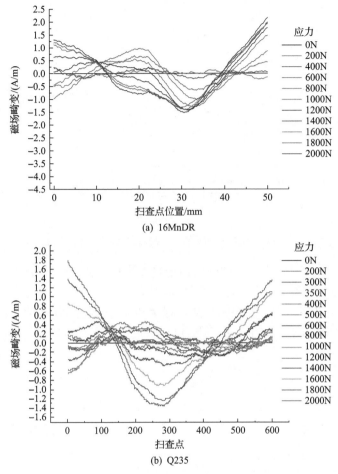

(a) 16MnDR

(b) Q235

图 5.10　两种材料加载时应力集中引起的磁场畸变信号

4. 剩余磁化强度的作用

材料的剩余磁场也是磁记忆检测技术的一个重要参数。根据接近原理,应力集中作用导致试件磁化强度接近材料的非磁滞磁化强度,磁化强度的变化与剩余磁化强度和非磁滞磁化强度之间的距离存在比例关系。剩余磁化强度离非磁滞磁化强度越远,则材料磁场磁化强度变化越大,磁场畸变越明显。实验结果也表明零磁下的磁场畸变远小于地磁场下的磁场畸变,其中一个原因就是剩磁较小。

在前期实验中,发现磁记忆信号随应力的增加会出现反转现象。依据接近原理的计算,应力的等效磁场和应力的磁化强度变化均存在高应力区域的磁化强度下降,且反转的应力值随剩余磁化强度的增大而减小,如图 5.11 所示(其中 M_0 表示初始磁化强度)。

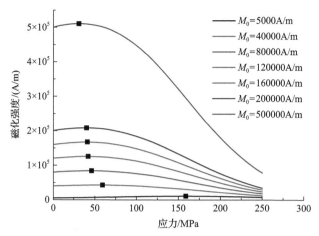

图 5.11　不同剩磁场条件下磁化强度随应力的变化

　　弱磁环境场下应力集中区域的表面垂直磁场在过零点处对称分布，随着应力的增大，磁场强度逐步增大，且峰峰值也增加，但当应力超过一定的临界值后（如图 5.12 中的名义应力为 140MPa），磁场强度和峰峰值将随应力的增加而减小。当环境磁场增大到 468A/m 时，名义应力为 80MPa，等效磁场发生反转现象，反转

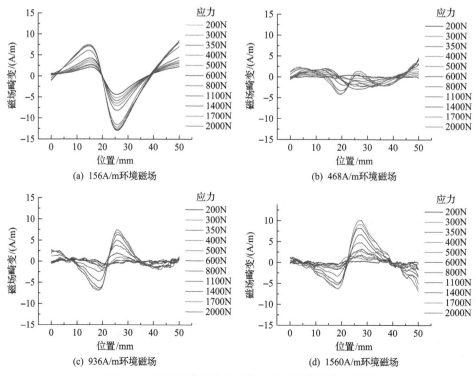

图 5.12　不同磁化场下应力集中区域的表面垂直磁场

后的等效磁场仍然以过零点为对称点，并随着应力的增大反向增长。当环境磁场进一步增大时，等效磁场发生反转时的名义应力进一步下降，当环境磁场为 936A/m 时，反转名义应力为 60MPa，当环境磁场为 1248A/m 时，反转名义应力下降为 50MPa，当环境磁场为 1560A/m 时，反转名义应力降至 30MPa。研究结果表明，在强环境磁场作用下，应力集中区域的等效磁场反转应力较低，且反转后随应力值的增大而增长。

5. 磁记忆信号影响因素分析

磁记忆信号是评判应力集中状态的主要依据，但磁记忆信号的产生、提取和分析都有诸多影响因素。

地磁场方向与应力方向的夹角变化改变了应力磁化强度，进而改变应力集中区域的磁记忆信号的幅值大小，但并不能改变信号的曲线走向和变化梯度，因此，对于地磁场方向的改变已知，可对疑似应力集中区域进行多方向扫查以发现最大磁记忆信号，确定应力集中程度最大位置和主应力的方向；在较大部件的整体扫查过程中，则应结合扫查时的地磁场与被检测对象的夹角改变进行修正。

环境磁场对磁记忆信号的影响分为两种方式：一种是磁记忆信号形成过程中或者形成之前存在；另一种是磁记忆信号形成后出现的。对于第一种情况，在应力较小的时候可以放大应力磁化强度，但同时降低了应力磁化强度的反转应力临界点，对于应力集中区域而言，环境磁场的增大伴随着磁场畸变区域变大，畸变区域的变化更趋明显，有利于减少外界磁场源的干扰；对于第二种情况，磁记忆信号的变化与增加环境磁场的方向有关，同向增加，反向减少。

不同的材料具有不同的磁特性，其磁滞回线也各不相同，工程应用中，可以重点关注不同的含碳量去判断磁记忆检测技术是否适用。

材料的剩余磁化强度是决定磁记忆信号的强度和变化梯度的一个重要参数，剩余磁化强度不会影响应力集中区域的确定、应力集中程度的判别，但会影响对最大应力的量化预估。

5.3.2　拉应力的磁记忆信号特征

拉应力破坏是金属构件失效的重要因素。如何确定常用铁磁性材料在拉伸过程中的磁记忆信号变化特征，对该类构件的安全具有重要意义。本节重点介绍常见 Q235 母材和焊缝拉伸的弹性阶段、屈服阶段、强化阶段、颈缩阶段的磁记忆信号特征，并通过微观金相的比对进行验证。

所有试件的制备按照国标进行，且经过退火处理，每个试件表面沿三条轴向平行线测量，并进行了数学统计。

Q235 母材的磁记忆信号见图 5.13。

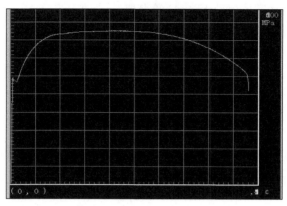

(a) 试件拉伸曲线(磁记忆检测点)

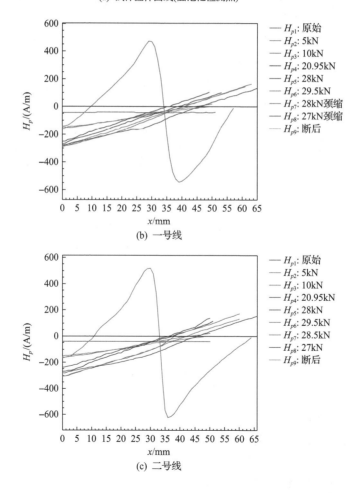

(b) 一号线

(c) 二号线

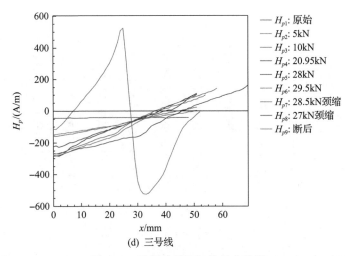

(d) 三号线

图 5.13　试样的磁记忆信号曲线图

为了更精确地分析磁记忆的规律特征，将不同阶段的整条 H_p 曲线进行线性拟合，求其斜率进行比较。并将每个测试面内的三条扫描线数据求其平均值、方差及标准差，用以统计误差规律。表 5.2 为不同状态下的试样 H_p 斜率统计表，斜率变化如图 5.14 所示。

表 5.2　试样 H_p 斜率平均值统计

拉伸所处阶段		载荷 /kN	H_p 曲线斜率			平均值	方差	标准差
			一号线	二号线	三号线			
弹性	弹性中期	10.0	3.346	3.232	3.142	3.240	0.010	0.100
	弹性极限	20.0	3.740	3.883	3.791	3.805	0.006	0.077
屈服	屈服	21.0	7.204	7.541	7.625	7.457	0.025	0.157
强化	强化开始	28.0	7.000	7.221	6.278	6.833	0.243	0.495
	强化后期	29.5	7.198	7.579	7.582	7.453	0.049	0.220
颈缩拐点前段斜率 /后段斜率	颈缩开始	28.5	7.531	6.637 /7.562	6.171/ 6.492			
	颈缩后期	27	4.883 /7.185	4.184 /7.734	4.42 /7.761	4.496 /7.560	0.126 /0.100	0.354 /0.316

实验数据显示，在拉伸过程中，随着变形的增加，在扫描过程中，磁场强度 H_p 信号基本为一条直线，其斜率基本相当，只是到了颈缩前，才出现斜率的明显变化。从统计规律看，磁场强度 H_p 平均值的斜率变化趋势基本相同，屈服与颈缩时斜率均有较明显的变化。

金属材料随应力应变变化的各个阶段磁场 H_p 呈现均匀分布。未加载的材料

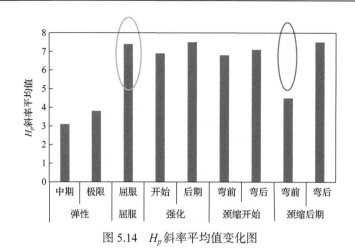

图 5.14　H_p 斜率平均值变化图

(经过退火处理)内部没有磁场分布。经过加载后，金属内部呈现出均匀的磁场分布。颈缩阶段可见明显的磁记忆信号曲线变化，进一步证明了金属不均匀的变形造成磁场强度分布的不均匀。

5.3.3　疲劳损伤的磁记忆信号特征

　　疲劳断裂是工程结构服役过程中一种常见的失效形式。金属磁记忆检测技术作为无损检测领域的一门新兴学科，可通过检测工程结构表面的磁场分布情况对其应力集中位置进行诊断，从而实现对构件的早期缺陷诊断。本节在机理研究和拉伸实验研究的基础上，研究了试样在不同阶段对应的磁记忆信号变化，并对试样进行了显微结构定量分析对比，从宏观微观两个层面找到微观损伤与磁记忆的关系，验证了磁记忆检测技术在疲劳损伤检测中的可行性。

　　实验采用高周疲劳，当疲劳循环至一定周次时记录试样磁记忆信号，以获取不同疲劳寿命阶段的磁记忆信号，见图 5.15。

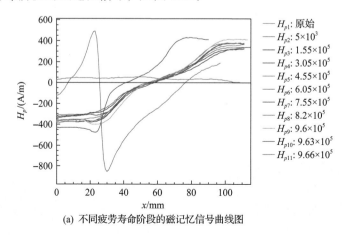

(a) 不同疲劳寿命阶段的磁记忆信号曲线图

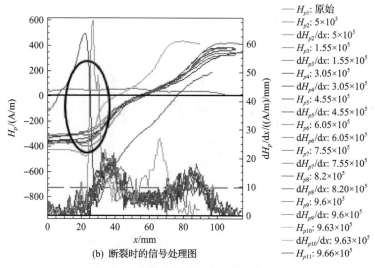

图 5.15　疲劳试样的磁记忆信号曲线图

退火后的试样无磁场，经地磁场的补偿为一条水平线，一旦试件刚刚承受疲劳交变载荷，试件表面的磁场强度值便发生了改变。随着疲劳寿命的增加，磁场强度值变化幅度很小，基本保持不变。但是在出现疲劳裂纹后，在试样最终疲劳断裂位置处，磁场强度值发生变化，且磁场强度梯度 dH_p/dx 有较大变化。在裂纹扩展生长之后，即试样发生疲劳断裂之前，断裂部位的磁记忆信号曲线明显下凹，而其他部位磁记忆曲线并未出现此现象。

针对断裂位置处磁场强度梯度 dH_p/dx 的变化，不同循环周次下 dH_p/dx 的值见图 5.16。由图可知试样四条测量线的断裂位置处磁场强度梯度 dH_p/dx 的变化规律。在疲劳循环至 $9.6×10^5$ 周次时，水平测量时试样 A 面二号线磁场强度梯度 dH_p/dx 出现较明显升高，超过 $15(A/m)/mm$（垂直测量时此现象并不明显）；继续疲劳循环至 $9.63×10^5$ 周次时，dH_p/dx 出现突变，达到 $36\sim80(A/m)/mm$，

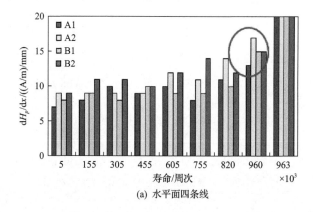

(a) 水平面四条线

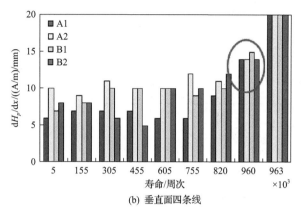

(b) 垂直面四条线

图 5.16 磁场强度梯度 $\mathrm{d}H_p / \mathrm{d}x$ 变化

当疲劳至 9.66×10^5 周次时试样断裂。由图 5.16 可推知，疲劳寿命为 9.6×10^5 周次，是试样产生高的应力集中及早期缺陷的时刻。

经对所有试样断裂处磁场强度梯度值变化规律统计得出，试样疲劳微裂纹产生于断前测量线上磁场强度梯度值 $\mathrm{d}H_p / \mathrm{d}x$ 发生突变的位置。$\mathrm{d}H_p / \mathrm{d}x$ 突变的具体数值三种材料略有不同，对于 16MnR 材料，将 $\mathrm{d}H_p / \mathrm{d}x = 15 (A/m)/mm$ 的点认定为发生缺陷的临界点，需对其进行重点监测。

在疲劳过程进行磁记忆检测的同时，进行微观金相观察。断裂位置处及正常部位母材疲劳典型过程的金相组织如图 5.17 所示。

根据疲劳加载周期的磁记忆信号和金相组织分析，可将疲劳分为以下两个明显的阶段。

(1)疲劳至 9.6×10^5 周次、磁场强度梯度 $\mathrm{d}H_p / \mathrm{d}x$ 出现第一次较明显升高(达到 $15 \sim 17 (A/m)/mm$)后，卸载后观察该区域(最终断裂处)的金相组织，从图 5.17(a)看，该处此时的金相组织正常，并未发现裂纹缺陷。

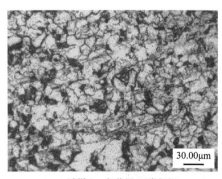

(a-1) 试样上一般位置(正常组织)

(a-2) $\mathrm{d}H_p/\mathrm{d}x$ 出现明显变化处(表面组织)

(a) 疲劳至 9.6×10^5 周次($\mathrm{d}H_p/\mathrm{d}x = 17 (A/m)/mm$)时的金相组织

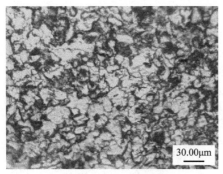 

(b-1) 表面浮凸显现(晶界错动)　　　　　　(b-2) 试样断口附近金相组织

(b) 疲劳至9.63×10⁵周次(dH_p/dx＝60(A/m)/mm)时的金相组织

图 5.17　断裂位置处及正常部位母材疲劳典型过程的金相组织

(2)疲劳至 $9.63×10^5$ 周次、$\mathrm{d}H_p / \mathrm{d}x$ 突变(达到 $36\sim80\,(\mathrm{A/m})/\mathrm{mm}$)后，试样断裂位置处的表面金相组织浮凸显现，晶界宽化错动明显，晶粒间结合强度明显下降。

综合上述宏观磁记忆(包括磁场强度 H_p、梯度 $\mathrm{d}H_p / \mathrm{d}x$)及微观金相的结果分析，在 $\mathrm{d}H_p / \mathrm{d}x$ 出现首次明显升高时，材料金相组织层面上并未发生明显变化；而继续疲劳，短时间内(3000 周次)磁场强度 H_p 发生下凹变形，$\mathrm{d}H_p / \mathrm{d}x$ 产生突变，在微观上则见到大量组织浮凸晶界错动等变化，材料缺陷明显，此时即为断裂前沿(3000 周次后断裂)。以上证明了磁记忆检测可用于缺陷问题的筛查和对材料应力集中及早期缺陷诊断的特殊功效。找出缺陷产生时的临界极限值，在工程上至关重要。

5.3.4　载荷作用下的应力集中区域磁记忆信号变化规律

宏观缺陷是导致结构失效的重要原因之一，尤其是在载荷作用下会发生扩展的缺陷，危害性更大。宏观缺陷的存在导致应力集中区域的存在，如何评价宏观缺陷是否发展及其状态是工程中最为关心的问题。

1. 表面开口裂纹的磁记忆信号随载荷的变化规律及结果评定

某一报废起重机主梁被选择作为裂纹的载体和研究对象。人造裂纹位于结构件的箱型梁腹板上，先在腹板上切割纵缝，焊入铜丝，焊后立刻喷水冷却，产生表面裂纹，再进行加载，以 1t 为步进，逐级加载直至梁屈服，每级测量一次，磁记忆信号的变化如图 5.18 所示。

磁记忆信号在人造裂纹附近存在过零点，而且 H_p 数值急剧变化，所示位置与实际位置基本吻合。在加载过程的开始阶段(1t→5t)，同一载荷下，裂纹两侧边缘处磁记忆信号绝对值相差较大，裂纹中心处磁记忆信号处于二者之间，这与箱型

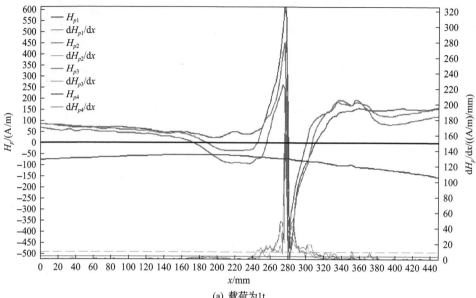

(a) 载荷为1t

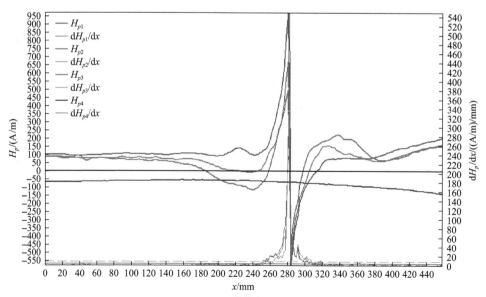

(b) 载荷为5t

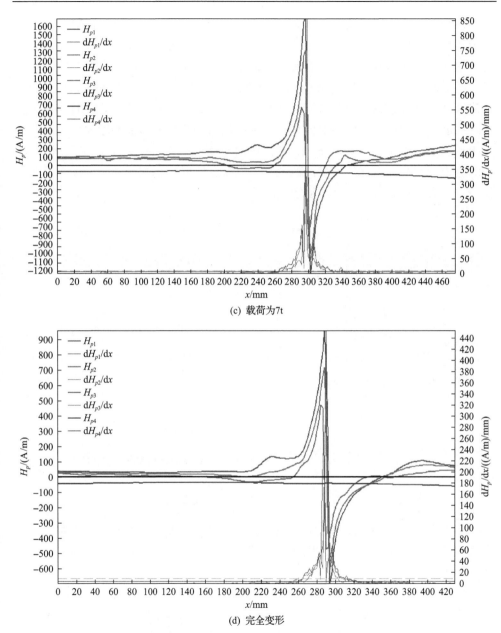

(c) 载荷为7t

(d) 完全变形

图 5.18　在不同载荷下磁记忆信号曲线

梁受载不均有关，箱型梁靠前部位应力大于靠后部位应力。但当载荷超过 6t 后，原磁记忆信号较小侧边缘处信号幅值超过了裂纹中心处漏磁场绝对值，此时裂纹已经贯穿箱型梁的上表面。

从实验结果中可得到，随着载荷的增加，裂纹处的磁记忆曲线出现明显变化，为了获得裂纹活动随载荷的变化规律,将载荷与裂纹处磁记忆的峰峰值进行处理,获得了如图 5.19 所示关系曲线。实验所用开口裂纹,左侧原始裂纹深度最浅,中心处次之,右侧最深。对于左侧裂纹,裂纹尖端由于应力集中的存在,施加载荷后,逐步扩展,载荷为 3t 和 7t 时出现裂纹快速扩展;对于中心处裂纹,在载荷为 3t 和 8t 时,出现裂纹快速扩展;对于右侧裂纹,整个加载过程只在 7t 时出现一次快速扩展。磁记忆信号的绝对值在整个加载过程中随着应力值的增大,尤其是裂纹未扩展前,由于应力值的增大,磁记忆信号逐步增大,一旦裂纹扩展,磁记忆信号会出现减小或者保持不变。因此,可以根据不同时期测量的磁记忆信号来判断裂纹是否在扩展,是否是活动性缺陷。

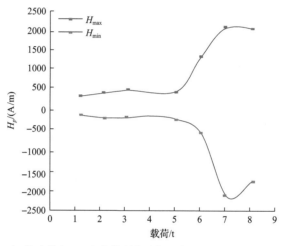

图 5.19　加载过程(1t→8t)中的裂纹处漏磁场强度随载荷变化的关系图

2. 埋藏缺陷的磁记忆信号随载荷的变化规律及结果评定

在已有的文献中,涉及磁记忆检测技术的应用以表面或近表面损伤为主,对于埋藏的活性缺陷能否有效检出并跟踪其扩展过程,是扩大磁记忆检测技术应用的一个重要问题。

研究对象为母材内壁加工了与焊接气瓶瓶身母线平行的尖角槽,采用内部打水压方式进行加载,从尖角槽对应的外壁位置测量加载过程中的磁记忆信号。加载压力从 0MPa 开始,加载步进为 1MPa,获取的磁记忆信号如图 5.20 所示。

加载前,磁记忆信号曲线显得比较松弛而凌乱,上下波动较大;而埋藏性缺陷附近没有突变信号。加载后,随着载荷的逐渐增大,磁记忆信号曲线大致呈现以下规律。

(1)0~5.0MPa 阶段。随着载荷的增大,磁记忆信号曲线整体呈下降且水平化趋势,而埋藏性缺陷附近逐渐出现畸变信号且幅度逐渐增大。

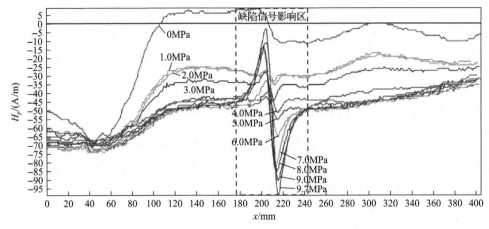

图 5.20　加载过程中磁记忆曲线随载荷的变化规律

（2）5.0～9.7MPa 阶段。随着载荷的增大，缺陷信号影响区以外的磁记忆信号曲线基本趋于稳定，而缺陷信号影响区内的畸变信号幅度逐渐增大。

为了了解缺陷畸变信号随载荷变化的规律，对埋藏性缺陷中点和下端磁记忆信号专门做了畸变区域峰峰值 H_{p-p} 随载荷 σ 变化的曲线和 $\mathrm{d}H_p/\mathrm{d}x$-$\sigma$ 曲线，如图 5.21 所示。

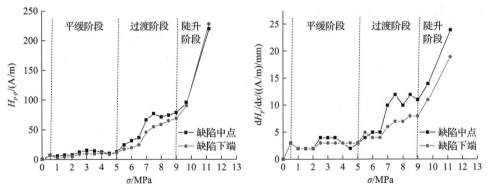

图 5.21　埋藏性缺陷中点、下端的 H_{p-p}-σ 曲线和 $\mathrm{d}H_p/\mathrm{d}x$-$\sigma$ 曲线

由于载荷达到 9.7MPa 时，气瓶尖角槽对应的表面出现了凹陷，无法继续加载，可以认定此时的埋藏缺陷已扩展至气瓶结构失效。这一过程可以通过图 5.21 中的峰峰值和梯度值随载荷的变化曲线分为三个阶段，在气瓶的许用应力范围之内，峰峰值和梯度值的变化较为缓慢，内壁尖角槽的磁记忆信号可以通过外表面扫查获取，此时的尖角槽扩展速度慢，幅度小，磁记忆信号变化小，即为平缓阶段，内壁开口缺陷不易被发现，其扩展状态也难以评价；超过许用应力之后，尖角槽在载荷作用下进一步扩展，一方面尖角槽的尖端（应力集中程度最大处）距离

扫查面更近，另一方面应力集中程度更明显，且存在更大的应力，磁记忆信号的畸变幅度大，且梯度也较大；在越过极限后，尖角槽的扩展已导致气瓶的结构接近失效，此时的磁记忆信号幅值更大，变化更加剧烈。因此，可以通过磁记忆信号的幅值和梯度综合评价埋藏活性缺陷的扩展状态。

5.3.5　典型缺陷磁记忆信号的特征

通过分析和验证比较了现场检测中发现的典型缺陷磁记忆信号及其特征，将典型磁记忆信号按照曲线规律和绝对值进行了分类，主要包括压痕、表面划痕、变形、表面开口裂纹、埋藏缺陷以及未发现宏观缺陷的损伤几种类型。

1. 压痕

压痕是机电类设备轨道上常见的一种变形损伤，设备在长期运行过程中会在轨道上淤积一层土和油污的混合堆积层，常规的检测手段无法有效快速地对该类损伤进行检测，造成该类损伤未能得到及时的关注，最终导致变形或疲劳开裂等结构失效模式。

由于设备静止时，压痕部位为主要承载部位。设备长期运行后，会导致压痕部位局部变形，此时的压痕部位表面磁场由两部分构成：一部分为形貌变化导致的磁场变化，另一部分为变形部位的磁记忆信号。

通过对大量压痕的磁记忆信号进行分析和对比，如图 5.22 所示，发现该类磁记忆信号的特征为：磁记忆信号的畸变区基本与压痕的位置吻合；磁记忆信号畸变是单向变化，不存在交变信号；压痕处磁记忆畸变信号强度值与压痕所受载荷成正比，但为非线性；磁记忆畸变信号的绝对值一般在 200A/m 以下。

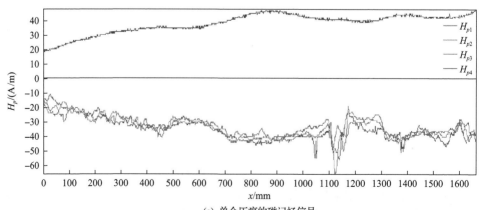

(a) 单个压痕的磁记忆信号

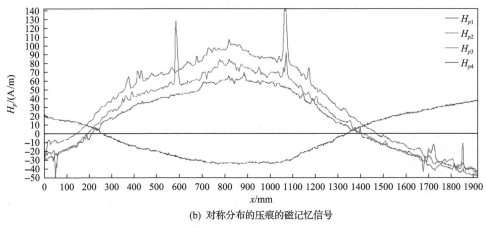

(b) 对称分布的压痕的磁记忆信号

图 5.22　压痕的磁记忆信号

2. 表面划痕

表面划痕是特种设备常见的一种损伤，多出现在轨道的使用过程和整体设备的装配中，一般为非扩展性损伤。但在长期露天使用过程中，雨水等导致的在划痕边缘处出现的腐蚀扩展是值得重点关注的问题。此外，长期运行环境造成在划痕表面会堆积一层污垢，常规表面检测手段无法在不除去污垢的情况下实施有效检测，因此常有漏检现象发生。

此外，为了研究检测的有效性，课题组根据机理研究的结果，对隔着污垢层检测出的怀疑部位进行充磁(8Gs)检测，从而获得了更清晰的结果。图 5.23 为充磁前后的检测图像。

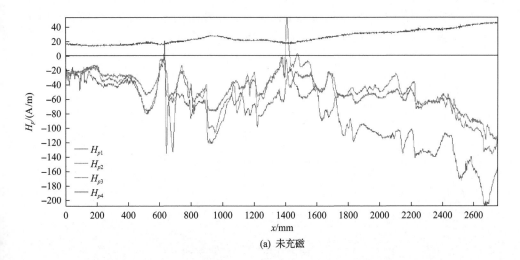

(a) 未充磁

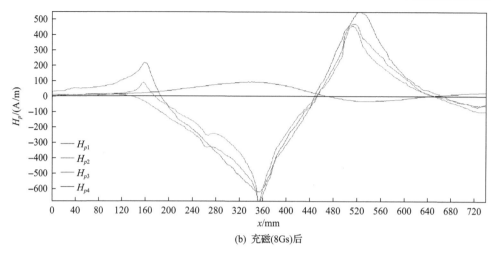

(b) 充磁(8Gs)后

图 5.23　表面划痕的典型磁记忆信号

通过比较充磁前后的检测图像和现场划痕尺寸的测量，如图 5.23 所示，发现该类磁记忆信号的特征为：磁记忆信号的畸变区能够直接反映划痕的部位和区域；磁记忆信号畸变成交变信号特征，且与划痕形貌的变化相一致；充磁后的磁信号可以消除划痕形貌对磁场的影响，且放大了磁场的畸变区域。

3. 变形

变形是锅炉排管和工业管道的一大问题，特别是锅炉排管，由于排管之间用焊接固定，如果有变形，工作过程中由于高温高压和水流的冲击，很容易在变形区域形成应力集中区域，并最终导致爆管。

如图 5.24 所示，变形部位的磁记忆信号比较特殊，其曲线特征与压痕较为相似，但绝对值比较大；可以通过磁记忆信号的曲线走向来判断变形区域，且磁记忆信号的绝对值与变形量有一定的对应关系，但非线性。

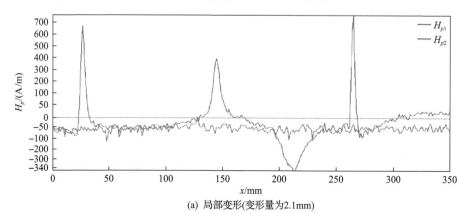

(a) 局部变形(变形量为2.1mm)

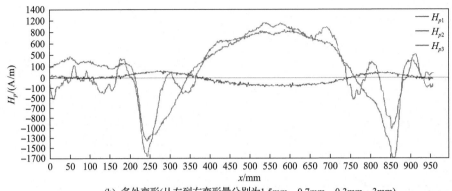

(b) 多处变形(从左到右变形量分别为1.5mm、0.7mm、0.3mm、3mm)

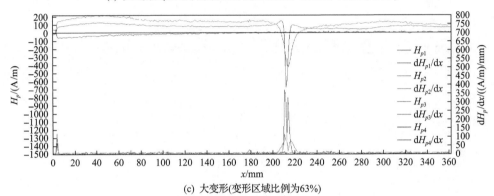

(c) 大变形(变形区域比例为63%)

图 5.24 变形的典型磁记忆信号

磁记忆信号多为非线性变化，为了展示整个数据，同时保留其变化特征，在图中采用了刻度不均匀的表述

4. 表面开口裂纹

表面开口裂纹是特种设备最常见的一类缺陷，其成因也各不相同。

表面开口裂纹处磁场包括两部分：以地磁场和自有磁场为磁化场在裂纹处形成的漏磁场及应力集中导致的磁记忆信号。

表面开口裂纹的典型磁记忆信号可分为两类：一类为静态非受载情况下的磁记忆信号，另一类为受载状态下的磁记忆信号，分别如图 5.25 和图 5.26 所示。其主要区别是受载状态下，应力的存在导致应力磁化现象，此时测量的磁信号被放大。

比较图 5.25 (a) 和 (b) 中数据的计算结果，裂纹边缘处的磁记忆信号畸变 (240A/m)明显大于中心处(140A/m)，裂纹越大磁记忆信号越弱。由实验结果可知，裂纹在扩展以后会释放应力，在裂纹的边缘形成新的应力集中区域，从而导致裂纹继续扩展，这也就是本次检测到磁记忆畸变信号在裂纹的中心区较边缘区小的原因。此外，在裂纹的边缘部分磁记忆信号存在过零点现象。

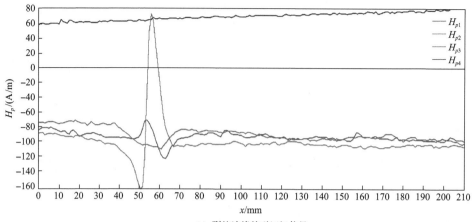

(a) 裂纹边缘的磁记忆信号

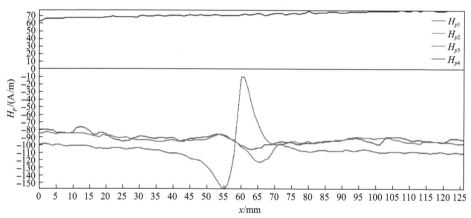

(b) 裂纹中心的磁记忆信号

图 5.25　表面开口裂纹(无载荷)的典型磁记忆信号

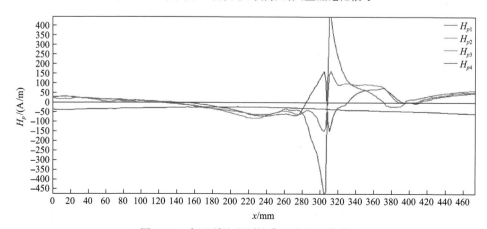

图 5.26　表面裂纹(承载)典型磁记忆信号

5. 埋藏缺陷

埋藏缺陷的种类较多，依据磁记忆信号特征可分为近表面（扫查面）缺陷、独立埋藏缺陷、连续埋藏缺陷、底部开口缺陷，分别如图 5.27～图 5.30 所示。

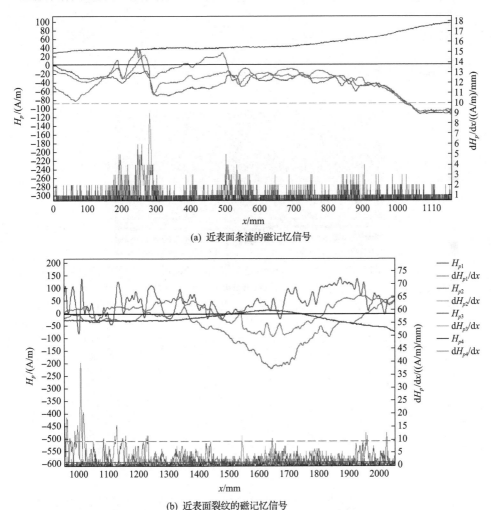

(a) 近表面条渣的磁记忆信号

(b) 近表面裂纹的磁记忆信号

图 5.27 近表面缺陷的典型磁记忆信号

埋藏缺陷的检测面磁场由两部分构成：一部分是以地磁场为磁化场，即缺陷导致结构不连续的漏磁场，另一部分为应力集中导致的磁记忆信号。

对于面状缺陷，由于存在应力集中区域，会沿着应力集中区域的边缘扩展，危险性较大，此时的应力集中导致的磁记忆信号较漏磁场（小于地磁场）大；对于体积型缺陷，应力集中值较小，磁记忆信号与漏磁场（小于地磁场）相差不大。因

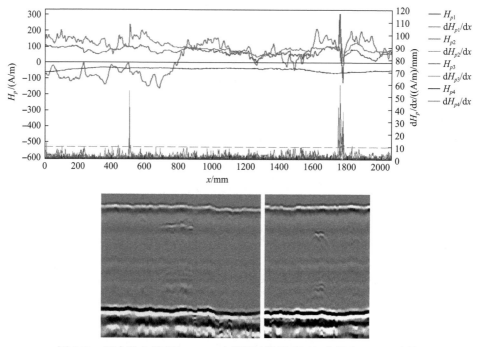

图 5.28　两个独立（相距 1260mm）埋藏缺陷的磁记忆信号和 TOFD 成像

TOFD（time of flight diffraction）指衍射时差法

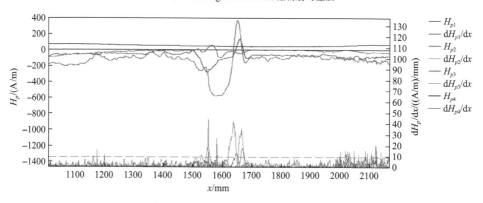

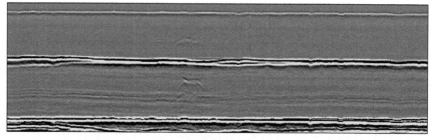

图 5.29　两个连续（相距 39mm）埋藏缺陷的磁记忆信号和 TOFD 成像

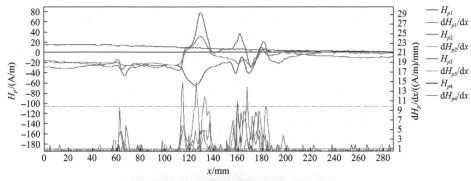

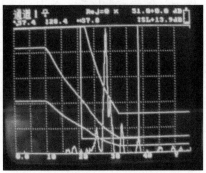

(a) 底部开口缺陷1(深度28.4mm)

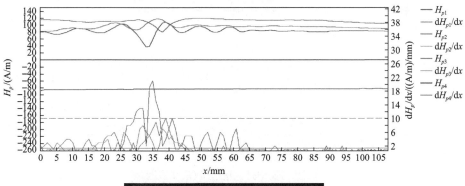

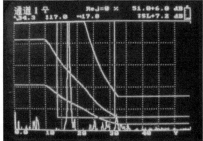

(b) 底部开口缺陷2(深度17mm)

图 5.30　底部开口缺陷的典型磁记忆信号和超声检测信号

此，可以依据表征磁场的绝对值来判断埋藏缺陷是否为危险性缺陷。

对于埋藏缺陷，由于成因复杂，磁记忆信号的曲线也较为复杂，无法根据磁记忆信号的曲线或者绝对值来判断是否存在埋藏缺陷，只能根据表征磁场的梯度值 $K = \dfrac{\left|\mathrm{d}H_p\right|}{\mathrm{d}x}$ 初步判断是否存在损伤部位，再采用其他无损检测手段在磁记忆信号异常部位进行复验来确定是否存在宏观缺陷。

6. 未发现宏观缺陷

在实际检测中，偶有磁记忆信号畸变区域，用其他无损检测手段未发现宏观缺陷的现象，而这些现象往往是由材料早期的疲劳或蠕变损伤引起的，因此，开展此类信号的甄别和成因分析对设备的早期损伤预警具有重要意义。

图 5.31 中的磁记忆信号采集于游乐设施的支架，其曲线及绝对值较为接近压痕和变形，但除漆后检查未发现明显变形和压痕；用涡流检测（eddy current testing，ET）、UT 进行复验，也未发现宏观缺陷，初步认定为疲劳早期损伤。

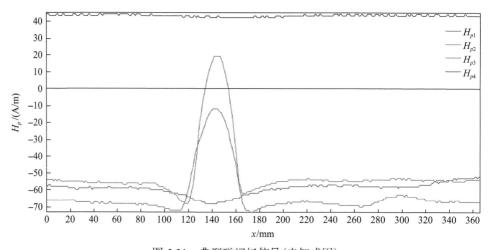

图 5.31　典型磁记忆信号（未知成因）

图 5.32 中的磁记忆信号采集于某石化厂一台超高压反应器，该设备受到交变载荷作用，在磁记忆信号畸变区域测量的硬度值与周边相比要高出 10%，初步认定为疲劳损伤。

图 5.33 的数据采集于某石化现场安装的球形储罐焊缝。焊接残余应力是容器焊缝出现损伤的重要来源，所以一般情况下，在容器焊接完成后，会进行焊后热处理消除应力。该大型球罐，由于是现场组装焊接，热处理也是采用现场包裹式内燃热处理，因此，如何控制现场热处理的效果是关系设备安装完成后无安全隐患的重大问题。

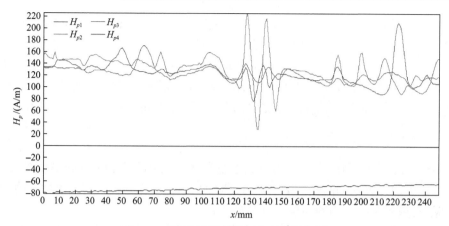

图 5.32　典型磁记忆信号(交变载荷作用)

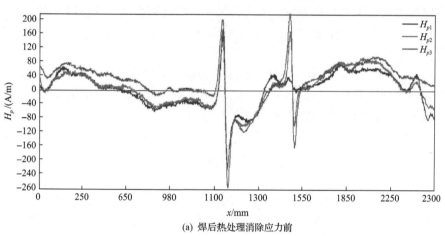

(a) 焊后热处理消除应力前

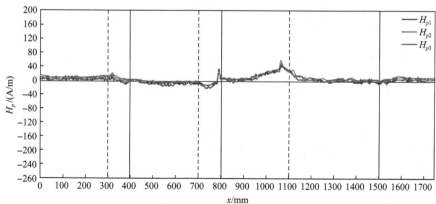

(b) 焊后热处理消除应力后

图 5.33　应力集中区域的典型磁记忆信号

热处理后焊缝及热影响区的表面磁场强度绝对值由最大 280A/m 下降到 70A/m，K 值绝对值由最大值 702(A/m)/mm 下降到 9(A/m)/mm，出现磁场畸变的位置依然是热影响区的边缘，距焊缝中心 100mm 左右，而焊缝处的磁场强度绝对值接近 60A/m，K 值绝对值小于 2(A/m)/mm，说明热处理后，应力集中区域仍然是热影响区的边缘，这是通过磁记忆检测首次发现的现象。

7. 典型磁记忆信号特征的应用分析

通过对上述典型磁记忆信号特征的表述和分析，对其用途和后续处理总结如下。

(1)表面宏观缺陷的磁记忆信号特征较为清晰，可以通过磁记忆信号的曲线走向和绝对值来判断缺陷的类型、位置及区域。

(2)埋藏缺陷由于成因较多，而且缺陷类型较多，无法直接用磁记忆信号的曲线走向和绝对值来判断其类型、深度、尺寸，只能初步确定其在扫查面的投影位置；对于该类信号，需通过 UT、射线检测(radiographic testing，RT)、TOFD 等检测技术进行复验。

(3)对于无法通过现有无损检测技术进行验证的应力集中区域、疲劳损伤区域以及其他类型的典型磁记忆信号，可以结合设备的运行状态和前期实验室的结论分析其成因，作为早期预警的区域重点关注。

5.4　仪　器　开　发

由铁磁性材料制成的机械设备量大面广，金属磁记忆检测技术的推广应用可为这些设备的安全运行提供新的保障手段。因此，金属磁记忆检测技术的应用需要符合这些设备的运行模式和结构形态，开发的金属磁记忆检测仪器在满足技术参数要求的同时，还应该便携、易操作等。

5.4.1　总体设计

磁记忆信号的强度一般在 25Gs 以下，甚至有些信号在 1Gs 左右，非常微弱，所以在设计仪器的过程中，首要任务就是能准确地检测出微弱磁信号的变化。

金属磁记忆检测仪器，包括传感器、放大与滤波电路、信号采集与处理电路、结果输出等部分。原理框图如图 5.34 所示。

检测仪器的主要组件包括如下部分。

(1)多通道扫查器。

考虑到可能需要扫查的面积比较大，采用多通道技术有利于提高检测效率。

(2)高灵敏度、小体积和长寿命的磁传感器。

金属磁记忆检测仪器的关键部件是检测传感器，设计选用高灵敏度传感器是

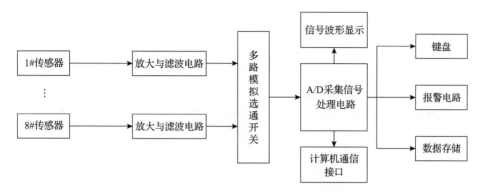

图 5.34　金属磁记忆检测仪器的原理框图

检测的关键。

（3）信号放大电路。

金属磁记忆检测中应力集中以及微细裂纹产生的磁场信号非常微弱，设计灵敏度高、噪声低的模拟电路是系统的重要组成部分。

（4）单片机。

系统采用单片机负责系统的多通道数据采集、处理、报警等功能。其中单片机的软件部分是核心，如何协调好以上多个功能并实现系统的可靠性是仪器的关键问题。

（5）便携式仪器外壳。

为了便于现场检测和试验工作，选择掌上型仪器外壳作为开发便携式仪器的核心平台。

5.4.2　软硬件开发

在确立以磁场变化的梯度和磁场强度的绝对值为诊断参数的磁记忆检测标准的基础上，采用最新器件设计而成的便携式仪器，利于现场使用，尤其是野外工作，能够实时显示磁场的变化而且有一定的数据分析能力。

1. 仪器组成

图 5.35 所示为检测仪器框图，由高灵敏度磁阻传感器、地磁补偿电路、光电编码器、磁测量模块电路及信号处理电路、微控制单元（microcontroller unit，MCU）、液晶显示屏（liquid crystal display，LCD）、红外接口、键盘、IC 卡（可选）、掌上电脑（personal digital assistant，PDA）组成。

2. 传感器

采用的磁阻传感器元件是高灵敏度元件，比采用霍尔芯片传感器的精度要高

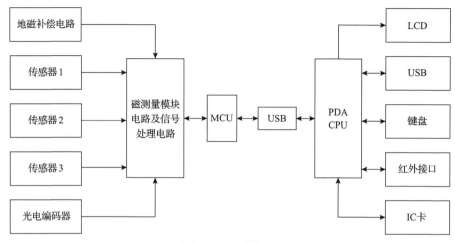

图 5.35 仪器框图

出三个量级。为了提高检测效率，采用多个传感器组成多通道形式（最少 3 通道，可扩充至 36 通道）。

3. 地磁补偿电路和光电编码电路

地磁补偿电路用于补偿测量时与地磁场方向发生偏差而产生的误差；光电编码电路则是测量扫查位移和控制数据采集，使扫查速度和采集数据量成正比。

4. 磁测量模块电路及信号处理电路

这部分主要由传感器驱动电路、信号调理电路、带有 A/D 转换与梳状陷波电路的 A/D 转换器芯片组成。A/D 转换器芯片具有很高的集成度，在工频为 50Hz、60Hz 的陷波参数是 120dB，很好地抑制了工频干扰，可实现运算放大与低通滤波的功能，为实现微弱磁信号的测量奠定了基础。采用八位 MCU 来处理数据和执行通信接口命令，保证了磁测量模块功能的实现。

5. 通信接口

通信接口采用专用模块的 RS232/USB 有线通信和红外无线通信两种方式。采用 6V 可充电电池和 3V 备份可充锂电电池，经过两级 DC-DC 转化，使之达到内部电路和 PDA 的要求。

6. 软件设计

软件设计时，除了实现既定的数据采集、波形动态刷新显示、数据分析、报警等基本功能以外，还更多地从人机界面接口考虑，实现仪器操作的简易化，便于现场操作人员使用。软件部分采用 C++语言编写，模块化编程，按使用的具体功能编写相应的子函数，程序结构清晰，其主程序流程如图 5.36 所示。

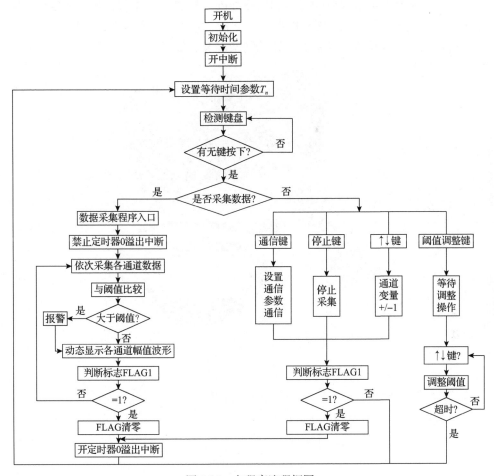

图 5.36　主程序流程框图

7. 用户界面包含的主要功能

（1）系统自检：由于检测仪器的精度高、模块多、功能强，需要在使用前对系统各功能单元进行校验以确定系统的状态，此过程由系统自动完成。

（2）存储文件的确定：用户既可以自己设置数据存储文件名，也可以让仪器自动存储。

（3）用户选择：提供四种检测方式和两种工作模式。

（4）帮助信息：版本号、自动存储文件名、通信的波特率、端口、电池余量、内存余量等。

5.4.3 仪器整机

自主开发研制的金属磁记忆检测仪器如图 5.37 所示，本仪器具有速度快、易操作、界面直观、重量轻、便于携带、自带充电电池、现场不需交流电源等优点，十分适合现场在线检测。仪器的具体性能指标参数如下。

图 5.37　金属磁记忆检测仪器

(1)通道：4/8 个。

(2)磁记忆数据校准方式：仪器探头/大地磁场。

(3)显示方式：时基/阴影/数字/叠合。

(4)测长时钟选择：内/外时钟。

(5)步距：1～256mm。

(6)最大扫描速度：0.5m/s。

(7)放大器：0～90dB，最小步进 0.5dB。

(8)数字滤波：1～100。

(9)报警方式：H_p 值过"零"报警（门限 10～100A/m）/K 值报警（1～500(A/m)/mm）。

(10)输出方式：USB 接口。

(11)尺寸：250mm×120mm×100mm。

(12)重量：2.30kg。

(13)电源：外接适配器（DC 18V），内置锂电池（14.8V, 4A·h）。

(14)工作温度：−20～+55℃。

(15)存储温度：-20～+50℃。

(16)相对湿度：不超过 85%。

(17)显示屏：320mm×240mm。

(18)电池工作时间：≥5h。

5.5　检测技术研究

自金属磁记忆检测技术被引入我国以来，虽然受到广大工程技术人员的关注并大量投入实际工程检测中，但是由于磁记忆的一些现象或认识不能给出合理的解释以及原有评价指标不适用导致金属磁记忆检测技术遭到怀疑，使得其工程应用受到诸多限制。

本节从金属磁记忆检测技术的应用对象、基本参数、评价准则、标准制定四个方面介绍。

5.5.1　磁记忆检测的应用对象

金属磁记忆检测技术是不同于其他无损检测技术的一种被动式无损检测技术，这是因为金属磁记忆检测技术在原理上具有其独特之处。

金属磁记忆检测技术是在工作载荷作用下，工件应力集中区域会形成稳定位错滑移带区域中所产生的自磁化场，同时在特定环境磁场(常指地磁场)作用下，在工件表面对应于应力集中区域产生漏磁场，测量漏磁场及其梯度来发现工件应力集中区域或损伤部位。对于常见的机械零件和焊接组件，其金属磁记忆信号表现为在地磁场环境下制造和冷却后形成的残余磁化强度，并反映出它们结构和工艺的继承性。因此，金属磁记忆检测技术不仅能检测处于停机修理状态的设备，还能在不停机状态下进行。同时，金属磁记忆检测技术可以对正在发展的早期损伤进行识别，还能对已出现的活动性宏观缺陷进行监测和预警。其主要应用对象为未出现宏观缺陷的应力集中区、疲劳损伤区域、宏观缺陷。

1. 未出现宏观缺陷的应力集中区

对于未出现宏观缺陷的应力集中区，可以通过铁磁性材料的内部应力对磁畴边界位置变化的影响来解释。Kersten 提出随着外部磁场的加入，磁畴边界一直移动到应力梯度没有增大到足以阻止磁畴边界继续移动为止。移动磁畴边界所必需的最大场值对应最大的应力梯度值。因此，可以通过磁记忆信号的最大梯度值的位置来确定应力集中区域的边界。如图 5.38 所示，ϕ10mm 孔边缘应力梯度最大，相应的磁记忆信号最大。此外，大量现场实验表明，在金属磁记忆信号指示为应力集中区域的材料硬度值较其他区域高。

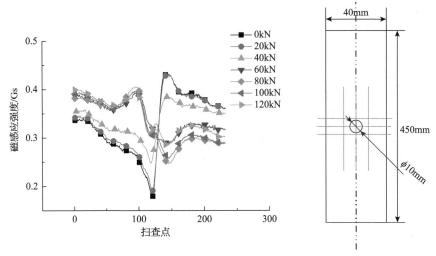

图 5.38　应力集中变化的磁记忆信号

2. 疲劳损伤区域

对于疲劳损伤区域，疲劳理论认为疲劳源于位错运动，位错通过运动集聚在一起，形成初始疲劳裂纹，在初始裂纹处又形成了新的应力集中，在这种应力集中和应力反复交变的条件下，微裂纹不断扩展，形成宏观裂纹。图 5.39 是典型疲劳过程中损伤区域的磁记忆信号。

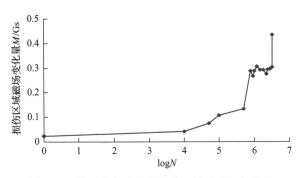

图 5.39　典型疲劳过程中损伤区域的磁记忆信号

结合疲劳理论和磁记忆检测原理，可以对 M-N 曲线（M 为磁场的变化量，N 为循环次数）进行解释：在试件疲劳寿命的 0%～10%，表现为在微观结构适应周期应力或应变的同时位错密度和结构的明显改变，导致应力集中程度随着 N 的增大逐渐变大，试件表面磁场的变化也逐步变大；在疲劳寿命的 10%～90%，由于位错的亚结构缓慢地发展并且日益变得不均质，将导致形成使裂纹成核的稳定的滑移带，宏观上应力没有明显变化，所以试件表面磁场没有明显变化；在疲劳寿命的 90%～100%，微细裂纹迅速扩展为宏观裂纹，在试件表面形成较大的漏磁场。

因此，试件疲劳过程中损伤区域磁场变化量与 N 的关系图与疲劳发展的三个阶段非常吻合，在疲劳寿命的 0%～10% 是一条平缓上升的曲线，在疲劳寿命的 10%～90% 是一个平台，在疲劳寿命的 90%～100% 是一条急剧上升的曲线，M-N 曲线是一种可行的疲劳状态评价方法。

此外，可以通过金属磁记忆检测技术确定应力集中部位，然后借助红外、硬度计或者现场金相检测技术确定金属脆化或者塑性区域。

3. 宏观缺陷

对工件安全运行影响最大的因素是宏观缺陷引起的应力集中和工作载荷的相互重叠，这种重叠会出现两种情况：①缺陷边缘应力集中导致局部应力增大，当应力值增大到一定程度，缺陷扩展；②新的缺陷边缘又产生新的应力集中区，导致缺陷再次扩展。因此，这种缺陷-应力集中模式将是工件的最薄弱区域，是无损检测的重点。图 5.40 所示为典型面状埋藏缺陷的磁记忆信号。

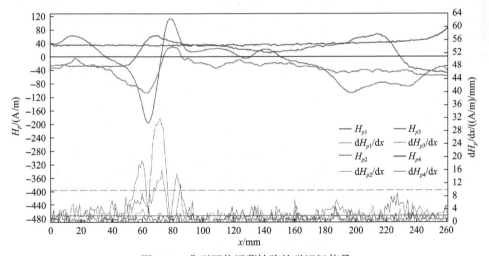

图 5.40　典型面状埋藏缺陷的磁记忆信号

综上所述，金属磁记忆检测技术的主要应用对象为：①通过磁记忆信号可发现的早期重点关注的应力集中区域；②结合硬度计或金相检测技术，判断材质老化或疲劳损伤的发生；③发现具有扩展性的宏观缺陷。

5.5.2　金属磁记忆检测的基本参数

金属磁记忆检测技术是以表征工件表面磁场 H_p 分布来评估工件的损伤部

位，主要依靠 H_p 的局部畸变来确定损伤是否存在，并根据相邻点 dx 间磁场变化 $|\Delta H_p|$ 的梯度 $K = \dfrac{|\mathrm{d}H_p|}{\mathrm{d}x}$ 间接获取残余应力集中的量级。梯度最大值 $K_{\max}$ 表征了应力集中区。

传统金属磁记忆检测技术主要以 H_p 和 $K_{\max}$ 作为基本参数来判断工件的损伤状态和位置，本节在此基础上提出了以下评价参数和参考值。

1. 梯度值

最大梯度值 $K_{\max}$ 的使用是一个相对值。一些工程检测人员根据参考资料将 K 值设定为 $10(\mathrm{A/mm})/\mathrm{mm}$，超过 $10(\mathrm{A/mm})/\mathrm{mm}$ 的即为有损伤，超过 $40(\mathrm{A/mm})/\mathrm{mm}$ 的即为宏观缺陷。但是，课题组在实际信号采集中发现，这一准则并不适用，如图 5.41 所示，整个扫查路径上的 K 值均超过 $10(\mathrm{A/mm})/\mathrm{mm}$，多处 K 值超过 $40(\mathrm{A/mm})/\mathrm{mm}$，$K_{\max} = 72(\mathrm{A/m})/\mathrm{mm}$，但通过其他检测技术均未发现宏观缺陷。这类磁记忆信号非常普遍，因此，只依赖 K 值来判断应力集中区域甚至来判断是否存在宏观缺陷是不合理的。

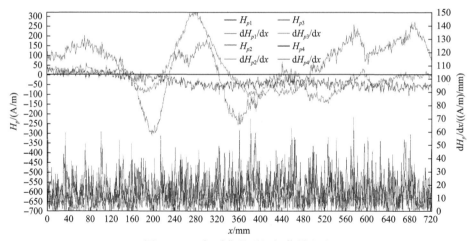

图 5.41　现场采集的磁记忆信号(一)

针对这个问题，课题组提出了一种新的利用 K 值的方法。

由于 K 值本身就是一个梯度值，是一个相对值，因此应将 K 值的作用结合整个扫查路径(检测环境进行综合)评估。

定义 $\bar{K}$ 为整个扫查路径 K 值的平均值：

$$\bar{K} = \frac{1}{n} \sum_{i=1}^{n} \frac{|\mathrm{d}H_p^i|}{\mathrm{d}x^i} \tag{5.2}$$

式中，$\left|\mathrm{d}H_p^i\right|$ 是在 $\mathrm{d}x^i$ 区间上两相邻点的 H_p 的差值；n 为获得的值点。

结合材料和工件的使用状态，引入 N 值，若

$$\begin{cases} K_{\max} \geqslant N\bar{K}, & 不合格 \\ K_{\max} < N\bar{K}, & 合格 \end{cases} \tag{5.3}$$

一般可以取 $N=2$，不过应根据具体的材料和工件运行状态确定。

在采用式 (5.2) 前，应对 H_p 曲线进行噪声消除，一般可采用相邻值进行平均消除噪声后，再求出 K 值。

采用上述步骤后，对图 5.41 数据进行处理，获得

$$K_{\max} = 22(\mathrm{A/m})/\mathrm{mm}, \quad \bar{K} = 15(\mathrm{A/m})/\mathrm{mm}$$

故有 $K_{\max}/\bar{K} < 2$，该工件合格。手工超声复验未见相关显示。

对图 5.42 所示磁记忆信号，有

$$K_{\max 1} = 636(\mathrm{A/m})/\mathrm{mm}, \quad K_{\max 2} = 171(\mathrm{A/m})/\mathrm{mm}, \quad \bar{K} = 11.1(\mathrm{A/m})/\mathrm{mm}$$

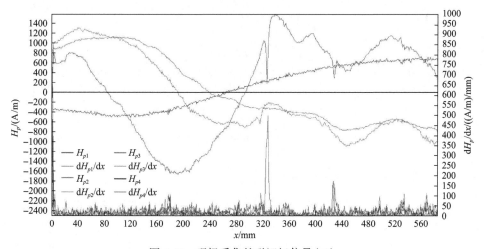

图 5.42　现场采集的磁记忆信号 (二)

手工超声复验，发现两处埋藏缺陷，与磁记忆信号标识位置基本重合。

此外，在计算 K 值的同时，还应综合考虑测量磁场时出现的噪声，若是单一的大 K 值，可以忽略，只有连续的大 K 值才能应用上述判断方法。

2. 工件表面磁场 H_p 绝对值

金属磁记忆信号是以在地磁场环境下，由应力集中导致的不可逆的磁畴反转反映到工件表面磁场的变化为基础的。所以，在对损伤信号进行判断时，应该考

虑到工件表面磁场 H_p 绝对值与周围磁场的关系。如图 5.43 所示，$K_{\max 1} = K_{\max 2} = 12\,(\mathrm{A/m})/\mathrm{mm}$，$\bar{K} = 2.556\,(\mathrm{A/m})/\mathrm{mm}$，但磁场曲线变化是绕着管道一周，导致与地磁场的方向由正向变为负向，在磁记忆信号曲线上体现出应力集中区域。此时，工件表面磁场最大值为 35A/m，最小值为–31A/m，而环境磁场(地磁场)为 40A/m。因此，在采用 K 值对工件应力集中区域进行判断时，应将工件表面磁场 H_p 的绝对值与地磁场的值进行比较，若小于地磁场，可认为工件不存在应力集中区域，若超过地磁场的两倍，方可采用 K 值判断是否存在应力集中区域。

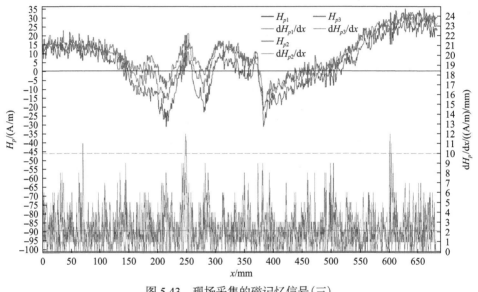

图 5.43　现场采集的磁记忆信号(三)

3. 磁记忆信号异常处的峰峰值

由于存在其他磁场的影响，工件表面磁场整体值远远超过地磁场的绝对值，例如，做过磁粉探伤的部位，工件表面的磁场绝对值一般超过 120A/m。此时已有的磁场差异也被放大。由于在磁记忆信号采集的过程中，噪声以及数据处理时存在的误差，导致不存在损伤部位的 $K_{\max}$ 的放大倍数超过 $\bar{K}$ 的值，会误判该处存在损伤。如图 5.44 所示，工件表面磁场最大值为–186A/m，最小值为–231A/m，$H_{p\text{-}p} = 45\mathrm{A/m}$，$K_{\max} = 7\,(\mathrm{A/m})/\mathrm{mm}$，$\bar{K} = 1.2\,(\mathrm{A/m})/\mathrm{mm}$，环境参考磁场为–179A/m。按照 K 值和绝对值判断方法，可以确定存在两处损伤部位，但通过金相和其他检测手段复验，未发现损伤。因此，当遇到测量的磁记忆信号较大，且参考场的绝对值也较大时，应考虑 $H_{p\text{-}p}$ 值的大小，一般建议为测量仪器精度与环境磁场的变化倍数的乘积加上地磁场的一半或者地磁场的绝对值。本例中所示为 (4.75×8+20)A/m=58A/m>45A/m。

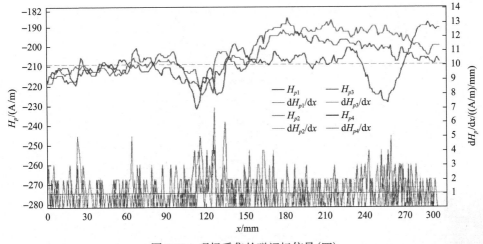

图 5.44　现场采集的磁记忆信号（四）

4. 过零点问题

传统观点认为，过零点处即为应力集中线（点），是应力集中区域的中心部位。当应力对称分布时，应力方向发生变化，导致磁畴反转的方向发生变化，工件表面表征磁场信号的符号会发生变化，过零点是应力集中区域的中心部位，是应力集中线（点）。在表面裂纹的边缘处，过零点现象非常明显。但是，对于埋藏缺陷，由于焊接时，应力的产生有多个来源，不能仅仅根据材料力学的应力计算方式来确定应力的分布和集中状态，尤其是埋藏缺陷造成的应力集中，使得工件表面磁场的变化并不能准确指示出应力集中的部位，此时的过零点并不是应力集中线（点）的充要条件。

5.5.3　磁记忆异常信号的评价准则

金属磁记忆检测技术是以表征工件表面磁场 H_p 分布来评估工件的损伤部位，主要依靠 H_p 的局部畸变来确定损伤是否存在，并根据相邻点 $\mathrm{d}x$ 间磁场变化 $\left|\mathrm{d}H_p\right|$

的梯度 $K=\dfrac{\left|\mathrm{d}H_p\right|}{\mathrm{d}x}$ 间接获取危险区域的等级。梯度最大值 $K_{\max}$ 表征了危险区域。

在以下参数及条件已经清晰的前提下，磁记忆异常信号的评价流程如图 5.45 所示。

(1) 梯度值 $K=\dfrac{\left|\mathrm{d}H_p\right|}{\mathrm{d}x}$ ，梯度平均 $\bar{K}=\dfrac{1}{n}\sum_{i=1}^{n}\dfrac{\left|\mathrm{d}H_p^i\right|}{\mathrm{d}x^i}$ ， $K_{\max}/\bar{K}$ 。

(2) 磁场垂直分量 H_p 绝对值。

(3)异常信号的磁场峰峰值 $H_{p\text{-}p}$ 及其参考值 $H_{p\text{-pref}}$，环境磁场参考值 H_{ref}。

(4)过零点。

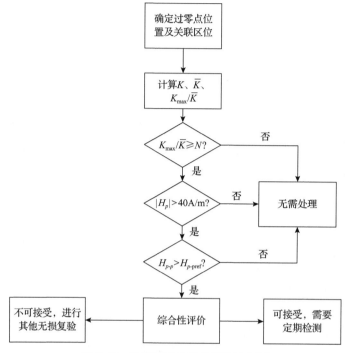

图 5.45 磁记忆异常信号评价流程图

5.5.4 磁记忆检测标准的制定

金属磁记忆检测的主要目的是检测铁磁性材料母材和焊缝表面及内部存在损伤的危险区域，包括焊接残余应力集中区域及其沿焊接接头的分布，各种微观和宏观缺陷(气孔、夹渣、疏松、裂纹等)可能存在的区域，并确定这些危险区域的位置和等级。

依据课题组研究成果和对现场检测应用数据的分析，确定磁记忆检测的仪器要求、检测程序和结果评价准则，制定了国家标准 GB/T 26641—2021《无损检测磁记忆检测 总体要求》。

标准要求，检测时磁测量传感器应垂直置于检测表面，沿被检工件表面平行扫查，测量工件表面磁场的垂直分量，通过检测仪器进行信号采集、处理、显示、记录，最终通过数据分析给出危险区域的特性参数、位置及等级。对检测出的危险区域应根据综合分析结果决定是否采用其他无损检测技术复验。

标准规定金属磁记忆检测过程主要包括以下几个方面。

1）检测前的技术准备

根据被检测工件的情况、检测方案的要求准备检测设备，选定相应的扫查器。

2）仪器校准

（1）地磁场平衡校准。开机后，应根据当地地磁场的垂直分量进行校准。

（2）传感器间距调整。扫查前应根据扫查区域（如焊缝）的尺寸对传感器的间距进行调整，使靠外侧的两个传感器与被检区域的边缘两侧大致一致。

（3）测量距离调整。选择一个平整的平面，用卷尺量出 500mm 的距离，用扫查器进行扫查，将仪器测量出的距离按所量出的距离进行校准。

（4）测量参数选择。根据所测量的部位选择测量步距和传感器间距以及门限值。

3）被检测工件的表面准备

一般来说，磁记忆检测技术无须对被检测工件表面进行特殊处理（如打磨等）。但若工件表面有磁绝缘覆盖层，应除去覆盖层；若工件表面有非绝缘覆盖层，且厚度超过 5mm，也建议除去。

4）检测

磁记忆检测必须在磁粉、涡流、漏磁等电磁检测技术检测之前进行。磁记忆检测时只需将扫查器沿检测部位扫查即可，注意扫查路径不要偏离被检测部位，传感器不要提离被检测表面。

5）检测记录

除记录检测数据外，还应详细记录被检测设备的有关参数、以前检测发现的缺陷情况、检测过程中现场可能影响磁记忆信号的因素、检测过程、数据文件名称及对应关系等。

5.6　检测工程应用

磁记忆检测技术已广泛应用于特种设备、电力、铁路、桥梁等各个领域。本节选取了其中部分典型案例，涉及对象涵盖了厂内在制、现场制造安装、在役设备，以及即将报废的设备等多种工况，便于不同领域的工程技术人员参考。

5.6.1　锅炉检测应用

随着近年来经济发展的需要，对电力能源的需求越来越巨大，电站锅炉的建设速度也越来越快，一些以往不多见的问题也时有发生。

对于锅炉的爆管问题，主要是因为炉管表面状态不利于磁粉检测等表面方法进行检测，尤其是一些微细裂纹很难被检测出来；此外，由于安装的原因，部分炉管挤压变形，在高温高压工作状态下的应力集中区域很容易发生爆管。课题组根据锅炉检验的需要，尝试通过测量炉管表面磁记忆信号来解决锅炉爆管问题。

1. 某电厂电站锅炉检测结果及评定

　　某电厂电站锅炉排管在前期检查中发现裂纹，但是由于检测条件的限制，而且表面结焦较严重，无法实施大面积的磁粉检测，因此采用金属磁记忆检测技术进行全面检测排查，如图 5.46 所示。

图 5.46　某电厂电站锅炉及被检测的排管

　　本次检测共发现 16 处磁场异常部位，其中包括变形 2 处、裂纹 2 处，其磁记忆信号如图 5.47～图 5.49 所示。依据金属磁记忆检测技术的评价准则，图 5.47 中磁记忆信号异常部位的磁场绝对值均超过 200A/m，峰峰值(244A/m)均符合使用 K 值的要求，$K_{max}/\overline{K} \geqslant 100$，可以认定存在损伤，除去排管外表的黏土，发现两处均存在变形，其中图 5.46 所示排管已经整体变形，偏出排管平面 20mm。图 5.49

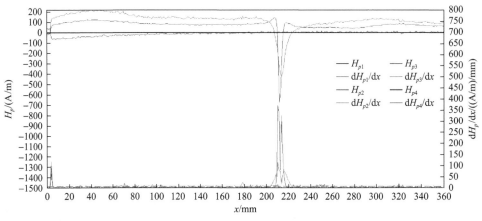

图 5.47　排管安装变形处的磁记忆信号

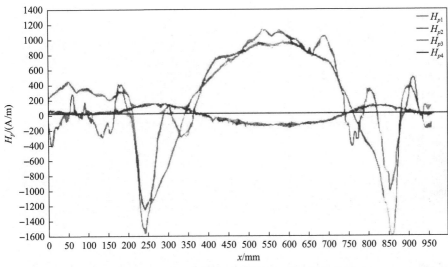

图 5.48　排管挤压整体变形处的磁记忆信号

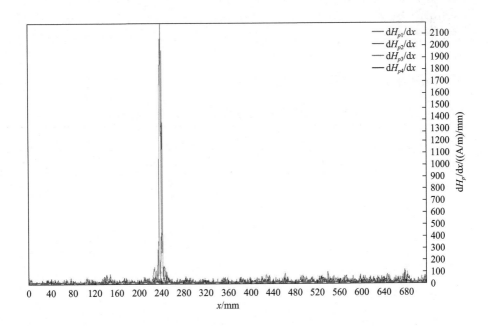

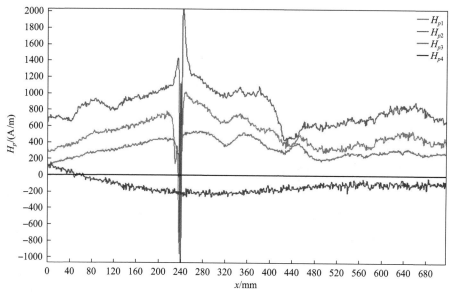

图 5.49　排管上裂纹处的磁记忆信号

上图中的磁记忆信号异常部位的磁场绝对值(2010A/m)、峰峰值(3060A/m)均符合使用 K 值的要求，$K_{max}/\bar{K}$=14，可以认定存在损伤，MT 复验发现裂纹。图 5.49 下图中的表面参考磁场值已达到–249A/m，显而易见，该部位被磁污染，导致工件表面磁场整体偏大，因此，损伤的信号被放大，从图像中可以直接判断信号异常区域存在损伤，MT 复验也发现了宏观裂纹。表 5.3 列出了这台锅炉排管 4 处磁记忆检测信号评价结果的汇总数据。

表 5.3　某电厂 1 号炉排管磁记忆检测评价结果汇总表

序号	异常区域					备注
	x/mm	H_p/(A/m)	K_{max}/((A/m)/mm)	$\bar{K}$/((A/m)/mm)	评价	
1	209～219	–530～1100	370	9	可接受	局部变形
2	190～900	–1711～1200	908	21	不可接受	整体变形
3	233～243	–1050～2010	2190	20	不可接受	MT 复验裂纹
4	143～153	–80～315	150	7	不可接受	MT 复验裂纹

2. 某 10t 卧式锅炉检测结果及评定

该设备于 2002 年投入运行，最大工作压力小于 0.3MPa，是典型的热水锅炉。上一次定检未见缺陷记录。本次检测对象是壁管，见图 5.50，在 11 号炉管弯曲处发现磁记忆异常信号 1 处，经 UT、MT 复验，未发现宏观缺陷。

图 5.50　锅炉壁管图

　　分析图 5.51 中的磁记忆信号，发现有两处异常信号区域，一处位于 249～377mm（弯管），其磁场绝对值为 160A/m，峰峰值为 280A/m，均符合使用 K 值的要求，$K_{max}/\overline{K}$ =27，很容易认定存在损伤；另一处位于 700～950mm 的异常信号区域，经过消除噪声处理后，其 K 值为 0.9～2.2（A/m）/mm，可以判断该处的信号是由壁管的形貌性影响导致的。因此，依据磁记忆信号评价准则，该管存在

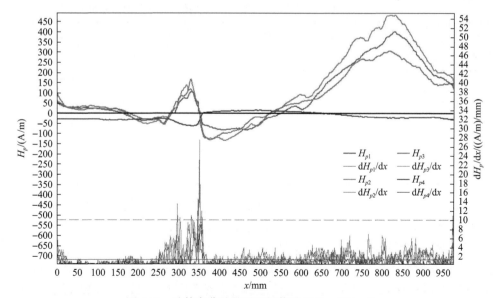

图 5.51　壁管弯曲处的磁记忆信号（249～377mm）

一处异常信号，建议使用其他无损检测技术复验。经复验未发现宏观缺陷，判定为应力集中区。表 5.4 为对该处磁记忆信号的评价结果。

表 5.4　某 10t 卧式锅炉壁管磁记忆检测评价结果汇总表

序号	异常区域					备注
	x/mm	H_p/(A/m)	K_{max}/((A/m)/mm)	$\bar{K}$/((A/m)/mm)	评价	
1	249～377	−120～160	27	1	可接受，重点关注	复验无缺陷疑似应力集中区

5.6.2　压力容器检测应用

压力容器由于用途广泛，服役工况繁多，因此其失效形式也是多种多样，在一些重要设备的早期预警和快速损伤检测上，磁记忆检测技术具有重要的作用。

某公司在制加氢反应器(R-760)检测结果及评定如下。

该装置属于大型在制压力容器，在课题组进行金属磁记忆检测技术应用的同时，还进行了 TOFD 检测。课题组将磁记忆异常信号的区域、形貌与 TOFD 的检测结果进行了对比分析。

本次检测共发现八处磁记忆异常信号，其中两处为焊缝热影响区表面裂纹(MT 复验)、一处为焊瘤、五处为埋藏缺陷，与 TOFD 检测结果有较好的对应关系；其中有一处经 TOFD、MT 复验未发现宏观缺陷，详见表 5.5。

表 5.5　某在制加氢反应器(R-760)金属磁记忆检测结果及评价汇总表

序号	异常区域					备注
	x/mm	H_p/(A/m)	K_{max}/((A/m)/mm)	$\bar{K}$/((A/m)/mm)	评价	
1	100～200	−225～100	27	2.1	不可接受	MT 复验裂纹
2	900～1100	−75～150	41	2.1	不可接受	MT 复验裂纹
3	270～500	−160～430	50	2	不可接受	MT 复验焊瘤
4	50～400	−275～280	31	2.5	不可接受	TOFD 超标
5	680～745	−200～291	33	2.5	不可接受	TOFD 超标

如图 5.52 所示 1 号和 2 号磁记忆异常信号的曲线，可以清楚发现两处磁记忆信号位于焊缝热影响区，具有典型表面裂纹的特征，经 MT 复验，发现两处裂纹，其中一处位于焊缝热影响区边缘，如图 5.53 所示。

图 5.54 所示为 3 号磁记忆异常信号的曲线，信号曲线的形貌比较接近表面开口缺陷，但磁场的绝对值较大，是经过磁场放大的原因。MT 复验发现该处存在一个焊瘤，如图 5.55 所示。

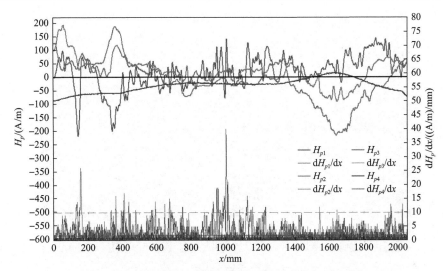

图 5.52　热影响区两处裂纹的磁记忆信号（100～200mm，900～1100mm）

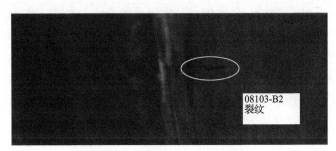

图 5.53　热影响区边缘的裂纹

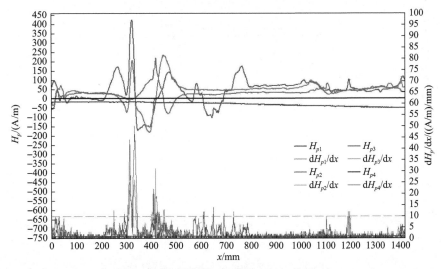

图 5.54　焊瘤的磁记忆信号（270～500mm）

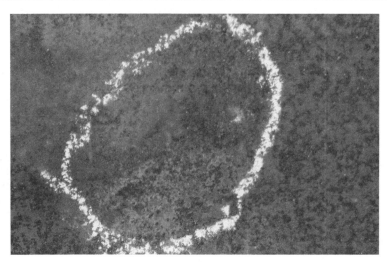

图 5.55　焊瘤

图 5.56 所示为发现的一处磁记忆异常信号的曲线，依据金属磁记忆检测技术的评价准则，磁记忆信号异常部位的磁场绝对值为 369A/m，峰峰值为 669A/m，均符合使用 K 值的要求，$K_{max} / \overline{K} = 31/4 = 7.75$，可以认定存在损伤。MT 复验未发现损伤，但在 TOFD 对应位置发现一个埋藏深度为 13mm 的宏观缺陷，如图 5.57 所示，TOFD 图谱显示该缺陷不超标，故无法解剖验证缺陷类型。但是从 TOFD 图像中看，该缺陷可能是单个气孔。

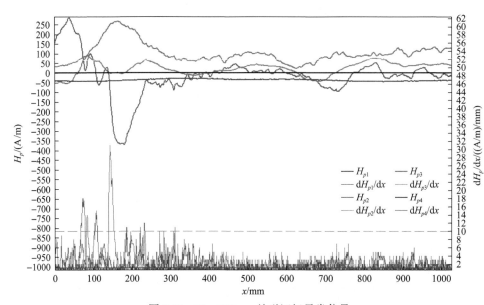

图 5.56　70~260mm 处磁记忆异常信号

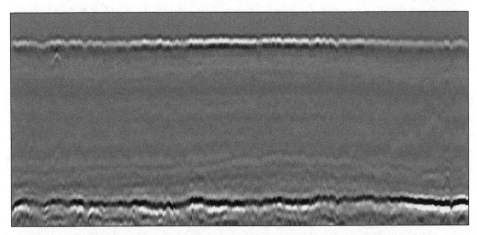

图 5.57　70～260mm 处异常磁记忆信号对应的 TOFD 图像

图 5.58 所示为检测发现的两处磁记忆信号异常部位，分别位于 540～680mm 和 1660～1773mm 处。依据金属磁记忆检测技术的评价准则，两处均可以认定存在损伤。MT 复验未发现损伤，但在 TOFD 图像中有相关显示，如图 5.59 所示。而且，靠近扫查面的磁记忆信号绝对值较大，埋藏较深的缺陷在工件表面磁场反映出来的尺寸要小于实际值。

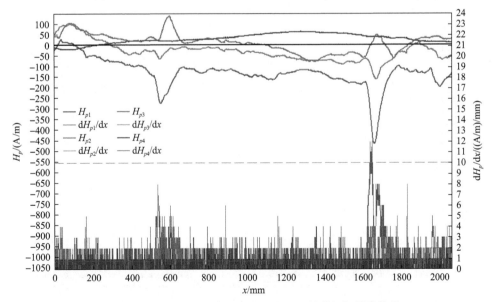

图 5.58　540～680mm 和 1660～1773mm 处磁记忆异常信号

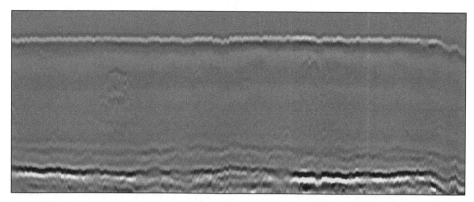

图 5.59　540～680mm 和 1660～1773mm 处磁记忆异常信号对应的 TOFD 图像

图 5.60 所示为表 5.5 中的 4 号和 5 号两处磁记忆异常信号，分别位于 50～400mm 和 680～745mm 处。依据金属磁记忆检测技术的评价准则，两处均可以认定存在损伤。MT 复验未发现损伤，TOFD 检测发现超标缺陷，如图 5.61 所示。而且，TOFD 显示的缺陷尺寸和位置与磁记忆确定的位置及损伤区域较为吻合。

图 5.62 所示为检测发现位于 290～450mm 处的一个非常明显的磁记忆异常信号。依据金属磁记忆检测技术的评价准则，该处可以认定存在损伤，但 MT 复验未发现损伤，TOFD 检测也无相关缺陷显示，如图 5.63 所示，建议用户以后对该部位重点关注。

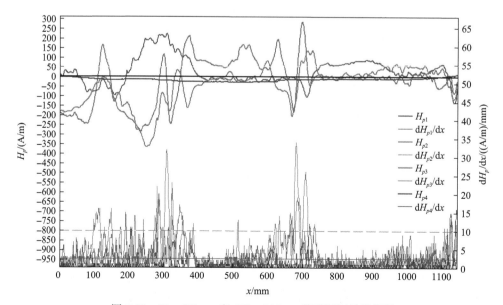

图 5.60　50～400mm 和 680～745mm 处磁记忆异常信号

图 5.61　50～400mm 和 680～745mm 处磁记忆异常信号对应的 TOFD 图像

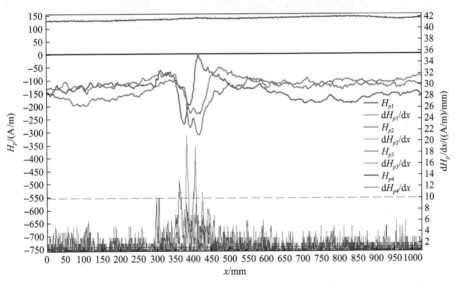

图 5.62　290～450mm 处磁记忆异常信号

图 5.63　290～450mm 处磁记忆异常信号对应的 TOFD 图像

5.6.3　游乐设施检测应用

　　课题组在全国十余省市的游乐园开展了磁记忆检测技术的应用，应用对象包括神州飞碟、勇敢者转盘、丛林鼠、阿拉丁神毯、宇宙飞船、双层转马、旋转飞机、宇宙飞碟、波浪秋千、云海冲浪、观光缆车、超级秋千等游乐设施的关键零部件以及危险载荷部件，发现了大量的典型磁记忆信号，其中部分信号经过比对验证为危险性宏观缺陷，证明磁记忆检测技术在游乐设施的安全运行保障上具有先天优势。

　　图 5.64 为一台勇敢者转盘(图 5.65)检测发现的两处非常明显的磁记忆异常信号。依据金属磁记忆检测技术的评价准则，两处异常信号的磁场峰峰值均超过40A/m，且 $K_{\max}/\overline{K}$ 均超过 15，因此，可以认定该处存在损伤，如表 5.6 所示。但这两处信号的磁场曲线走向没有对称分布，且无过零点，所以不认为该点为

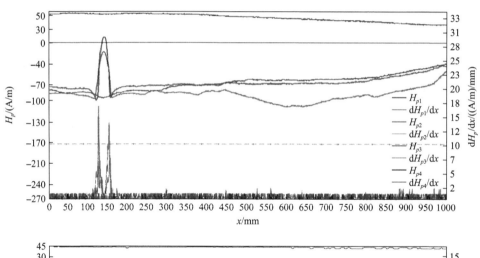

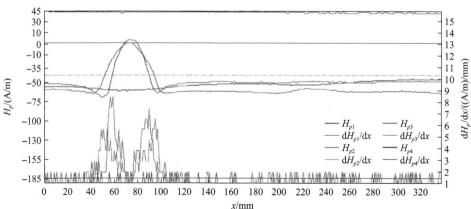

图 5.64　勇敢者转盘上的磁记忆异常信号

图 5.65　勇敢者转盘及发现磁记忆信号异常部位

表 5.6　勇敢者转盘磁记忆检测评价汇总表

序号	异常区域					备注
	x/mm	H_p/(A/m)	K_{max}/((A/m)/mm)	$\bar{K}$/((A/m)/mm)	评价	
1	140～170	−100～10	17.2	1	可接受	未见宏观损伤
2	46～100	−79～5	8	0.9	可接受	未见宏观损伤

应力集中区域。发现磁记忆信号的异常部位经 ET、MT 复验未发现宏观缺陷,查以往 UT 报告,也未见埋藏缺陷。

图 5.66 为一台神州飞碟(图 5.67)检测发现的一处磁记忆异常信号。由于出现磁记忆信号异常的部位处于轨道的底部,长年运行导致油污覆盖了轨道,常常被检测人员忽视。依据金属磁记忆检测技术的评价准则,该处异常区域的磁场峰峰值和绝对值均超过 40A/m,且 K_{max}=9.1(A/m)/mm 与 $\bar{K}$ =1.2(A/m)/mm 比值接近 8,如表 5.7 所示,可以认定该处存在损伤。发现磁记忆信号异常的部位经 ET、MT

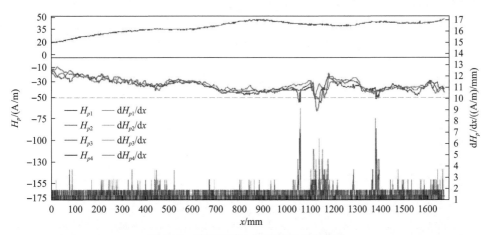

图 5.66　神州飞碟上的磁记忆异常信号

图 5.67　神州飞碟及发现磁记忆异常信号部位

表 5.7　神州飞碟磁记忆检测评价汇总表

序号	异常区域					备注
	x/mm	H_p/(A/m)	K_{max}/((A/m)/mm)	$\bar{K}$/((A/m)/mm)	评价	
1	1100~1180	−67~−12	9.1	1.2	可接受	压痕

复验未发现宏观缺陷，去掉表面覆盖的油污，发现压痕，与磁记忆信号异常的部位较为吻合。

图 5.68 为一台丛林鼠设备(图 5.69)检测发现的一处磁记忆异常信号。在丛林鼠的轨道上出现磁记忆信号异常的部位覆盖了超过 5mm 的油污层。依据金属磁记忆检测技术的评价准则，该处异常区域的磁场峰峰值和绝对值均超过 40A/m，磁场峰峰值达到 135A/m，且 K_{max}=57(A/m)/mm 与 $\bar{K}$=2.2(A/m)/mm 比值超过 25，如表 5.8 所示。因此，可以认定该处存在损伤。去掉表面覆盖的油污，发现宽 33mm 的划痕，与磁记忆信号异常的部位较为吻合。

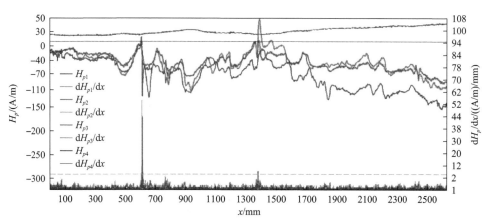

图 5.68　丛林鼠上的异常磁记忆信号

图 5.69　丛林鼠及发现异常磁记忆信号部位

表 5.8　丛林鼠磁记忆检测评价汇总表

序号	异常区域					备注
	x/mm	H_p/(A/m)	K_{max}/((A/m)/mm)	$\bar{K}$/((A/m)/mm)	评价	
1	607~644	−123~12	57	2.2	不可接受	划伤

图 5.70 为一台宇宙飞船设备(图 5.71)检测发现的两处磁记忆异常信号。依据金属磁记忆检测技术的评价准则,图 5.70(a)所示磁记忆信号异常部位的磁场绝对值(166A/m)和峰峰值(241A/m)均符合使用 K 值的要求,K_{max}=87.5(A/m)/mm 与 $\bar{K}$=2.1(A/m)/mm 比值超过 40,如表 5.9 所示,存在损伤。MT 复验发现 70mm 长裂纹。图 5.70(b)所示磁记忆信号异常部位的磁场绝对值(106A/m)和峰峰值(79A/m)均符合使用 K 值的要求,K_{max}=15(A/m)/mm 与 $\bar{K}$=1.3(A/m)/mm 比值超过 10,如表 5.9 所示,存在损伤。MT 复验发现 173mm 长的贯穿裂纹。

5.6.4　工程应用小结

本节只给出了为数不多的应用案例,但涵盖了相对危险的化工容器、电站锅炉等静设备和游乐设施等动设备,因此具有一定的代表性。这些成功的案例一方面为磁记忆检测技术在其他行业和设备设施上的应用提供了技术参考,另一方面为磁记忆检测技术的机理深入研究提供了素材。在这些应用过程中,不仅发现了一系列的通过其他方法验证过的危险性且活性的缺陷,还找到了应力集中部位和疲劳损伤区域,确定了设备的日常检测优先区域和早期损伤部位。因此,本书提出的磁记忆检测仪器配合制定的磁记忆检测标准具有广泛的应用前景,必定在国民经济的主战场上发挥重要的作用。

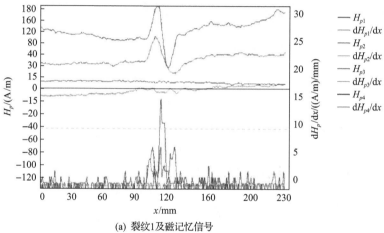

(a) 裂纹1及磁记忆信号

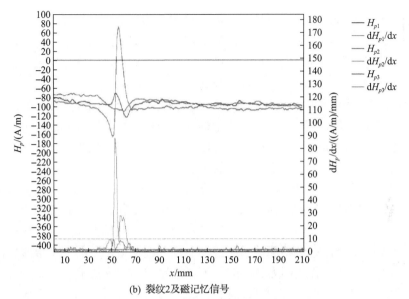

(b) 裂纹2及磁记忆信号

图 5.70　宇宙飞船轨道上的裂纹及磁记忆信号

图 5.71　宇宙飞船及被检测的轨道

表 5.9　宇宙飞船磁记忆检测评价汇总表

序号	异常区域					备注
	x/mm	H_p/(A/m)	K_{max}/((A/m)/mm)	$\bar{K}$/((A/m)/mm)	评价	
1	51～63	−166～75	87.5	2.1	不可接受	MT 复验裂纹
2	101～133	27～106	15	1.3	不可接受	MT 复验裂纹

5.7　本 章 小 结

(1)金属磁记忆检测技术由于具有非接触式检测、无须磁化、对检测对象表面质量要求不高等特性，在快速检测、应力状态评估、危险区域早期评估、疲劳损伤及疲劳状态的评估等方面有着广泛的应用前景。但传统的磁记忆检测沿用杜波夫的磁记忆理论仅能确定应力集中的区域，对应力集中的程度无法做出评价，检测结果受环境等影响也较大，误判率较高。

(2)针对工程应用中出现的问题，从宏观和微观两个方面开展磁记忆现象的解释和论证工作，给出了磁记忆信号产生的临界条件；从实际检测过程中出现的干扰因素着手，系统研究影响磁记忆信号的关键因素及其作用机制，既丰富了磁记忆的基础理论，又解决了工程应用中的困惑。

(3)针对磁记忆检测技术的特点，开展了工程应用技术研究，明确了磁记忆检测技术是目前能够有效同时检测出应力集中、微观损伤、疲劳状态和活性缺陷的唯一无损检测手段，并给出了评价准则和参数。在此基础上建立的金属磁记忆检测技术指明了金属磁记忆检测技术的适用对象和检测范围，明晰了金属磁记忆的工程应用特点，让工程应用人员能够正确对待磁记忆检测技术。

(4)开发了拥有自主知识产权的检测仪器，制定了国家标准，为金属磁记忆检测技术的推广应用扫清了障碍。

(5)通过大量的应用，验证了制定的金属磁记忆检测标准和开发的金属磁记忆检测仪器具有良好的应用效果，金属磁记忆检测技术在我国国防、工业生产、人民生活等安全保障技术中具有重要地位。

参 考 文 献

[1] 张卫民, 郭欣, 袁俊杰, 等. 金属试件残余应力及损伤的磁记忆检测方法研究. 无损检测, 2006, 28(12): 623-625.

[2] 耿荣生. 磁记忆检测技术在飞机结构件早期损伤监测中的应用前景. 无损检测, 2002, 24(3): 118-122.

[3] 沈功田, 胡斌. 金属磁记忆效应的工程应用技术研究. "十一五" 国家科技攻关课题(编号: 2006BAK02B03-02)研究报告, 2009.

[4] Dubov A A. A study of metal properties using the method of magnetic memory. Metal Science and Heat Treatment, 1997, 39(9): 401-405.

[5] Dubov A A. Diagnostics of metal items and equipment by means of metal magnetic memory. Proceedings of CHSNDT 7th Conference on NDT and International Research Symposium, Shantou, 1999: 181-187.

[6] 杜波夫. 金属磁记忆的物理基础. 第八届欧洲无损检测大会, 巴塞罗那, 2002.

[7] 杜波夫. 金属磁记忆方法和已知磁无损检测方法的原则性区别. 2004 年全国电磁(涡流)检测技术研讨会, 鞍山, 2004: 182-185.

[8] 杜波夫, 乌斯托夫斯基. 金属磁记忆方法的物理原理. 第二届国际 "金属磁记忆设备结果诊

断"科技会议, 莫斯科, 2000.

[9] 库列耶夫, 杜波夫. 钢管件靠近磁化和应力缺陷区的漏磁场特性. 第二届国际"金属磁记忆设备结构诊断"科技会议, 莫斯科, 2003.

[10] International Organization for Standardization. Non-destructive testing—Metal magnetic memory—Part 1: Vocabulary: ISO 24497-1: 2007. Geneva: International Standard Organization, 2007.

[11] International Organization for Standardization. Non-destructive testing—Metal magnetic memory—Part 2: General requirements: ISO 24497-2: 2007. Geneva: International Standard Organization, 2007.

[12] International Organization for Standardization. Non-destructive testing—Metal magnetic memory—Part 3: Inspection of welded joints: ISO 24497-3: 2007. Geneva: International Standard Organization, 2007.

[13] Wang P, Zhu S G, Tian G Y, et al. Stress measurement using magnetic Barkhausen noise and metal magnetic memory testing. Measurement Science and Technology, 2010, 21(5): 1-6.

[14] Roskosz M. Metal magnetic memory testing of welded joints of ferritic and austenitic steels. NDT & E International, 2011, 44(3): 305-310.

[15] Roskosz M, Gawrilenko P. Analysis of changes in residual magnetic field in loaded notched samples. NDT & E International, 2008, 41(7): 570-576.

[16] Pearson J, Squire P T, Maylin M G. Biaxial stress effects on the magnetic properties of pure iron. 2000 IEEE International Magnetics Conference, Toronto, 2000: 3251.

[17] 任吉林, 林俊明. 金属磁记忆检测技术. 北京: 中国电力出版社, 2000.

[18] 林俊明, 林春景, 林发炳, 等. NDT 新技术 EMS-2000 金属诊断仪的原理与应用. 无损探伤, 2000, 24(3): 32-34.

[19] 仲维畅. 金属磁记忆诊断的理论基础: 铁磁性材料的弹-塑性应变磁化. 无损检测, 2001, 23(10): 424-426.

[20] Li L M, Huang S L, Wang X F, et al. Stress induced magnetic field abnormality. Transactions of Nonferrous Metals Society of China, 2003, 13(1): 6-9.

[21] 黄松岭, 李路明, 汪来富, 等. 用金属磁记忆方法检测应力分布. 无损检测, 2002, 24(5): 212-214.

[22] 李路明, 王晓凤, 黄松岭. 磁记忆现象和地磁场的关系. 无损检测, 2003, 25(8): 387-389, 406.

[23] 任吉林, 邬冠华, 宋凯. 金属磁记忆检测机理的探讨. 无损检测, 2002, 24(1): 29-31.

[24] 黎连修. 磁致伸缩和磁记忆问题研究. 无损检测, 2004, 26(3): 109-112.

[25] 周俊华, 雷银照. 正磁致伸缩铁磁材料磁记忆现象的理论探讨. 郑州大学学报(工学版), 2003, 24(3): 101-105.

[26] 耿荣生, 郑勇. 航空无损检测技术发展动态及面临的挑战. 无损检测, 2002, 24(1): 1-5.

[27] 沈功田, 吴彦, 王勇. 液化石油气储罐焊疤表面裂纹的磁记忆信号研究. 无损检测, 2004, 26(7): 349-351.

[28] 刘红文, 钟万里, 何卫忠, 等. 金属磁记忆在末级再热器爆管分析中的应用. 江西电力, 2003, 27(4): 15-17.

[29] 董丽虹, 徐滨士, 董世运, 等. 拉伸及疲劳载荷对低碳钢磁记忆信号的影响. 中国机械工程, 2006, 17(7): 742-745.

[30] 张卫民, 董韶平, 杨煜, 等. 磁记忆检测方法及其应用研究. 北京理工大学学报, 2003, 23(3): 277-280.

[31] 梁志芳, 李午申, 王迎娜, 等. 金属磁记忆信号的零点特征. 天津大学学报, 2006, 39(7): 847-850.

[32] 徐敏强, 李建伟, 冷建成, 等. 金属磁记忆技术机理模型. 哈尔滨工业大学学报, 2010, 42(1): 16-19.

[33] Jiles D C, Atherton D L. Theory of ferromagnetic hysteresis. Journal of Magnetism and Magnetic Materials, 1986, 61(1-2): 48-60.

第6章　磁致伸缩超声导波检测技术

作为一种物料输送、能量交换的关键部件，带保温层管道广泛应用于石油、石化等行业。近些年，随着工业化的发展，在役管道数量急剧增加，由此带来的检测工作量急剧增加，如何实现管道的快速全面检测是无损检测领域面临的重要问题之一。

导波检测技术由于其单点激励即可实现长距离检测的优点，能够在不拆除或拆除局部保温层的前提下实现带保温层管道的快速检测，同时可以实现对一些被建筑或构筑物覆盖不可达区域的检测，很好地满足了上述检测需求，具有广阔的市场前景和应用价值。目前实用化的导波检测仪器仅有国外少数厂家出售，其中应用比较广泛的有英国焊接研究所开发的基于压电效应的导波检测系统 Teletest 和美国西南研究院开发的基于磁致伸缩效应的导波检测系统 MsSR3030，上述两种检测系统在检测时均需完全拆除传感器安装位置的保温层。压电导波系统存在安装复杂、检测探头易损坏等缺点，两种系统的售价都十分昂贵。同时国内外均没有制定检测标准，从而制约了该技术的推广应用。因此，开展带保温层管道腐蚀电磁导波检测技术研究、设备研制和标准制定具有重要的理论意义和工程应用价值。

6.1　检测原理

磁致伸缩超声导波检测技术，是利用磁致伸缩效应在构件中产生的超声导波，对构件实施检测的一种方法。导波是指在有界介质(如管、板、杆等)中平行于介质边界并以超声或者声频率传播的机械波(或弹性波)。声波沿着介质传播时，被介质的几何边界所引导，相应的导波传播介质称为波导。导波在传播过程中遇到缺陷时会发生反射，从而可以应用于检测。由于能量被限制在波导内部，导波能够传播很长距离，例如，在状况良好的钢管中导波一般可传播数十米甚至上百米的距离，因而使用导波技术可以从总体上提高检测效率和降低检测成本。导波的传播需要对象横截面上全部质点的参与，因而能够检测内外部缺陷。此外，由于传感器仅需要贴近被检对象上很小一段进行作业，因而，它尤其适用于管道的在役检测[1-11]。

根据耦合方式上的差异，磁致伸缩超声导波检测技术可分为直接法和间接法两种，下面分别对其进行介绍。

6.1.1　直接法

直接法是利用材料自身的磁致伸缩效应在构件中直接激励和接收超声导波，只能适用于被检对象为铁磁性材料的检测，其检测原理如图 6.1 所示。这种方法的传感器包括激励线圈、检测线圈和提供偏置磁场的磁化器三个部分。两种线圈为与被检铁磁性材料构件同轴的螺线管，用于实现交变磁场和应力波之间的能量与信号转换。偏置磁场沿轴线方向，其作用主要有两方面：一是提高磁能与声能的换能效率，二是选择导波模态。偏置磁场可以采用电磁或永磁方式加载。在进行检测时，首先向激励线圈通入大电流脉冲，产生交变磁场；激励线圈附近的铁磁材料由于磁致伸缩效应受到交变应力作用，从而激励出超声波脉冲；超声脉冲沿被检构件轴线传播时，不断在构件内部发生反射、折射和模式转换，经过复杂的干涉与叠加，最终形成稳定的导波模态。当构件内部存在缺陷时，导波将在缺陷处被反射回来；当反射回来的应力波通过检测线圈时，由于逆磁致伸缩效应会引起通过检测线圈的磁通量发生变化，检测线圈将磁通量变化转换为电压信号；通过测量检测线圈的感应电动势就可以间接测量反射回来的超声导波信号的时间和幅度，从而获取缺陷的位置和大小等信息。

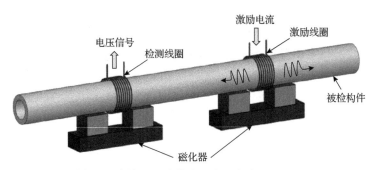

图 6.1　直接法磁致伸缩超声导波检测原理图

6.1.2　间接法

间接法基于磁致伸缩效应在磁致伸缩带上激励超声导波，通过干耦合或粘接耦合的方式将超声导波由磁致伸缩带传送到待测构件上，实现超声导波激励；并通过相同耦合的方式将超声导波从待测构件传送回磁致伸缩带，基于逆磁致伸缩效应，实现导波接收。该方法既适用于铁磁性材料的检测，又适用于非铁磁性材料的检测，其检测原理如图 6.2 所示。这种方法的超声导波传感器包括线圈和磁致伸缩带两部分，磁致伸缩带在使用前需要进行预磁化。检测时，磁致伸缩带与被检构件可采用固化胶紧密粘贴，也可用其他方式紧密耦合，实现声能传递。其检测缺陷的原理与直接法相同。

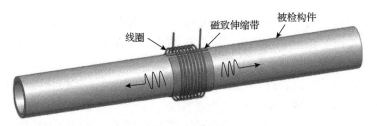

图 6.2　间接法磁致伸缩超声导波检测原理图

6.2　研究进展与现状

电磁导波传感器利用电磁场和铁磁材料的磁致伸缩效应及其逆效应实现能量耦合和信号转换，检测时允许一定的提离距离（一般可达几厘米）而不需要与被检对象直接接触。而压电超声导波基于压电效应实现导波检测，一般需要耦合剂，最近发展起来的干耦合方式也需要对传感器安装位置进行表面处理，必须进行直接接触，由于压电陶瓷生产工艺的限制，也不适用于高温管道检测，且传感器容易损坏，探头一致性较难调节。因此，电磁导波传感器这种不需要直接接触的特点在某些场合具有特别的优势，例如它可以用于因对象表面比较粗糙或温度较高而无法使用压电传感器的情况。磁致伸缩效应传感器的换能效率比压电传感器低，但在检测常用的低频范围（几十到上百千赫兹）内能够满足使用要求，同时其检测成本较低，因而也引起了较为广泛的研究兴趣。

6.2.1　研究现状

磁致伸缩超声导波检测原理的基础是磁致伸缩（或 Joule）效应[12]及其逆（或 Villari）效应[13]。铁磁体在外磁场中被磁化时，其外形尺寸会发生变化，即产生磁致伸缩应变，从而在铁磁体内激发应力波，这种应力波实际上是结构导波，也是一种弹性波。反过来，当铁磁中存在缺陷时其声阻将发生变化，从而引起导波的反射、透射等，进而导致铁磁体内磁感应强度发生变化，而变化的磁感应强度必定引起接收线圈中的电压变化，通过测量电压信号即可检测出铁磁体构件中是否存在腐蚀、裂纹、破损等缺陷。这就是磁致伸缩超声导波应用于无损检测的机理。

磁致伸缩超声导波技术应用于无损检测领域始于 1990 年，当年美国西南研究院无损评估科学技术课题组为解决传统的吊桥和新兴的斜拉桥拉索缺陷检测问题，针对斜拉桥拉索检测的特点，提出了非接触和无须耦合的检测需求。该课题组首先考虑了 20 世纪 60 年代发展起来的电磁超声技术，但由于要求传感器与工件之间的距离非常小，因此该技术无法满足检测的需求。后来又经过研究提出了磁致伸缩超声导波技术应用于斜拉桥拉索检测的可能性，1992 年美国西南研究院对该项技术进行了资助。随着项目的成功应用，开展了一系列相关检测对象的研究，如管道检测、钢丝绳检测等，同时也获得了多家政府机构的资助，包括美国联邦公路局和美国燃气技术研究所。

目前，国内外对磁致伸缩超声导波检测技术的研究主要包括以下几个方面，分别是理论模型、实现方法、信号处理方法。

磁致伸缩超声导波检测的理论模型主要研究如下。Gurevich[14]提出了利用电磁声传感器在铁磁性材料中激励声场并用格林函数计算其参数的方法。Boltachev等[15]研究了在铁磁性钢管中电磁场与弹性波的理论模型，模型中考虑了磁弹性耦合问题，但没有提供有效的数学计算，其结果也没有进行实验验证。Sablik 等[16-18]的研究包括由麦克斯韦方程推导出电磁理论一般公式，由钢管中的弹性波方程和利用边界状态求解电磁波方程等，讨论了磁致伸缩与磁致伸缩耦合系数之间的关系。Choi 等[19,20]分别利用电路等效理论把磁致伸缩导波检测的各部分利用电路理论进行等价，建立了检测系统的电路模型，缺点是传输矩阵随着镍片的厚度变化，电阻和电抗误差很大，导致建立模型与实验存在较大的误差；建立了传输线模型，将缺陷转化为一维反射问题，利用声阻抗的变化建立模型，利用该模型模拟缺陷的波形与实际缺陷波形较一致，但模拟缺陷的幅值总是小于实际缺陷的幅值。

实现方法的主要研究包括：美国西南研究院的 Kwun 等[21,22]对磁致伸缩超声导波长距离检测的优点进行了阐述，实现了非接触式纵向模态[23]和接触式扭转模态的激励[24]，虽然在激励扭转波时提高了换能效率，但丧失了非接触式的优势。韩国的 Kim 等[23-26]也利用接触式方式实现了扭转波的激励，对镍片耦合产生扭转模态导波的方法进行了优化设计，实现了不需要预磁化前提下利用镍片的磁致伸缩效应在管道中激励导波；而且研究了偏置磁场的优化问题，即将检测信号幅值表达为偏置磁场的积分形式，并将偏置磁场的设计问题转化为磁轭的拓扑优化问题，通过有限元技术针对线性磁化曲线和非线性磁化曲线对电磁铁磁轭的形状进行优化。王悦民[27]研究了在钢管中激励纵向模态导波时如何选取合适的直流偏置磁场使得检测信号幅值最大。柯岩[28]通过实验研究了激励脉冲包含的正弦波周数和偏置磁场强度对纵向模态导波激励的影响，设计了梳式、周向阵列和径向探头，并结合导波理论对其模态选择的结果进行了分析。

磁致伸缩超声导波无损检测技术信号处理方法在很多方面可以借鉴一般导波的信号处理方法。在导波检测信号处理方面的主要研究包括：Alleyne 等[29]使用硬件滤波器，如高通滤波或低通滤波对导波检测信号进行处理。Wilcox 等[30]利用导波传播距离的衰减公式对检测信号进行频散补偿，消除了导波频散对检测结果的影响。Siqueira 等[31]使用小波变换方法进行了信号处理，结果显示该方法可以提高信噪比，增加结果的可信度。Wang 等[32]利用短时傅里叶变换和高阶谱的信号处理方法对磁致伸缩导波信号进行了处理，表明高阶谱分析可以从不同的缺陷信号中提取出相位信息。何存富等[33]利用小波变换和 Wigner-Ville 变换方法对导波检测信号进行分析处理，实验结果表明，小波变换后缺陷回波信号的信噪比大大提高；Wigner-Ville 的相关变换可以在时频域内对缺陷的回波信号进行分析，使缺陷辨别起来简单易行。

　　基于磁致伸缩效应的导波检测仪有美国西南研究院开发的 MsSR 系列长距离导波检测系统，该系统采用接触式检测，需对传感器接触部位进行表面处理，可靠检测灵敏度为管道横截面积损失量的 5%，对于带油漆层地上直管道单方向检测距离可达 150m，对纵向缺陷灵敏度较差，适宜检测横截面积损伤。

6.2.2　应用现状

　　磁致伸缩超声导波检测技术应用主要研究包括：Kwun 等[34]研究了构件中导波的传播特性，为后续的应用提供了基础；通过研究铁棒中不同模态弹性波的激励和接收方法，激励出纵向、扭转和弯曲模态导波；利用低频激励信号对钢丝绳的断丝情况进行检测，检测距离达 100m[35,36]；对承力状态下钢丝绳弹性波特性进行了研究，在大拉力下出现频带消失的现象；钢管检测方面，通过实验证明磁致伸缩传感器能够用于钢管腐蚀坑的检测，研究了利用磁致伸缩传感器对管道中缺陷进行检测和描述的问题[37,38]；对不同横截面积刻槽的检测表明，这些平面缺陷的发射系数与波的频率无关，并且随缺陷面积的增加而单调增加；对于腐蚀坑则相反，这些体积缺陷的反射系数不仅与横截面积有关，也与缺陷的轴向尺寸和波的频率有关；板的检测方面，利用磁致伸缩超声导波技术可以在板中激励出对称和反对称模态的兰姆波；对混凝土结构中钢筋和钢绞线的检测，利用磁致伸缩传感器观测了混凝土的凝固过程，得到了导波在预应力钢绞线上混凝土凝固不同阶段中的衰减曲线，实验证明信号的衰减程度与黏合质量成正比[39]；在充水管道中研究了管道中液体对磁致伸缩超声导波检测的影响，如能量泄漏、模式转换等；在结构健康监测（structural health monitoring，SHM）方面，将传感器永久地安装在管道上，通过监测比较法提高了检测的精度[40-42]；对带包覆层管道的检测，通过实验研究了在有煤焦油磁漆防腐层的埋地管道中 $T(0,1)$ 模态的衰减特性，结果表明频率越高，$T(0,1)$ 模态衰减越大，需要开发高能的导波检测装置实现长距离检测，其中没有针对能量衰减的原因及改进的可行性进行理论研究及实验，同时实验用管道均需在导波激励区去掉包覆层；通过设计内检测传感器实现了热交换管的检测[30]。Lee 等[43-47]利用镍片的耦合作用将该技术应用于非铁磁性材料的管材和板材检测，并利用非接触的方式实现了转子的检测。

6.3　管道导波频散曲线高精度快速计算方法研究

　　频散曲线是导波在构件中传播特性的特征曲线，是激励参数选择、传感器设计和信号分析时的重要依据。在实施导波检测前，应根据被检构件的结构、力学和声学等参数计算频散曲线。有时为提高导波对缺陷的灵敏度，需要较高频率的激励。但在较高频率的激励下，频散曲线会因管道壁厚和计算频率的乘积较大而容易出现溢出和丢失精度，即"大频厚积"问题，不利于检测信号的分析。此外，工业现场管道的材质和规格较多，为提高检测效率，对频散曲线的计算速度提出了较高的要求。因此，本节对管道导波频散曲线高精度快速计算方法进行了研究。首先分析频散曲线计算中"大频厚积"问题出现的原因；在此基础上，提出基于指数矩阵的方法避免计算过程中的浮点数溢出，以提高计算精度；然后针对厚壁管频散曲线计算速度过慢的问题，采用快速扫查和多线程相结合的方法，提高频散曲线的计算速度；最后，在上述研究成果的基础上开发管道导波频散曲线高精度快速计算程序，为后续研究的展开奠定基础。

6.3.1　频散曲线计算中的"大频厚积"问题研究

1. "大频厚积"问题分析

"大频厚积"问题表现为当频散曲线计算过程中的"频厚积"较大时，计算程序不能准确地计算出所有的模态，如图 6.3 所示为 ϕ813mm×60mm 规格管道 L 模态相速度频散曲线计算结果，可以发现图中相速度曲线出现了跳变等不连续现象，表示某些模态的根未能求解出。

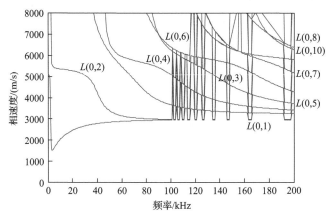

图 6.3　频散曲线计算中的"大频厚积"现象（ϕ813mm×60mm）

频散曲线计算中，贝塞尔函数的类型和自变量分别由式(6.1)中的变量 α^2 和式(6.2)中的变量 β^2 决定：

$$\alpha^2 = 4\pi^2 f^2 \left(\frac{1}{v_1^2} - \frac{1}{c^2} \right) \tag{6.1}$$

$$\beta^2 = 4\pi^2 f^2 \left(\frac{1}{v_2^2} - \frac{1}{c^2} \right) \tag{6.2}$$

式中，f 为导波的频率；c 为导波的相速度；v_1 为纵波声速；v_2 为横波声速。纵波声速和横波声速可通过泊松比和体波声速 v 计算出。当 α^2 或 β^2 小于零时，采用修正贝塞尔函数计算特征矩阵中的元素，修正贝塞尔函数的阶数由导波模态的周向阶数决定，修正贝塞尔函数自变量的取值如式(6.3)所示：

$$x = r\sqrt{|\chi|} \tag{6.3}$$

式中，r 根据计算特征矩阵的元素取管道的内径或外径；χ 取 α^2 或 β^2。

小宗量情况下整数阶修正贝塞尔函数存在渐近展开式[35-38]，如式(6.4)和式(6.5)所示：

$$I_n(x) = \sum_{k=0}^{\infty} \frac{1}{k!(n+k)!} \left(\frac{x}{2} \right)^{2k+n} \tag{6.4}$$

$$K_n(x) = \frac{1}{2} \sum_{k=0}^{n-1} \frac{(-1)^k (n-k-1)!}{k!} \left(\frac{x}{2} \right)^{2k-n} + (-1)^{n+1} \ln\left(\frac{x}{2} \right) I_n(x)$$

$$+ (-1)^n \frac{1}{2} \sum \left(\Psi(k+1) + \Psi(n+k+1) \right) \frac{\left(\frac{x}{2} \right)^{2k+n}}{k!(n+k)!} \tag{6.5}$$

式中，$\Psi(1) = -\Upsilon, \Psi(n) = -\Upsilon + \sum_{k=1}^{n-1} k^{-1} (n \geqslant 2)$；$\Upsilon$ 为 Euler-Mascheroni 常数。大宗量情况下整数阶修正贝塞尔函数存在渐近展开式，如式(6.6)和式(6.7)所示：

$$I_n(x) = \frac{e^x}{\sqrt{2\pi x}} \sum_{k=0}^{\infty} \frac{(-1)^k}{k!(8x)^k} \prod_{m=1}^{k} [(4n)^2 - (2m-1)^2] \tag{6.6}$$

$$K_n(x) = \sqrt{\frac{\pi}{2}} e^{-x} \sum_{k=0}^{\infty} \frac{1}{k!(8x)^k} \prod_{m=1}^{k} [(4n)^2 - (2m-1)^2] \tag{6.7}$$

可以看出，大宗量情况下第一类修正贝塞尔函数存在 e^x 因子，第二类修正贝塞尔函数存在 e^{-x} 因子，这两个因子使修正贝塞尔函数呈指数级增长或衰减。在频散曲线计算过程中，数据受计算机系统的限制一般使用双精度浮点数存储。IEEE 754 规定的二进制双精度浮点数使用 1 位存储符号、11 位存储指数域、52 位存储尾数域[39]。其中最高位 63 位，保存符号位 S，"0" 表示正数，"1" 表示负数；62 位～52 位，共 11 位保存指数 E，E 的取值范围为 0～2047，采用移码方式保存；51 位～0 位共 52 位保存系数的尾数，整数位的 1 不保存。浮点数的十进制值可通过式(6.8)计算出：

$$F = (-1)^S \times \left(1 + \sum_{k=1}^{52} b_k 2^{-k} \right) \times 2^{E-1023} \tag{6.8}$$

式中，E=2047 用于表示 NaN(not a number)和无穷大数，E=0 用于表示 0。

当 E=2046 且所有的尾数位均为 1 时为最大的正浮点数 F_{max}，用十进制表示约为 1.79769×10^{308}。

当 E=1 且所有的尾数位为 0 时为最小的正浮点数 F_{min}，用十进制表示约为 2.22507×10^{-308}。

由此可见，双精度浮点数表示的是有限范围的数，虽然它能满足绝大部分的计算范围，但在某些科学计算中计算结果可能超出浮点数的范围，从而导致浮点数溢出。浮点数的运算中如果大于最大浮点数，结果为无穷大，小于最小浮点数时结果为 0。此时，运算溢出后得到的浮点数若再参与其他运算将得到错误的结果。

另外，由于浮点数的尾数位有限，如果尾数不能精确地存储所有系数，就将产生舍入误差。舍入误差是浮点数尾数位存储长度有限造成的，因此它是相对误差。用十进制表示舍入误差约为

$$F_\varepsilon = 2^{-52} = 2.2204460492503131 \times 10^{-16} \tag{6.9}$$

当 α^2 或 β^2 小于零时，使用修正贝塞尔函数计算矩阵的元素，而修正贝塞尔函数呈指数增长或衰减。当修正贝塞尔函数的自变量增大时，函数值会迅速增大(趋向于正无穷大)或衰减(趋向于 0)，从而超出浮点数表示范围。采用 Mathematica 求解式(6.10)和式(6.11)可得到 0 阶修正贝塞尔函数超出浮点数范围时自变量 X 的值：

$$I(0, X_0) = F_{max} \tag{6.10}$$

$$K(0, X_1) = F_{min} \tag{6.11}$$

计算得到 X_0=713.97，X_1=705.34。

若管道的外径为 610mm，体波声速为 5140m/s，泊松比为 0.29，则可计算出纵波声速为 5884m/s，横波声速为 3200m/s；由式(6.3)可知，当 r 取外径且采用纵波声速计算时，修正贝塞尔函数的自变量最大，最可能出现浮点数溢出。溢出临界情况如式(6.12)所示：

$$-X_0^2 = 4\pi^2 R^2 f^2 \left(\frac{1}{v_1^2} - \frac{1}{c^2} \right) \tag{6.12}$$

上述计算参数时的 L 模态频散曲线如图 6.4 所示。图中虚线为超过最大浮点数溢出的临界线，虚线以下的区域将导致修正贝塞尔函数计算结果溢出。

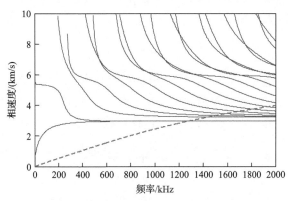

图 6.4　修正贝塞尔函数浮点数溢出范围示意图

实际上贝塞尔函数计算只是频散曲线计算中的一步，即使修正贝塞尔函数没有溢出，其结果参与其他运算时仍可能导致浮点数溢出。所以实际溢出范围比图 6.4 中的溢出范围大。

由上述分析可知，频散曲线计算过程中的"大频厚积"现象实际是计算过程中间计算结果超出计算机数据表示范围导致的。超出范围有两种情况：一种是第一类修正贝塞尔函数的自变量值太大，使计算过程中出现无穷大数，导致无法判断矩阵行列式的符号；另一种是第二类修正贝塞尔函数的自变量值太大，使计算过程中出现 0 值，可能导致判断矩阵行列式符号时出现错误，无法得到正确的解。

2."大频厚积"问题解决思路

由前面的分析可知，解决"大频厚积"问题，应该从解决数值溢出问题出发。

为了解决数值溢出问题，可以采用类似 Mathematica 处理任意大小和任意精度数值的方法，定义更大范围的数据类型及运算法则。然而该方法不是直接基于计算机硬件的数值表示和运算，计算效率低。

另一种方法是采用一种新的数据表示方法。从式(6.6)和式(6.7)可以看出大宗量修正贝塞尔函数渐近展开式中存在因子 e^x 和 e^{-x}，正是这两项因子才使得修正贝塞尔函数呈指数级增长或衰减从而导致浮点数溢出。计算时若将贝塞尔函数的结果存储为系数项和指数项，则可以避免浮点数溢出，如式(6.13)所示：

$$\text{Bessel}(n,x) = p e^q \tag{6.13}$$

计算结果用(p, q)表示。由于只有在大宗量修正贝塞尔函数的情况下才存在溢出的可能，因此可以约定q的取值。

特征矩阵中某一元素的值都是同一类贝塞尔函数的多项式，且贝塞尔函数的自变量相同；q的取值方式符合这一特性，从而使多项式中贝塞尔函数的指数项相同。计算时可直接提取指数项，将系数p代入表达式中计算出系数，最后矩阵中的每一项均可以表示为

$$c_{ij} = p_{ij}\mathrm{e}^{q_{ij}} \tag{6.14}$$

计算机中特征矩阵可存储为系数矩阵和指数矩阵，对矩阵进行高斯消元，将其化为上三角形式，高斯消元前先将所有元素的系数化为1，如式(6.15)所示；同时消元的过程中约定元素的系数为1，这样可确保每一个元素被唯一地表示。

$$c_{ij} = p_{ij}\mathrm{e}^{q_{ij}} = \mathrm{sgn}(p_{ij})\mathrm{e}^{\ln\left(|p_{ij}|\right)+q_{ij}} \tag{6.15}$$

式中，sgn 为符号函数。

基于指数和系数的矩阵表示及求解方式解决了中间运算过程中的浮点数溢出问题，按照频散曲线数值求解方法，即可实现"大频厚积"情况下频散曲线数值计算。

6.3.2　频散曲线快速计算实现方法

1. 基于结果的快速扫查方法

求解某一频率下导波的相速度时，通常以固定步长从 0 到最大求解速度逐一扫查。如图 6.5 所示为采用这种方式求解频散曲线的扫查示意图。

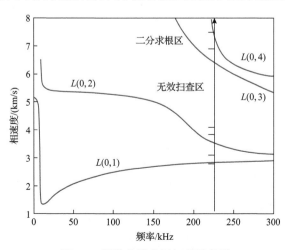

图 6.5　频散曲线求解扫查示意图

从图 6.5 中可以看出，无效扫查区的长度远大于二分求根区，而在无效扫查区进行的是线性查找计算，效率远比二分扫查法低，这样大量的计算时间耗费在无效扫查区。例如，ϕ219.1mm×12.56mm 管道在频率为 200kHz 时，在相速度为 0～8km/s 区域存在三个 L 模态导波，$L(0,3)$ 模态的相速度为 7.021km/s，若扫查步长为 10m/s，则需要计算 703 个点，其中只有三组相邻的点区间存在根，显然绝大部分计算时间耗费在无效扫查区里。因此，固定步长从小到大逐一扫查的求解方式是一种效率低的数值求解方法。

为了提高扫查效率，可采用动态步长扫查法，对扫查步长进行倍数分级。计算时先采用大倍数步长进行粗扫，若能找到全部根，则大大节省了计算时间。若未找到全部根，再采用更小的步长扫查，直到找到全部根。动态步长扫查法虽然增大了二分求根区的宽度，但是减少了无效扫查的速度点数。由于二分扫查法具有对数级的效率，因此增大了二分求根区的宽度不会使效率显著下降，而减少无效扫查点可线性提升计算效率。在频散曲线较稀疏的地方，动态步长扫查法可显著提高计算效率。

当计算频散曲线时，往往以一定步长逐一求解各个频率下各模态的速度。从频散曲线图中可以看出，任一模态的频散曲线都是连续的曲线，这意味着两个相邻频率下相同模态的速度也是相近的，即求解时两个相邻频率求解出来的各个根也相近，如表 6.1 所示。

表 6.1　相邻频率各模态导波相速度对比　　　　　　　（单位：m/s）

模态	频率		
	199kHz	200kHz	201kHz
$L(0,1)$	2793	2795	2797
$L(0,2)$	4011	3985	3960
$L(0,3)$	7052	7021	6970

从表 6.1 可以看出，若已经求解出上一个频率，则求解出来的下一个频率的导波速度应该在上一个频率导波速度的附近。这就为快速计算提供了一个思路：求解第一个频率时可采用动态步长从小到大逐一扫查的方式求解，求解其后的频率时以上一个频率求解的速度为节点向两端扫查。这样经过几次扫查就可以找到所有的根，避免了大量的无效扫查，因此可极大地提高计算效率。

以上一求解频率得到的 n 个相速度为基准，将 0 到最大求解速度分为 $n+1$ 段；第一段从大到小扫查，最后一段从小到大扫查，中间段从两端向中间扫查，这样可保证待求相速度更接近于扫查起点，提高扫查效率。以上一轮的扫查终点作为下一轮的扫查起点对这 $n+1$ 段进行多轮扫查直至找到所有根。由于无法预知下一个解可能出现在哪一段,所以每一轮都必须对这 $n+1$ 段进行扫查,除非该段已全部扫查完。基于结果的快速扫查方式由于扫查起点已经接近目标速度,所以可以采用固定步长的扫查方式。图 6.6 为基于结果的快速扫查方式求解示意图。

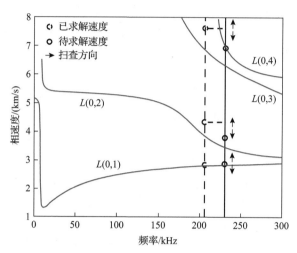

图 6.6 基于结果的快速扫查方式求解示意图

动态步长扫查和基于结果的快速扫查利用二分扫查的高效性和频率曲线连续性这两个特点,使频散曲线计算过程避免了大量的无效扫查,相比原来的扫查方式计算速度有较大提高。

2. 频散曲线多线程并行计算方法

当计算频散曲线时,求解各个频率下的导波相速度是相互独立的,因此适用多线程并行计算,可大幅缩短计算时间。启动一个计算线程采用固定步长从小到大逐一扫查的方式求解截止频率;根据待求解的频率簇和截止频率分配用于存储频散曲线结果的全局内存;将待求解的频率分为 n 组,每一组都为连续的频率,便于采用基于结果的快速扫查方式计算该组频率;在计算线程中再启动 n 个线程计算这 n 组频率;计算每组的第一个频率可采用动态步长从小到大的扫查方式,计算其后的频率可采用基于结果的快速扫查方式;计算线程等待所有线程计算完毕,再进行群速度计算,最后向主线程发送计算完成消息。

需要指出的是,计算时并不是线程数越多越好,而是根据处理器的核心数选择合适的线程。一般线程数不应超过核心数,否则反而可能降低计算效率,因为超过核心数的线程计算会不断进行线程切换,消耗中央处理器(central processing unit,CPU)资源。

6.3.3　厚壁管道导波频散曲线计算程序开发

1. 程序框架与实现

基于上述研究，采用 VC++开发了厚壁管道导波频散曲线计算程序。计算软件主界面如图 6.7 所示。

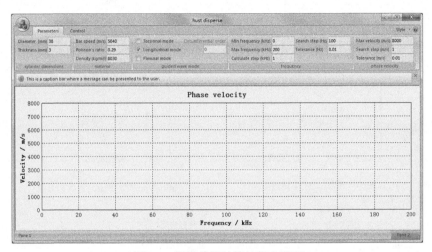

图 6.7　频散曲线计算软件主界面

计算频散曲线时，首先输入计算参数，可输入的频散曲线计算参数有：

(1)管道尺寸参数，包括外径、厚度；

(2)管道材料参数，包括体波声速、泊松比和密度；

(3)导波模态参数，包括导波模态(T模态、L模态和F模态)和周向阶数；

(4)频率计算参数，包括最小计算频率、最大计算频率、频率计算步进、截止频率扫查步进和频率计算精度；

(5)速度计算参数，包括最大计算速度、速度扫查步长、速度计算精度。

频散曲线计算程序基于多线程实现。程序主线程负责响应人机交互和计算线程进度更新消息，由于频散曲线计算采用多线程并行计算，进度更新频繁，所以主线程进度更新通过定时器实现，避免直接响应进度更新消息导致主线程阻塞。计算线程分为计算主线程和计算子线程，计算主线程用于计算截止频率，计算子线程则进行频散曲线的实际求解。频散曲线多线程计算流程图如图 6.8 所示。

频散曲线结果可通过主界面显示、数据存储和截图等方式显示或存储，可存储的数据文件格式分为文本格式和二进制格式，文本文件便于查看频散曲线频率和速度；二进制数据文件则可实现不同环境的读取和使用，提高软件的开放性。

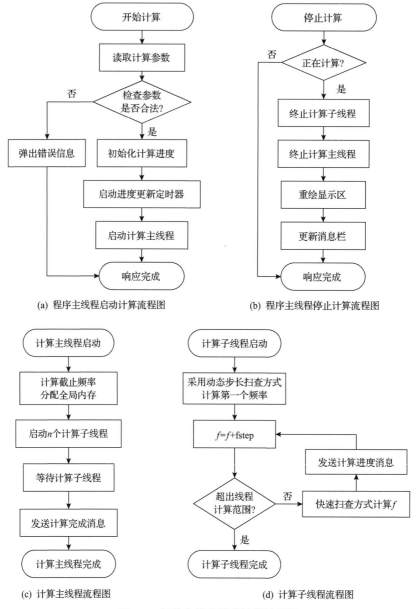

(a) 程序主线程启动计算流程图　　　　　　　　(b) 程序主线程停止计算流程图

(c) 计算主线程流程图　　　　　　　　　　　　(d) 计算子线程流程图

图 6.8　频散曲线多线程计算流程图

2. "大频厚积"计算能力验证

在实际检测中, 频散曲线一般只需要计算到几百千赫兹即可。为了验证该程序"大频厚积"计算能力, 选择 $\phi219.1\text{mm}\times12.56\text{mm}$、$\phi349\text{mm}\times72\text{mm}$ 和 $\phi813\text{mm}\times60\text{mm}$ 规格的管道, 材料的体波声速为 5140m/s, 泊松比为 0.29, 最大计算频率为

1MHz。计算出的相速度频散曲线如图 6.9 所示。

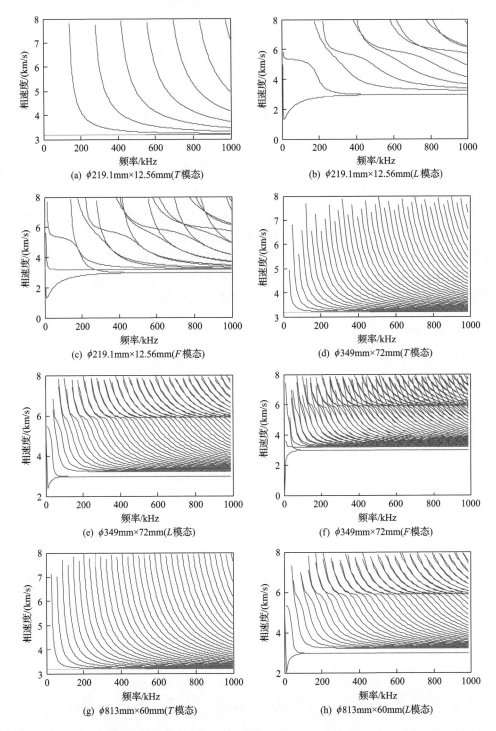

(a) ϕ219.1mm×12.56mm(T 模态)

(b) ϕ219.1mm×12.56mm(L 模态)

(c) ϕ219.1mm×12.56mm(F 模态)

(d) ϕ349mm×72mm(T 模态)

(e) ϕ349mm×72mm(L 模态)

(f) ϕ349mm×72mm(F 模态)

(g) ϕ813mm×60mm(T 模态)

(h) ϕ813mm×60mm(L 模态)

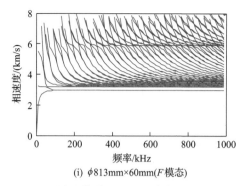

(i) ϕ813mm×60mm(F模态)

图 6.9　厚壁管道相速度频散曲线计算结果

上述管道频散曲线计算中，最大频厚积达到 60MHz·mm，该程序仍然可准确计算出三种模态的相速度频散曲线。基于 MATLAB 的 PCDISP 在"频厚积"达到 30MHz·mm 时就不能准确地计算出频散曲线的所有根[19]。实际上基于指数求解的频散曲线计算程序不受计算范围的限制，可计算任意频厚积情况下的频散曲线。不过当频厚积变大后，同一频率对应的模态数变多，两个相邻模态之间的速度很接近，此时需要减小扫查步长，但会导致计算量大幅度增加。

3. 快速计算能力验证

为了验证该程序的快速计算能力，选择尺寸为 ϕ813mm×60mm、体波声速为 5140m/s、泊松比为 0.29 的管道，采用不同的软件在 3.0GHz 四核心 CPU 计算机上计算 0～1MHz 频率范围内 T 模态、L 模态和 $F(1,m)$ 模态导波频散曲线。DISPERSE 程序按默认的参数计算；本软件和 PCDISP 的频率计算步进为 5kHz，最大计算速度为 10km/s，速度计算误差为 0.001m/s。各软件计算用时如表 6.2 所示。

表 6.2　频散曲线计算时间对比

软件	本程序	DISPERSE	PCDISP
计算时间	59s	71s	大于 30min

通过表 6.2 数据可知，基于 MATLAB 的 PCDISP 程序计算效率很低，DISPERSE 和本程序能够在较短的时间计算出管道的频散曲线，已能基本满足现场检测时计算频散曲线的需求。

6.4　仪　器　开　发

随着超声导波检测技术的快速发展，检测仪器的研究和开发受到了越来越多的关注。本节在电磁导波检测原理研究的基础上进行了系统设计，研制了仪器主机和传感器，编制了检测软件，完成了电磁导波检测仪器的研制。

6.4.1　总体设计

　　根据电磁导波检测原理和信号处理要求设计的检测仪器结构如图 6.10 所示。整个检测仪器由主机、激励传感器、接收传感器和前置放大器组成，通过弹性波激励和接收，实现构件的检测。实现检测的过程如下：首先将激励传感器和接收传感器安装在待测构件上，待测构件可带包覆层且表面无须处理，再利用便携计算机控制信号发生单元产生特定频率的正弦波信号。正弦波信号输入到门控电路，在计算机的控制下产生特定宽度和间隔的门控信号。正弦波信号在门控信号的控制下经功率放大器放大后传输到激励传感器，通过磁致伸缩效应在待测构件中产生弹性波，接收传感器利用逆磁致伸缩效应将弹性波信号转换为电信号，信号经前置放大器放大后，进入放大滤波电路进行处理，然后通过信号采集端口进入数据采集单元，经其中的 A/D 转换后进入计算机，经计算机处理后得到构件的检测信号和结果。

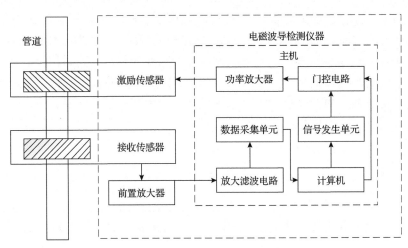

图 6.10　检测仪器结构框图

6.4.2　硬件开发

　　检测仪器主机主要实现脉冲信号的发生、放大，检测信号的采集和处理等功能，主要由功率放大器、门控电路、信号发生单元、计算机、数据采集单元、放大滤波电路等组成，由于其中多个单元为通用性产品，所以不对其进行开发，仅对具体参数提出要求，对于主机中特有的单元将进行专门开发。

1. 功率放大器

功率放大器作为提供脉冲大功率激励信号的单元，在整个主机中起着至关重

要的作用，直接决定了激励信号的频率范围和功率大小。由于磁致伸缩超声导波
检测使用的频率一般为 10～300kHz，瞬态功率达 1～10kW，同时输出电压的峰
值需达到 1kV，所以一般的音频功放无法应用到本检测仪器。

针对本仪器功率放大器主要为脉冲方式工作，占空比小于 1%，同时输出电压
需要达到千伏级，功率达到千瓦级，设计了基于推挽放大器和高频大功率变压器
输出的大功率高频放大器，其原理框图如图 6.11 所示。

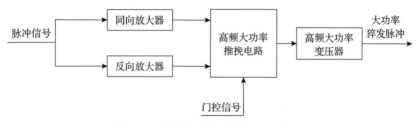

图 6.11　大功率高频放大器原理框图

推挽电路选用大电流高电压的金属-氧化物半导体场效应晶体管（metal-
oxide-semiconductor field-effect transistor，MOSFET），变压器为脉冲变压器。该放
大器的工作原理是首先将特定频率周期的猝发脉冲分别输入到同相放大器和反相
放大器，经过处理后输出到高频大功率推挽电路，在门控信号的控制下产生大电
流大功率的脉冲，再经过高频大功率变压器后产生高电压大功率的猝发脉冲提供
给激励传感器。设计开发的功率放大器主要参数为频率 10～300kHz，输出电压峰
峰值 1kV，瞬态功率 4kW，要求占空比小于 1%。

2. 门控电路

门控电路的功能是根据计算机的控制信号通过单片机控制产生相应宽度的
门控信号，用于开启功率放大器，确保其工作在脉冲模式，其原理框图如图 6.12
所示。

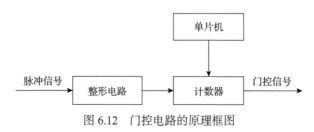

图 6.12　门控电路的原理框图

门控电路的原理是脉冲信号首先进入整形电路，转换为方波信号输入到计数
器，计数器在单片机控制下产生特定宽度和间隔的门控信号。设计的门控电路截
断周期从 1 至 10 可调，脉冲重复频率从 1 至 100Hz 可调。

3. 信号发生单元

信号发生单元的功能是根据计算机的控制信号产生特定频率和幅值的正弦波信号，其原理框图如图 6.13 所示。

图 6.13　信号发生单元的原理框图

信号发生单元的原理是单片机通过串行外围设备接口（serial peripheral interface，SPI）通信协议控制直接数字频率合成（direct digital synthesis，DDS）芯片产生特定频率的正弦波信号，再经过去耦电路和放大电路产生特定幅值的正弦波信号。设计的信号发生单元输出正弦波信号的频率为 10~300kHz 可调。

4. 数据采集单元

数据采集单元用于采集检测数据，并传输给计算机实现数据的处理、存储、显示。由于数据采集卡有很多成熟产品，针对本系统的要求仅对一些参数和接口提出选型参考值。由于采集数据的频率达到 300kHz，结合数据采样的要求，采集单元的采样速率不能低于 3MHz，为了便携性的需要采用 USB2.0 接口。

5. 放大滤波电路

虽然原始的检测信号通过信号预处理电路进行了适当的放大滤波，但对于毫伏甚至微伏级检测信号需要进一步的处理。导波的频散和多模态等特性，使得检测信号很复杂，需要设计特定的放大器和窄带滤波器。在放大滤波电路的设计中需要注意放大电路的频率和放大倍数，选用低噪声、合适增益带宽积运算放大器。窄带滤波器检测信号中特定频率的设计，应保证缺陷信息不丢失，同时将不需要的噪声信号滤除。

6.4.3　传感器设计

由电磁导波检测原理可知，激励传感器和接收传感器均由线圈和磁化器组成。磁化器直接关系到耦合效率，从而影响到检测结果。而激励线圈的参数也将影响耦合效率和功率放大器的效果，需要在参数设计上进行研究。接收线圈的参数影响接收信号从而直接影响检测结果，如何保证接收线圈能够完整获得检测构件的信息也需要在参数设计上进行研究。而对于实际应用的便捷性，还必须对线圈的安装方式进行设计。对于管道，由于可分别利用纵向模态和扭转模态导波进行检测，而不同模态的产生原理不同，需不同的传感器结构予以实现。因此，以下分别对纵向模态导波传感器和扭转模态导波传感器的设计进行介绍。

1. 纵向模态导波传感器的设计

要在构件中产生平行于轴线方向的交变磁场，根据电磁场理论，螺线管结构的线圈在以穿过方式安装在构件时，构件中产生的磁场就是平行于轴线方向的磁场。所以激励线圈设计为以穿过方式安装在构件上的螺线型线圈，同时鉴于激励能量和弹性波波长的考虑，激励线圈的匝数一般较少。

偏置磁场的存在是为了消除倍频效应和提高换能效率，偏置静态磁场的产生可选用直流线圈或永久磁铁。直流恒定磁化对电源具有较高的要求，激励电流一般为几安培甚至上百安培，直流磁化强度可通过控制电流的大小调节，随着连续使用，电磁铁的发热难以避免。同时为了让螺线管承受足够大的电流从而提供足够强的偏置磁场，需要选用较粗的铜线绕成单层或多层同轴线圈绕组。但螺线管线圈必须以穿过方式安装，而这常常无法实现。以永久磁铁作为磁源的永磁磁化方式是一种不需电流源的磁化方式，与直流恒定电流磁化方式具有相同的特性，一般为开放式结构，所需安装空间较小，易于安装。但在磁化强度的调整上不及直流磁化方式方便，其磁化强度一般通过磁路设计来保证。由于永久磁铁，特别是稀土永磁，具有磁能积高、体积小、重量轻及无需电源等优点，基于磁致伸缩效应的纵向模态导波激励传感器如图 6.14 所示。

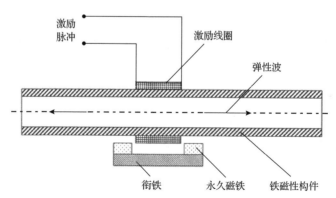

图 6.14　基于磁致伸缩效应的纵向模态导波激励传感器

在待检的铁磁性构件上安装一个匝数较少的激励线圈，同时在激励线圈正上方沿周向方向安装多个由稀土高强度磁铁和衔铁组成的磁化装置，从而在构件中产生需要的直流偏置磁场。当激励线圈中通有大功率交变信号时，铁磁性构件中将感生出交变磁场，在偏置磁场的耦合作用下，激励出双向传播的弹性波。

接收传感器由接收线圈和偏置磁化器组成。要在构件中感应平行于轴线方向的交变磁场，根据电磁场理论，螺线管结构的线圈可以实现要求。由于转换效率较低所以要求接收线圈的匝数较多，以保证接收信号的能量。偏置磁化器主要是为了提高耦合的效率从而增大感应电压，其设计和激励端的磁化器相同。根据上述设计的要求，设计的接收传感器如图 6.15 所示。

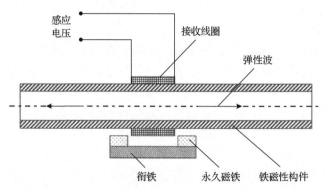

图 6.15　基于逆磁致伸缩效应的纵向模态导波接收传感器

由图 6.14 和图 6.15 可知，纵向模态导波传感器由激励传感器和接收传感器组成，其中，激励传感器由激励线圈和磁化器组成，接收传感器由接收线圈和磁化器组成。由于原始检测信号较微弱，为了保证信号传输过程中不丢失信息和减少传输过程中的干扰，在接收线圈前端，配置了前置放大器。下面分别对磁化器、激励线圈、接收线圈和信号预处理电路的设计进行介绍。

1) 磁化器

磁化器是用来产生偏置磁场的装置，以永久磁铁为磁源的磁化器具有使用方便、灵活、体积小和重量轻等特点，所以本检测仪器选用永久磁铁作为磁源。磁化器由衔铁和永久磁铁组成，通过将磁化器和待测构件组成一个磁回路实现待测构件的磁化。使磁化器产生合适的磁场强度是实现检测的重要条件，直接影响检测的结果。如何确定磁化器磁场强度的大小，从而使得检测仪器处在最佳的能量转换效率，一般主要通过经验确定，但这种方式效率较低，同时还不能保证检测仪器处于最佳工作状态。

利用磁通守恒定律，永久磁铁面积与构件中磁化强度具有式(6.16)所示的关系：

$$S_m = K M_g S_g / M_m \tag{6.16}$$

式中，S_m 为被永久磁铁磁化的面积；K 为磁化系数，由磁路参数确定；M_g 为被测构件的磁化强度；S_g 为被测构件的横截面积；M_m 为永久磁铁的磁化强度。所以当永久磁铁作为偏置磁场磁化器时，可以用永久磁铁的磁化面积表示待测构件的磁化强度。

结合对不同构件的实际应用给出一种用永久磁铁作为磁化器磁源时确定最佳

磁化强度的方法。首先保持接收传感器永久磁铁的磁化面积和激励线圈的电压不变，将激励传感器永久磁铁的磁化面积设为 ST_1，利用磁致伸缩超声导波检测仪器得到检测信号第一个非电磁脉冲信号的峰峰值为 VT_1，改变激励传感器永久磁铁的磁化面积为 ST_i，得到一系列对应的检测信号第一个非电磁脉冲信号的峰峰值为 VT_i，求取序列 $\{VT_i\}$ 的最大值 VT_{max}，得到对应于 VT_{max} 的激励传感器永久磁铁的磁化面积 ST_{max}，则 ST_{max} 为激励传感器的最佳磁化面积；然后保持激励传感器永久磁铁的磁化面积为 ST_{max} 和激励线圈的电压不变，将接收传感器永久磁铁的磁化面积设为 SR_1，利用电磁超声导波检测仪器得到检测信号第一个非电磁脉冲信号的峰峰值为 VR_1，改变接收传感器永久磁铁的磁化面积为 SR_i，得到一系列对应的检测信号第一个非电磁脉冲信号的峰峰值为 VR_i，求取序列 $\{VR_i\}$ 的最大值 VR_{max}，得到对应于 VR_{max} 的接收传感器永久磁铁的磁化面积 SR_{max}，则 SR_{max} 为接收传感器的最佳磁化面积。以上方法使用过程中，磁化面积必须增加到检测信号产生拐点(由大转小)的数值，否则无法找到最佳磁化面积。

磁铁间距也是磁化器设计的关键参数，磁化器的示意图如图 6.16 所示，其中 L 为磁铁间距，线圈安装在两磁铁间。

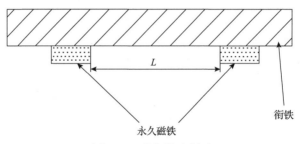

图 6.16　磁化器示意图

磁铁间距的选取必须同时保证线圈安装位置的磁化强度和磁场的均匀分布。在磁铁磁化面积一定的前提下，L 值越小，线圈对应处构件中的磁场强度越大但越不均匀，不均匀磁场将导致激励出多种模态导波，从而增加检测信号的分析难度；L 值越大，线圈对应处构件中的磁场强度越均匀但磁场强度越小，磁场强度降低会导致耦合效率降低，从而缩短检测的距离甚至无法在构件中激励出导波。在实际的应用中可以根据实验的方法设计特定的磁化器，从而保证磁场均匀程度和磁场强度。制作的磁化器实物图如图 6.17 所示。

2)激励线圈

激励线圈需要针对不同的检测构件和检测环境选用匹配的结构，主要为图 6.18 所示的开放式激励线圈。该线圈主要由扁平电缆及接插板组成，安装时只需将激励线圈以开合方式安装在需检测的构件上，非常适合现场的应用。

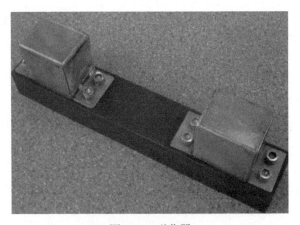

图 6.17　磁化器

图 6.18　开放式激励线圈

　　为了保证线圈能够实现最大功率输出，在线圈设计时必须进行阻抗匹配。阻抗匹配指负载阻抗与激励源内部阻抗互相适配，它反映了输入电路与输出电路之间的功率传输关系。当电路实现阻抗匹配时，将获得最大的功率传输；反之，当电路阻抗失配时，不但得不到最大的功率传输，还可能对电路产生损害。对于不同特性的电路，匹配条件是不一样的。在纯电阻电路中，当负载电阻等于激励源内阻时，输出功率最大。当激励源内阻抗和负载阻抗含有电抗成分时，为使负载达到最大功率，负载阻抗与内阻抗必须满足共轭关系，即电阻成分相等，电抗成分数值相等而符号相反，这种匹配条件称为共轭匹配。所以在设计制作激励线圈时需要研究如何使激励线圈的阻抗与功率放大器的输出阻抗相匹配。功率放大器的阻抗表示为 $Z_i = R_i + jX_i$；激励线圈的阻抗可表示为 $Z_E = R_E + jX_E$。要使激励线圈的功率达到最大，需满足条件 $R_i = R_E$ 和 $X_i = -X_E$。

　　一种方法是在设计线圈时，根据线圈的工作频率，将线圈的阻抗设计到与功率放大器的输出阻抗匹配。另一种方法是当线圈阻抗不匹配时，利用以下方法实现阻抗匹配：①使用变压器进行阻抗转换；②使用串联/并联电容或电感的办法；③可以考虑使用串联/并联电阻的办法。一些驱动器的阻抗比较低，可以串联一个合适的电阻来进行匹配，而一些接收器的输入阻抗比较高，可以使用并联电阻的方法来进行匹配。阻抗匹配的技术可以说是丰富多样，但是在具体的系统中怎样才能比较合理地应用，需要衡量多个方面的因素。

要设计匹配的激励线圈，必须根据线圈的工作频率设计线圈的电感值。一般来说，功率放大器的输出阻抗比较低，其具体量值可以从其标称值中得出，激励线圈的输入阻抗一般是通过测量得到的，对于一些特殊形状的线圈可以通过一些经验公式计算得出。由于激励线圈一般采用螺线管形式，所以可以用式(6.17)所示的经验计算公式得到线圈的电感值：

$$L = \frac{a^2 n^2}{9a + 10b} \tag{6.17}$$

式中，L 为线圈的电感；a 为线圈的直径；n 为线圈的匝数；b 为线圈的长度。

根据阻抗匹配的理论及设计，激励线圈的设计需要采取的步骤如下。

(1)根据功率放大器的输出阻抗，确定线圈的阻抗。

(2)根据线圈的工作频率，确定线圈的电感值。

(3)根据检测构件的尺寸，确定线圈的直径。

(4)由式(6.17)得到线圈的长度和匝数，再利用长度和匝数得到线径，从而完成激励线圈的设计。

当激励线圈和功率放大器匹配条件不满足时，可采用相对有效的 L-匹配网络进行阻抗匹配，匹配网络的等效电路图如 6.19 所示。

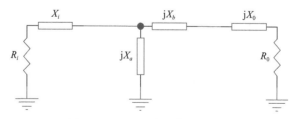

图 6.19　匹配网络的等效电路图

图 6.19 中，X_i 和 R_i 为功率放大器的输出电抗和电阻，一般认为 $X_i=0$ 和 $R_i=50\Omega$；X_0 和 R_0 为激励线圈的电抗和电阻；两个匹配的元件置于功率放大器和激励线圈之间，其阻抗分别为 jX_a 和 jX_b，阻抗元件 X_a 和 X_b 的值通过式(6.18)和式(6.19)确定：

$$X_a = \frac{-(R_i^2 + X_i^2)}{QR_i + X_i} \tag{6.18}$$

$$X_b = QR_0 - X_0 \tag{6.19}$$

式中，Q 被定义为

$$Q = \sqrt{\dfrac{R_i\left[1+\left(\dfrac{X_i}{R_i}\right)^2\right]}{R_0}-1} \tag{6.20}$$

如果设计的电路无法实现，可以将输入和输出对调从而得到合适的电路。如果激励线圈的阻抗采用并联形式，可将其转换为图 6.20 所示的串联形式，而由串联形式转换为并联形式可以由其逆方程得出。

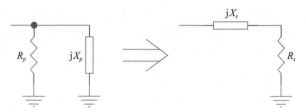

图 6.20　激励线圈的阻抗由并联形式转换为串联形式示意图

R_s 和 X_s 的值通过式(6.21)和式(6.22)确定：

$$R_s = R_p\left[1+\left(\dfrac{R_p}{X_p}\right)^2\right]^{-1} \tag{6.21}$$

$$X_s = X_p\left(\dfrac{R_p}{X_p}\right)^2\left[1+\left(\dfrac{R_p}{X_p}\right)^2\right]^{-1} \tag{6.22}$$

在不匹配条件下，激励线圈和匹配网络的设计需要采取的步骤如下。

(1)根据设计的激励频率需要由式(6.17)初步得到线圈的直径、长度和线径。

(2)利用匹配网络计算得到 X_a 和 X_b 的数值。

(3)根据 Q 值的正负选用合适的电容和电感，修改匹配网络。

(4)根据修改的匹配网络，得到最终激励线圈的设计参数。

3)接收线圈和信号预处理电路

接收线圈同样针对不同的检测构件需要选用匹配的结构，主要为图 6.21 所示的开放式接收线圈，其主要由扁平电缆及接插板组成，安装时只需将激励线圈以开合方式安装在需检测的构件上，非常适合现场的应用。

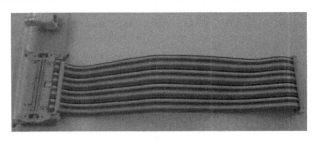

图 6.21　开放式接收线圈

　　由于接收线圈基于逆磁致伸缩效应实现检测信号的接收,单匝线圈的感应线圈一般非常微弱,所以要求接收线圈的匝数多,但线径较激励线圈细。由于原始检测信号较微弱,为了保证信号传输过程中不丢失信息和减少传输过程中的干扰,在接收线圈前端,配置了前置放大器。前置放大器的存在可以进行阻抗变换,减少信号传输中的干扰,所以接收线圈可以不用考虑阻抗匹配。但如果去掉前置放大器,就必须根据传输线的匹配阻抗和检测信号的频率,计算线圈的电感,设计线圈的直径、匝数、宽度和绕线的线径等。

　　前置放大器的主要作用是从接收传感器输出端获得所需的电信号;预放大滤波原始信号,以获得较好的信号噪声比;进行阻抗变换,减少信号传输中的干扰,其原理框图如图 6.22 所示。

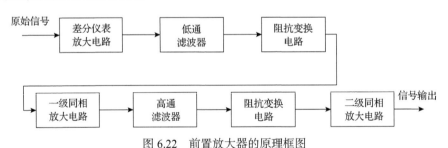

图 6.22　前置放大器的原理框图

　　前置放大器的原理:原始信号首先进入差分仪表放大电路,将微弱信号进行放大,消除共模噪声;通过低通滤波器滤除高频噪声;为了保证滤波器的特性,需要利用阻抗变换电路提高输出端的阻抗;利用同相放大电路对变换后的信号进行放大;再利用高通滤波器滤除低频噪声;再次利用阻抗变换电路提高输出端的阻抗;最后利用同相放大电路进行二级放大,得到输出信号。设计的信号预处理电路的带宽为 10~500kHz,放大倍数为 5~120 倍,输出阻抗为 50Ω。

　　2. 扭转模态导波传感器的设计

　　扭转模态导波传感器是基于维德曼效应和逆维德曼效应原理进行设计的。传感器同样由激励传感器和接收传感器组成，而激励传感器和接收传感器和图 6.1 和图 6.2 所示结构较为相似，均由线圈和磁致伸缩带组成。由于原始检测信号较微弱，为了保证信号传输过程中不丢失信息和减少传输过程中的干扰，在接收线圈前端，配置了前置放大器。扭转模态导波传感器的激励线圈、接收线圈和前置放大器的设计过程，与纵向模态导波传感器的激励线圈、接收线圈和前置放大器的设计过程一致，此处不再赘述。

由于扭转模态导波传感器在使用前，需对磁致伸缩带进行预磁化处理，且要求磁致伸缩带剩磁足够大和磁化均匀，然后再将其粘接至管道表面实施检测，因而设计了专用磁化器和粘接结构。

1) 专用磁化器

专用磁化器结构如图 6.23 所示。磁化器由衔铁、永磁铁、磁铁盒和导向轮构成。永磁铁吸附在衔铁凹槽内形成 U 形磁铁。磁铁盒包围永磁铁，起保护和定位作用。导向轮便于进行磁化，并保证永磁铁与磁致伸缩带有一定提离，以免刮伤磁致伸缩带。

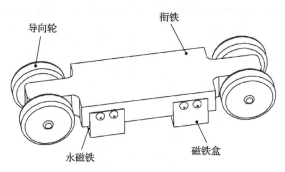

图 6.23　专用磁化器结构

磁致伸缩带的磁化过程是：先将磁致伸缩带并排平铺，并用胶带固定；再将磁化器沿带长度方向均匀移动多次，每次都沿一个方向移动；去掉磁化器，用高斯计或特斯拉计测量端部剩磁，达 100Gs 即符合要求。如果剩磁不够，则沿原磁化方向继续磁化，直至剩磁达到要求。

2) 粘接结构

如图 6.24 所示，利用环氧胶将磁致伸缩带粘接在管道表面后，再用塑料扎带压紧，保证环氧胶固化期间磁致伸缩带与管道表面可靠接触。待环氧胶固化后可去掉扎带安装上线圈进行检测。该传感器可使磁致伸缩带与管道表面粘接为一体，耦合效率高。

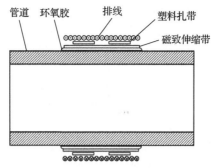

图 6.24　粘接结构

6.4.4　软件开发

检测软件的主要功能有信号发生单元控制、门控单元控制、数据采集、数据分析、数据处理、数据压缩等。根据软件平台体系结构的特征，将软件分为数据采集控制和数据分析处理两个模块。软件的数据采集界面和数据分析界面如图 6.25 所示。

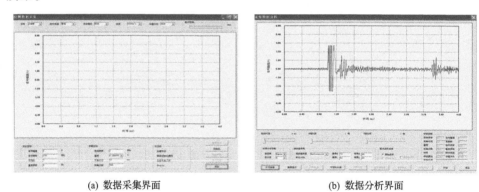

(a) 数据采集界面　　　　　　　　　　　　　　(b) 数据分析界面

图 6.25　检测软件界面

1. 数据采集控制模块设计

数据采集控制模块包括检测数据的采集、信号发生单元和门控单元的控制。数据采集通过采集单元实现，需要在软件平台进行设置的内容如下。

1）模拟通道选择

模拟通道的选择一般结合采集单元的模拟输入通道总数和传感器的数目确定，考虑到磁致伸缩导波检测的需要，一般选用 1~2 个通道。

2）采样频率选择

采样频率必须在采集单元可用范围内，需要考虑信号中最高有效频率 f_{max}，基于采样定律要求采样频率大于 $2f_{max}$，例如，为了保证信号不失真，要求采样频

率大于 $10f_{max}$。频率的选择一般有两种形式，即区域选择和离散选择。区域选择是接收在一个范围内的所有数值；离散选择是仅接收一组固定的数值。由于检测仪器的激励频率一般为多个离散值，所以软件只提供相匹配的离散采样频率。

3) 采样量程选择

采样量程需要考虑信号的最大有效幅值，太小无法获取完整的信号信息，太大会降低信号的最小可辨精度，要综合考虑设定采样量程。

4) 采样精度选择

采样精度为 A/D 的位数，可根据信号的最小有效幅值确定，过大会大幅度增加数据量，过小会丢失有效数据。

5) 采样时间选择

采样时间为每次采样持续的时间，需要根据弹性波实际传播的距离和检测的距离确定。

6) 采样次数选择

多次采样是为了利用数字平均算法降噪，当重复次数 $N \to \infty$ 时，对于零均值噪声，其数学期望为零，平均后输出的信号信噪比为无穷大。当 N 有限时，对于白噪声，累积平均可以使信噪比改善 $\sqrt{N}$ 倍。有色噪声的信噪比改善要低于白噪声。根据经验采样次数一般为 300～500。

7) 触发方式选择

触发方式主要有软件触发和外部触发两种。一般认为外部触发功能是通过外部的触发脉冲来实现对数据采集单元开始和停止采集的控制。另外，在数据采集单元中也可以通过软件查询的方式根据数字口或模拟口的输入信号进行触发控制。

信号发生单元和门控单元的控制用于产生特定的脉冲信号输出给功率放大器，需要设定值为激励频率、幅值、周期数、发送间隔，并且给采集单元提供触发信号以启动采样。

电磁导波检测信号的采集流程图如图 6.26 所示。其采集过程是：首先初始化采集单元，成功后校核各参数确认各设备的工作状态，参数正确则启动数据采集程序，开启流程控制线程；线程中首先读取触发口状态，如果接收到触发信号则启动单次采集，单次采集完毕后判断总采集次数是否达到设定值，若未达到则需再次进入循环直至达到设定的采集次数为止，采集完毕后存储采集的数据结束整个采样程序。程序运行的过程中可以手动结束采样程序，但程序不会保存任何数据。

2. 数据分析处理模块设计

数据分析处理模块包括数据分析、信号处理、数据压缩等功能。

数据分析用于检测信号时域、频域和时频域分析。时域分析主要获得如下信息：第一次通过信号的到达时间和幅值；端部回波信号的时间和幅值；异常信号

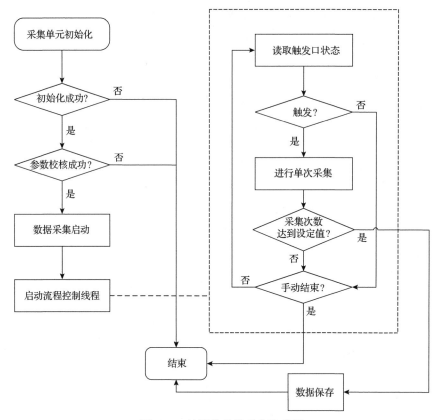

图 6.26 检测信号的采集流程图

的时间和幅值。频域分析给出信号的频率分量，可获得激励模态的截止频率等特征量。时频域分析基于短时傅里叶变换，获得信号的时频分布，验证导波的模态，确定异常信号的模态给缺陷判断提供参考。

信号处理用于检测信号的平滑和滤波处理。通过软件带通滤波器实现信号的滤波，可选用巴特沃思、贝塞尔、切比雪夫和椭圆等带通滤波器。

由于一次检测的数据量较大，一般达几十兆甚至几百兆，为了在保证数据完整性的前提下减少存储的空间，使用绝对峰值压缩算法：取一个压缩步长 len，以这个步长将数据长度为 datalen 的数据分为 datalen/len 块，每块仅取一个值 d_k：

$$d_k = \text{Max}(|d_j|), \quad j = (k-1)\times\text{len} \sim k\times\text{len} \tag{6.23}$$

式中，k 为第 k 个数据分块。在写入压缩数据时需要将压缩步长 len 一同写入。

6.4.5 仪器整机

自主开发完成的磁致伸缩超声导波检测仪器如图 6.27 所示。整个仪器整机由系统主机、激励线圈和接收线圈、磁化器、前置放大器、连接器和连接线缆组成。检测直径为 32~630mm；检测壁厚为 3~25mm；检测直线距离不小于 50m；10m内可检测 90°弯头上超过 9%的金属截面积损失；安装传感器部位最大可保留保温层厚度 10mm。该仪器能较好地满足工业现场常见的检测需求。

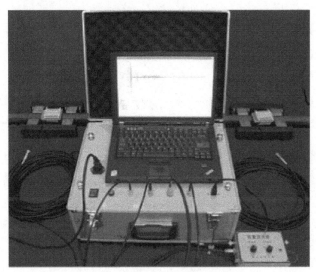

图 6.27　自主开发的磁致伸缩超声导波检测仪器

6.5　检测技术研究

为促进磁致伸缩超声导波检测技术的发展与应用，首先制作和收集了不同结构尺寸的管道试件，并在部分管道试件上加工缺陷，以模拟截面积损失的情况；然后基于这些管道试件研究各因素对检测信号的影响，给出该技术的使用要点和适用范围，并提出一种能快速评价截面积损失的方法；最后，基于上述研究，研制技术标准，以促进该技术的现场应用。

6.5.1　试件制作和收集

为研究各因素对检测信号的影响，以便提出磁致伸缩超声导波检测技术的使用要点和适用范围，制作和收集了不同结构尺寸的管道试件，如表 6.3 所示。

表 6.3 中，无缺陷管道试件用于研究激励频率、包覆层厚度、管道规格和弯头个数对检测信号的影响，带人工缺陷管道试件用于研究截面积损失大小、截面积损失类型和截面积损失距离对检测信号的影响。

表 6.3　管道试件列表

序号	管道规格	直管段长度/mm	材料	弯头情况	人工缺陷(横截面积损失)
1	$\phi38mm\times6mm$	3240	20g	无	无
2	$\phi159mm\times6mm$	9550	20#	无	无
3	$\phi219mm\times6mm$	8650	20#	无	无
4	$\phi219mm\times28mm$	7200	20#	无	无
5	$\phi219mm\times10mm$	6730	15CrMo	单端 1 个弯头	无
6	$\phi219mm\times10mm$	6730	15CrMo	单端 2 个弯头	无
7	$\phi57mm\times3.5mm$	46450	20#	无	刻槽(3%，9.4%，11.8%) 通孔(3%，3.5%，5.3%，5.9%)

6.5.2　影响检测信号的因素研究

　　由磁致伸缩超声导波检测原理可知，凡能影响导波产生和传播的因素，均会对磁致伸缩超声导波检测信号造成影响，进而影响检测结果。影响导波产生的因素主要包括激励频率、包覆层厚度和管道规格，影响导波传播的因素主要包括弯头个数、截面积损失大小、截面积损失类型和截面积损失距离等，研究这些因素对检测信号的影响，有利于获知磁致伸缩超声导波检测技术的使用要点和适用范围，从而为相关标准的研制提供依据和参考，从而推动该技术的发展与应用。

　　1. 激励频率

　　激励频率决定了导波模态的成分和比例，是导波检测中极为重要的参数。对于表 6.3 中 1 号管道试件，由 6.3 节所述方法计算得到的频散曲线可知，当激励频率为 20kHz 时，试件中将主要产生 $L(0,1)$ 模态，频散程度较小；当激励频率为 80kHz 时，试件中将产生多种模态，频散程度较大。图 6.28(a)和(b)分别给出了激励频率为 20kHz 和 80kHz 时的检测信号。

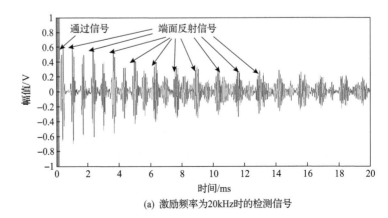

(a) 激励频率为20kHz时的检测信号

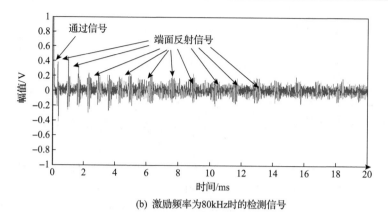

(b) 激励频率为80kHz时的检测信号

图 6.28　激励频率对检测信号的影响

对比图 6.28（a）和（b）可知，当激励频率为 80kHz 时，检测信号幅值和信噪比均比较低，不利于检测。因此，检测前，应先根据 6.3 节所述方法计算待检管道的频散曲线，然后根据频散曲线设置激励频率。

2. 包覆层厚度

磁致伸缩超声导波检测技术具有非接触检测的特点，可透过一定厚度的包覆层（如岩棉、沥青等）实施检测，但和其他电磁检测技术一样，该技术也会受到包覆层厚度（传感器提离）的影响。对于表 6.3 中 1 号管道试件，图 6.29 给出了包覆层厚度为 0 和 35mm 时的检测信号，以及包覆层厚度从 0 到 35mm，以 5mm 为步进时，检测信号峰峰值随包覆层厚度变化的规律。

由图 6.29（c）可知，随着包覆层厚度的增加，检测信号的峰峰值逐渐降低，呈现单调递减的关系，因而在实施磁致伸缩超声导波检测时，应尽可能减小提离高度。当然，由于在一定提离范围内，磁致伸缩超声导波检测技术依旧有其适用性，因而在实际检测中，应根据要求在包覆层厚度和检测精度之间做出权衡。

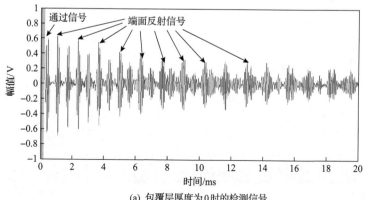

(a) 包覆层厚度为0时的检测信号

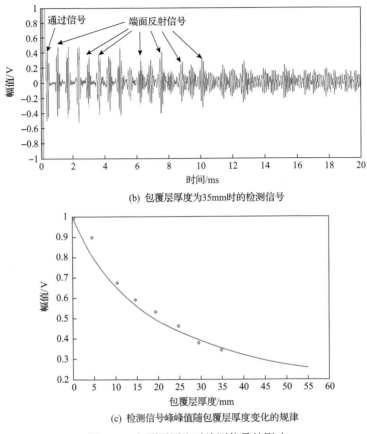

(b) 包覆层厚度为35mm时的检测信号

(c) 检测信号峰峰值随包覆层厚度变化的规律

图 6.29　包覆层厚度对检测信号的影响

3. 管道规格

工业现场管道规格多种多样，因而需研究管道规格对磁致伸缩超声导波检测信号的影响。对于表 6.3 中 2、3、4 号管道试件，按图 6.30 布置传感器，并进行检测，得到这三个管道试件的检测信号依次如图 6.31(a)、(b) 和 (c) 所示。

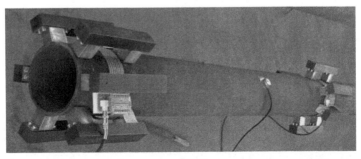

(a) 实物图

(b) 示意图

图 6.30　研究管道规格对检测信号影响的实验布置图

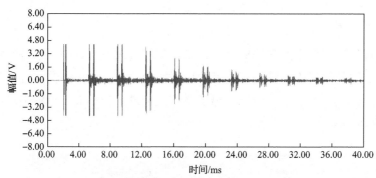

(a) 管道规格为 ϕ159mm×6mm 时的检测信号

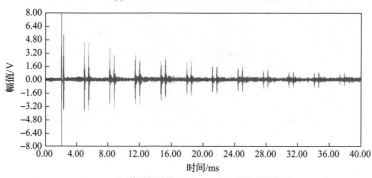

(b) 管道规格为 ϕ219mm×6mm 时的检测信号

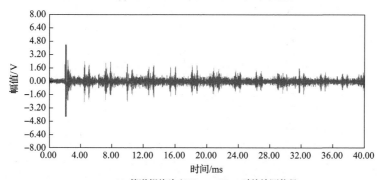

(c) 管道规格为 ϕ219mm×28mm 时的检测信号

图 6.31　管道规格对检测信号的影响

根据上述管道的频散曲线,设置合适的激励频率。

激励线圈和接收线圈均为φ159mm规格的线圈,采用对称布置。

对比图 6.31(a)和(b)可知,当管径较大时,端部回波信号的幅值有所降低;对比图 6.31(b)和(c)可知,当壁厚较大时,检测信号的信噪比较低。因此,较大的管径和壁厚会导致可检距离变小,在实施磁致伸缩超声导波检测时,管道的管径和壁厚均不宜过大。

4. 弯头个数

弯头是管道上常见的结构形式,研究弯头位置和个数对检测信号的影响,有利于了解磁致伸缩超声导波检测技术的检测能力,并能为传感器布置位置的选取提供参考。图 6.32 和图 6.33 分别给出了单端 1 个弯头和单端 2 个弯头时的实验布置图及检测信号。

(a) 实验布置图

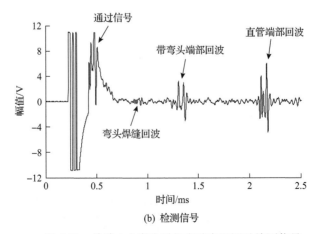

(b) 检测信号

图 6.32　单端 1 个弯头时的实验布置图及检测信号

(a) 实验布置图

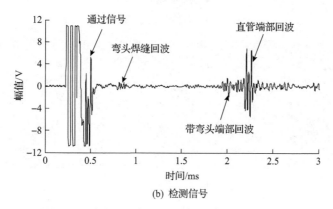

(b) 检测信号

图 6.33　单端 2 个弯头时的实验布置图及检测信号

由图 6.32 和图 6.33 可知,带弯头端部回波信号幅值比直管端部回波信号幅值低,且对于较多的弯头,带弯头端部回波信号幅值还会相对直管端部回波信号幅值进一步降低,这说明弯头对导波传播造成了衰减,不宜用于多个弯头之外区域的检测。

5. 截面积损失大小

在实际检测过程中,往往希望从检测信号中获知截面积损失大小,以便为后续的运行维护方案提供依据。研究截面积损失大小对检测信号的影响,有利于对截面积损失大小实现定性甚至定量分析。图 6.34 给出了表 6.3 中序号为 7 的管道试件实物图及结构示意图,由图 6.34 可知,该管道试件由 6 段管道焊接而成,用于模拟工业现场中较为常见的多段焊接管道。

对于图 6.34 所示试样,在离左端 1000mm 处先后加工出长度为 18mm、26mm、28mm 的周向刻槽,其中,大尺寸刻槽是在小尺寸刻槽的基础上加工得到的,长度为 28mm 的周向刻槽如图 6.35 所示。

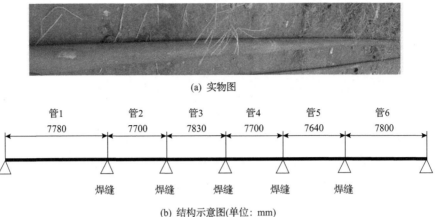

(a) 实物图

管1　　　　管2　　　　管3　　　　管4　　　　管5　　　　管6
7780　　　　7700　　　　7830　　　　7700　　　　7640　　　　7800

焊缝　　　　焊缝　　　　焊缝　　　　焊缝　　　　焊缝

(b) 结构示意图(单位: mm)

图 6.34　多段焊接管道试件

图 6.35　长度为 28mm 的周向刻槽

按图 6.36 布置传感器，先后对无人工刻槽、18mm 人工刻槽、26mm 人工刻槽、28mm 人工刻槽进行检测，得到检测信号依次如图 6.37(a)～(d)所示。

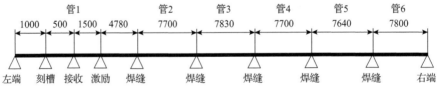

管1　　　　　　　　管2　　　　管3　　　　管4　　　　管5　　　　管6
1000　500　1500　4780　　7700　　　　7830　　　　7700　　　　7640　　　　7800

左端　刻槽　接收　激励　焊缝　　　焊缝　　　焊缝　　　焊缝　　　焊缝　　　右端

图 6.36　研究截面积损失大小(人工刻槽长度)对检测信号影响时的实验布置图(单位: mm)

上述三种刻槽长度下，截面积损失与刻槽回波峰峰值如表 6.4 所示。

由表 6.4 可知，当截面积损失增加时，刻槽回波峰峰值会随之增加。因而在实际检测过程中，可用缺陷回波峰峰值，来估计缺陷处的截面积损失大小。

6. 截面积损失类型

基于前面的研究可知，在实际检测过程中，可用缺陷回波峰峰值，来估计缺陷处的截面积损失大小。但是仅用刻槽长度模拟截面积损失，其研究结论的适

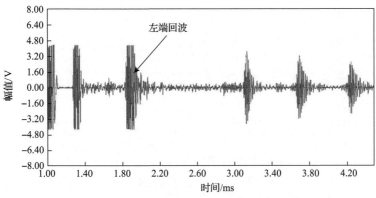

(a) 无截面积损失(无人工刻槽)时的检测信号

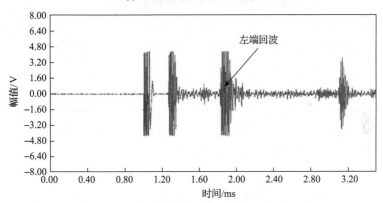

(b) 3%截面积损失(18mm人工刻槽)时的检测信号

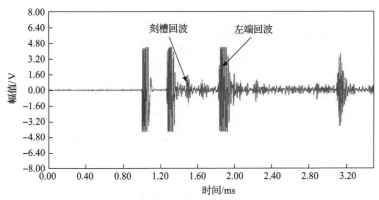

(c) 9.4%截面积损失(26mm人工刻槽)时的检测信号

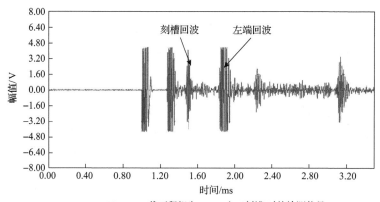

(d) 11.8%截面积损失(28mm人工刻槽)时的检测信号

图 6.37　截面积损失大小(人工刻槽长度)对检测信号的影响

表 6.4　截面积损失与刻槽回波峰峰值

人工刻槽长度/mm	截面积损失/%	刻槽回波峰峰值/V
18	3	—
26	9.4	3.3
28	11.8	8

用性与实际腐蚀缺陷还有一定不同。因而此处利用另一种缺陷形式,即通孔,来模拟截面积损失,研究截面积损失类型对检测信号的影响。

在图 6.36 所示带人工刻槽管道的基础上,离管道右端 1000mm 处先后加工出直径为 5mm、6mm、9mm、10mm 的通孔,其中,大尺寸通孔是在小尺寸通孔的基础上加工得到的,直径为 10mm 的通孔如图 6.38 所示。

图 6.38　直径为 10mm 的通孔

按图 6.39 布置传感器,先后在无孔时、5mm 直径通孔时、6mm 直径通孔时、9mm 直径通孔时、10mm 直径通孔时进行检测,得到检测信号依次如图 6.40(a)～(e)所示。

不同直径通孔下其截面积损失与通孔回波峰峰值如表 6.5 所示。

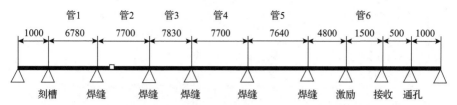

图 6.39 研究截面积损失类型(通孔)对检测信号影响时的实验布置图(单位：mm)

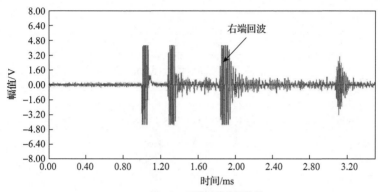

(a) 无孔时的检测信号

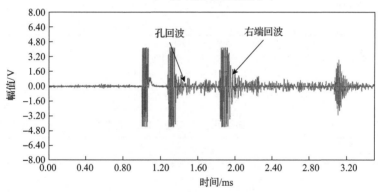

(b) 5mm直径通孔时的检测信号

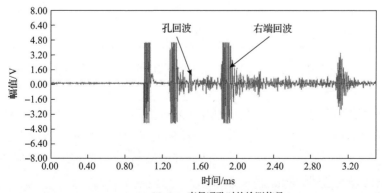

(c) 6mm直径通孔时的检测信号

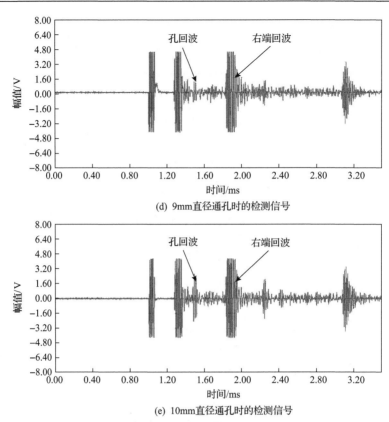

(d) 9mm直径通孔时的检测信号

(e) 10mm直径通孔时的检测信号

图 6.40　截面积损失类型(通孔直径)对检测信号的影响

表 6.5　截面积损失与通孔回波峰峰值

通孔直径/mm	截面积损失/%	通孔回波峰峰值/V
5	3	—
6	3.5	2.15
9	5.3	5
10	5.9	5.2

　　由表 6.5 可知，当截面积损失增加时，通孔回波峰峰值会随之增加，和表 6.4 所示规律一致。进一步对比表 6.4 和表 6.5 可知，对于通孔，5.3%的截面积损失对应的缺陷回波峰峰值为 5V；而对于切槽，9.4%的截面积损失对应的刻槽回波峰峰值为 3.3V。由此可见，磁致伸缩超声导波检测技术对穿透性截面积损失更为敏感，因而在实际检测过程中，若用缺陷回波峰峰值来估计缺陷处的截面积损失，应考虑截面积损失类型的影响。

7. 截面积损失距离

在实际检测过程中，截面积损失所在位置往往无法提前预知，因而需研究截面积损失和传感器之间的距离对检测信号的影响。

在图 6.39 的基础上，改变传感器布置的位置，使 10mm 直径通孔与传感器之间的距离随之变化。每改变一次传感器位置，都使传感器和通孔之间多一道焊缝，以模拟实际检测情况，并使传感器的接收单元与通孔方向最近的焊缝相距 500mm，以便进行信号分析。图 6.41 给出了传感器每次移动后的位置示意图。图 6.42 给出了截面积损失距离不同时的检测信号，据此得到截面积损失距离与缺陷回波峰峰值如表 6.6 所示。

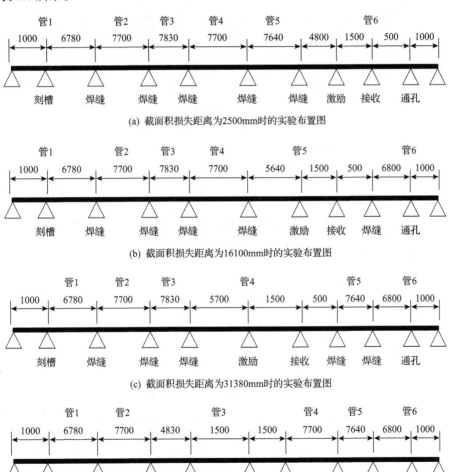

(a) 截面积损失距离为2500mm时的实验布置图

(b) 截面积损失距离为16100mm时的实验布置图

(c) 截面积损失距离为31380mm时的实验布置图

(d) 截面积损失距离为48780mm时的实验布置图

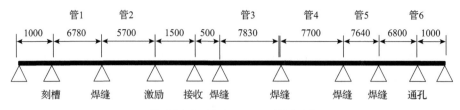

(e) 截面积损失距离为62440mm时的实验布置图

图 6.41　研究截面积损失距离对检测信号影响时的实验布置图（单位：mm）

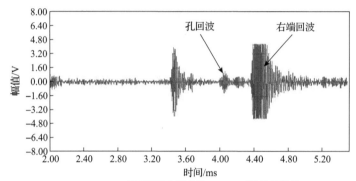

(a) 截面积损失距离为2500mm时的检测信号

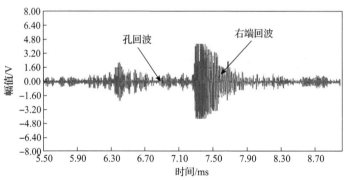

(b) 截面积损失距离为16100mm时的检测信号

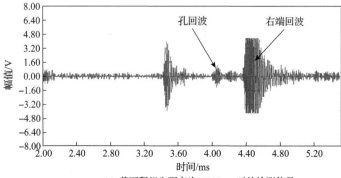

(c) 截面积损失距离为31380mm时的检测信号

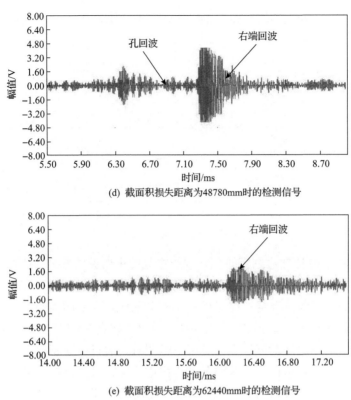

(d) 截面积损失距离为48780mm时的检测信号

(e) 截面积损失距离为62440mm时的检测信号

图 6.42　截面积损失距离对检测信号的影响

表 6.6　截面积损失距离与缺陷回波峰峰值

截面积损失距离/mm	缺陷回波峰峰值/V
2500	5.1
16100	2.56
31380	2
48780	1.9
62440	—

由表 6.6 可知，随着通孔与传感器之间的距离逐渐增大，缺陷回波峰峰值会逐渐降低。因而，在实际检测过程中，若用缺陷回波峰峰值来估计截面积损失大小，应考虑截面积损失距离的影响。

6.5.3　截面积损失评价方法研究

由截面积损失大小、截面积损失类型和截面积损失距离对检测信号的影响研究可知，在实施磁致伸缩超声导波检测时，可根据截面积损失回波信号峰峰值来估计截面积损失大小,但应考虑截面积损失距离和类型的影响,据此提出如图 6.43 所示截面积损失评价方法。

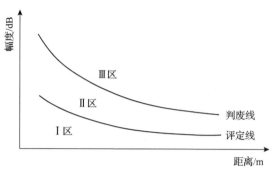

图 6.43　截面积损失评价曲线

图 6.43 所示方法通过判废线和评定线将截面积损失信号分为Ⅰ区、Ⅱ区、Ⅲ区。其中,判废线由截面积损失大小为 T 的距离幅度曲线组成,该截面积损失值 T 根据不同的工况条件确定;评定线由 $T/2$ 截面积损失的距离幅度曲线或通过判废线下降 6dB 得到的曲线组成。评定线以下(包括评定线)为Ⅰ区,评定线与判废线之间为Ⅱ区,判废线及其以上为Ⅲ区。检测时,通过截面积损失回波信号峰峰值所在区域,便可对截面积损失情况进行快速评价,且当待检测截面积损失类型与获取判废线及评定线时的截面积损失类型相同时,评价结果最准确。

6.5.4　检测技术标准的研制

基于上述研究,并结合实际检测需求,由中国特种设备检测研究院牵头研制了磁致伸缩超声导波检测技术方面的首个国家标准 GB/T 31211.2—2024《无损检测　超声导波检测　第 2 部分:磁致伸缩法》,规范了磁致伸缩超声导波检测技术的现场应用。

6.6　检测工程应用

磁致伸缩超声导波检测仪器自研制以来,已应用于多个场合,本节选取其在带包覆层管道、埋地管道和不锈钢管道方面的检测应用,以及在管道监测方面的应用进行介绍,来说明磁致伸缩超声导波检测技术在管道检测和监测方面的优势。

6.6.1　带包覆层管道检测应用

2008 年 11 月,用自研仪器对河南省登电集团热电厂新锦发电厂的多条高压疏水管和水蒸气管进行了检测应用,其中一条水蒸气管如图 6.44(a)所示。传感器布置示意图如图 6.44(b) 所示。

(a) 现场检测图

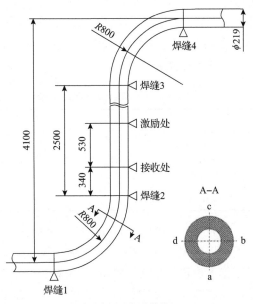

(b) 传感器布置示意图(单位：mm)

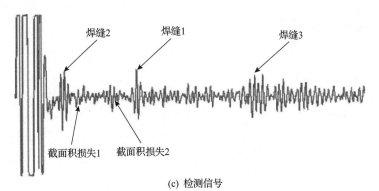

(c) 检测信号

图 6.44　带包覆层管道检测应用

该管道的规格为 ϕ109mm×4.0mm，材质为 20#钢，管外带有岩棉包覆层，在拆除部分包覆层后实施检测，得到检测信号如图 6.44(c) 所示。

由于焊缝 2 的回波信号易于识别，所以利用焊缝 2 的回波时间来确定波速，可得该信号的到达时间为 0.225ms，根据其传播的距离 1210mm，得到波的传播速度为 5378m/s。在焊缝 2 和焊缝 1 的回波信号之间存在两个异常回波信号，在图中分别用"截面积损失 1"和"截面积损失 2"标出。截面积损失 1 回波的到达时间为 0.319ms，产生的位置为焊缝 2 和焊缝 1 之间，距焊缝 2 为 250mm 或为焊缝

3 和激励传感器之间，距激励传感器为 592mm。截面积损失 2 回波的到达时间为 0.455ms，产生的位置为焊缝 2 和焊缝 1 之间，距焊缝 2 为 618mm 或为焊缝 3 和激励传感器之间，距激励传感器为 958mm。为了确定缺陷的位置，将焊缝 2 和焊缝 1 之间的包覆层拆除，利用超声波测厚仪对相应区域进行检测验证，得到的结果如表 6.7 所示。

表 6.7 焊缝 1 和焊缝 2 之间管道测厚结果　　　　（单位：mm）

距焊缝 2 距离	a	b	c	d
20	10.0	9.9	10.0	10.4
250	9.9	9.4	10.5	10.9
620	10.1	9.0	10.0	11.0
950	9.9	9.7	10.1	11.5

由表 6.7 可知，250mm 和 620mm 位置 b 方向管道壁厚存在明显减薄的现象，从而可以确定截面积损失 1 回波和截面积损失 2 回波是由这两处产生的。经与现场工作人员进行核实，截面积损失 1 产生的原因是蒸汽长年累月竖直冲刷，所以缺陷长度较长；截面积损失 2 产生的原因是弯头部位蒸汽转弯回流冲刷，缺陷长度较短，但减薄更严重，这些均与检测结果相符合。

6.6.2 埋地管道检测应用

2013 年 6 月，用自研仪器对大庆油田采油十厂的多条埋地管道进行检测应用，其中一条埋地管道如图 6.45(a) 所示。

该管道的规格为 ϕ159mm×8mm，材质为 15CrMo，将其局部开挖打磨后，粘贴周向磁化的铁钴带，然后实施检测，得到检测信号如图 6.45(b) 所示。

由图 6.45(b) 可知，焊缝 6 回波在检测信号中清晰可辨，因而磁致伸缩超声导波检测技术可用于埋地管道的检测，且自研仪器对于埋地管道的可检测距离大于 45m。此外，从检测信号中并未观察到截面积损失信号回波，据此估计该管道状态良好。

(a) 现场检测图

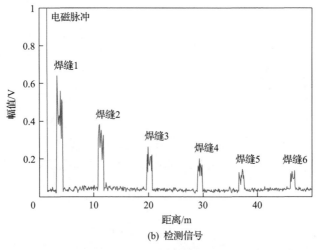

(b) 检测信号

图 6.45　埋地管道检测应用

6.6.3　不锈钢管道检测应用

2014 年 4 月，用自研仪器对某卫星发射中心的多条不锈钢管道进行检测应用，其中一条不锈钢管道如图 6.46(a) 所示。

该管道的规格为 ϕ108mm×4mm，材质为 0Cr19Ni9，将其局部表面打磨后，粘贴周向磁化的铁钴带，然后实施检测，得到检测信号如图 6.46(b) 所示。

由图 6.46 可知，无截面积损失回波峰峰值位于Ⅱ区或Ⅲ区，据此判定该管道状态良好，未超出许可截面积损失。

6.6.4　管道监测应用

2012 年 6 月至 2013 年 12 月，用自研仪器对华能国际电力股份有限公司上安电厂的主蒸汽管道进行了监测应用。如图 6.47(a) 所示，该管道的规格为 ϕ610mm×

(a) 现场检测图

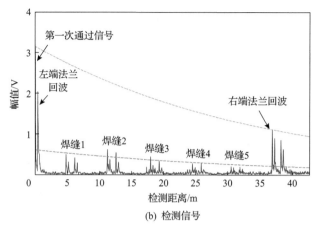

(b) 检测信号

图 6.46 不锈钢管道检测应用

(a) 现场检测图

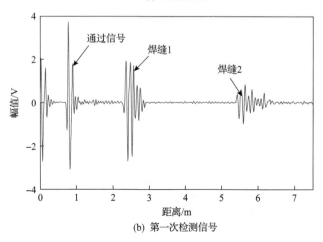

(b) 第一次检测信号

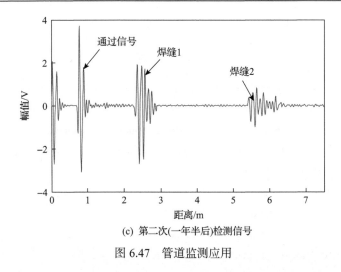

(c) 第二次(一年半后)检测信号

图 6.47　管道监测应用

23mm，材质为 P91，已使用 20 年，于大修期间将其局部表面打磨后，通过耐高温胶粘贴周向磁化的高能磁致伸缩带，并在高能磁致伸缩带上用耐高温线缆绕制了螺线管线圈，将线圈用引线接出，恢复包覆层后，进行定期检测，得到检测信号如图 6.47(b) 和(c)所示。

　　对比图 6.47(b) 和(c)可知，经历一年半时间，检测信号并未发生明显变化，因而可认为所监测的管道，截面积损失并未明显增加。

6.7　本章小结

　　(1)磁致伸缩超声导波检测技术由于其单点激励即可实现长距离检测的优点，能够在不拆除或拆除局部保温层的前提下实现带保温层管道快速检测，同时可以实现一些不可达区域的检测，很好地满足了上述检测需求，具有广阔的市场前景和应用价值。

　　(2)对不同规格的铁磁性管道上不同直径、深度和数量的锥形孔反射的超声导波的灵敏度、衰减特性和信号特征进行了系统研究，并通过现场应用验证了研制的系统具有速度快、效果好的特点，而且可以缩短检验时间和降低拆除与恢复保温层的费用。

　　(3)在大量实验验证和现场验证的基础上，制定了 GB/T 31211.2—2024《无损检测 超声导波检测 第 2 部分：磁致伸缩法》，填补了国际空白，为这一技术的推广应用奠定了基础。

　　(4)大量的工程应用证明这一技术具有重要的应用价值，它的推广应用必将大力提高我国压力管道安全检测技术水平，为保障锅炉和压力管道的安全可靠运行做出重大贡献，产生巨大的社会效益和经济效益。

参 考 文 献

[1] Asme M. A baseline and vision of ultrasonic guided wave inspection potential. Journal of Pressure Vessel Technology, 2002, 124(8): 273-282.

[2] Rose J L. Dispersion curves in guided wave testing. Materials Evaluation, 2003, 61(1): 20-22.

[3] Rose J L. Standing on the shoulders of giants: An example of guided wave inspection. Materials Evaluation, 2002, 61(1): 53-59.

[4] Rose J L. Ultrasonic guided waves: An introduction to the technical focus issue. Materials Evaluation, 2003, 61(1): 65-65.

[5] Cawley P, Lowe M J S, Alleyne D N, et al. Practical long range guided wave testing: Applications to pipes and rail. Materials Evaluation, 2003, 61(1): 66-74.

[6] Kwun H, Kim S Y, Light G M. The magnetostrictive sensor technology for long range guided wave testing and monitoring of structures. Materials Evaluation, 2003, 61(1): 80-84.

[7] Qu J M, Jacobs L J. Guided circumferential waves and their applications in characterizing cracks in annular components. Materials Evaluation, 2003, 61(1): 85-93.

[8] Rose J L, Sun Z Q, Mudge P J, et al. Guided wave flexural mode tuning and focusing for pipe testing. Materials Evaluation, 2003, 61(2): 162-167.

[9] Kwun H, Kim S Y, Choi M S, et al. Torsional guided-wave attenuation in coal-tar-enamel-coated, buried piping. NDT & E International, 2004, 37(8): 663-665.

[10] Rizzo P, di Scalea F L. Feature extraction for defect detection in strands by guided ultrasonic waves. Structural Health Monitoring, 2006, 5(3): 297-308.

[11] 罗斯. 固体中的超声波. 何存富, 等译. 北京: 科学出版社, 2004.

[12] Joule J P. On the Effects of magnetism upon the dimensions of iron and steel bars. Philosophical Magazine A, 2009, 2(8): 76-87.

[13] Villari E. Change of magnetization by tension and by electric current. Annalen der Physik und Chemie, 1865, 126: 87-122.

[14] Gurevich S. The theory of electromagnetic generation of acoustic waves in a ferromagnetic medium at a high temperature. Russian Journal of Nondestructive Testing, 1993, 29(3): 193-204.

[15] Boltachev V D, Pravdin L S, Kuleev V G, et al. Electromagnetic-acoustic excitation in ferromagnetic pipes with a circular section. Soviet Journal of Nondestructive Testing, 1990, 25(6): 434-439.

[16] Sablik M J, Rubin S W. Modeling magnetostrictive generation of elastic waves in steel pipes, I. Theory. International Journal of Applied Electromagnetics and Mechanics, 1999, 10(2):

143-166.

[17] Sablik M J, Lu Y C, Burkhardt G L. Modeling magnetostrictive generation of elastic waves in steel pipes, II. Comparison to experiment. International Journal of Applied Electromagnetics and Mechanics, 1999, 10(2): 167-176.

[18] Sablik M J, Telschow K L, Augustyniak B, et al. Relationship between magnetostriction and the magnetostrictive coupling coefficient for magnetostrictive generation of elastic waves// Thompson D O. Review of Quantitative Nondestructive Evaluation, New York: Plenum Publishing Corporation, 2002: 1613-1620.

[19] Choi M S, Kim S Y, Kwun H, et al. Transmission line model for simulation of guided-wave defect signals in piping. IEEE Transactions on Ultrasonics, Ferroelectrics, and Frequency Control, 2004, 51(5): 640-643.

[20] Choi M S, Kim S Y, Kwun H. An equivalent circuit model of magnetostrictive transducers for guided wave applications. Journal of the Korean Physical Society, 2005, 47(3): 454-462.

[21] Kwun H, Bartels K A. Magnetostrictive sensor technology and its applications. Ultrasonics, 1998, 36(1-5): 171-178.

[22] Kwun H, Kim S Y, Choi M S. Reflection of the fundamental torsional wave from a stepwise thickness change in a pipe. Journal of the Korean Physical Society, 2005, 46(6): 1352-1357.

[23] Kim W, Kim Y Y. Design of a bias magnetic system of a magnetostrictive sensor for flexural wave measurement. IEEE Transactions on Magnetics, 2004, 40(5): 3331-3338.

[24] Cho S H, Park C I, Kim Y Y. Effects of the orientation of magnetostrictive nickel strip on torsional wave transduction efficiency of cylindrical waveguides. Applied Physics Letters, 2005, 86(24): 101-105.

[25] Kim Y Y, Park C I, Cho S H, et al. Torsional wave experiments with a new magnetostrictive transducer configuration. The Journal of the Acoustical Society of America, 2005, 117(6): 3459-3468.

[26] Park C I, Kim W, Cho S H, et al. Surface-detached V-shaped yoke of obliquely bonded magnetostrictive strips for high transduction of ultrasonic torsional waves. Applied Physics Letters, 2005, 87(22): 1-3.

[27] 王悦民. 基于磁致伸缩效应的管道导波无损检测理论及应用研究. 武汉: 华中科技大学, 2005.

[28] 柯岩. 基于磁致伸缩导波的钢管无损检测实验研究. 武汉: 华中科技大学, 2006.

[29] Alleyne D N, Cawley P. Long range propagation of lamb waves in chemical plant pipework. Materials Evaluation, 1997, 55(4): 504-508.

[30] Wilcox P D, Lowe M J S, Cawley P. A signal processing technique to remove the effect of dispersion from guided wave signals//Thompson D O. Review of Quantitative Nondestructive

Evaluation. New York: Plenum Publishing Corporation, 2001: 555-562.

[31] Siqueira M H S, Gatts C E N, da Silva R R, et al. The use of ultrasonic guided waves and wavelets analysis in pipe inspection. Ultrasonics, 2004, 41(10): 785-797.

[32] Wang Y M, Kang Y H, Wu X J. Application of STFT and HOS to analyse magnetostrictively generated pulse-echo signals of a steel pipe defect. NDT & E International, 2006, 39(4): 289-292.

[33] 何存富, 李颖, 王秀彦, 等. 基于小波变换及 Wigner-Ville 变换方法的超声导波信号分析. 实验力学, 2005, 20(4): 584-588.

[34] Kwun H, Burkhardt G L. Experimental investigation of dynamics of transverse-impulse wave propagation and dispersion in steel wire ropes. The Journal of the Acoustical Society of America, 1992, 92(4): 1973-1980.

[35] Kwun H, Hanley J J, Bartels K A. Recent developments in nondestructive evaluation of steel strands and cables using magnetostrictive sensors. OCEANS 96 MTS/IEEE Conference Proceedings, Fort Lauderdale, 1996: 144-148.

[36] Bartels K A, Dynes C P, Kwun H. Nondestructive evaluation of prestressing strands with magnetostrictive sensors. Proceedings of SPIE—The International Society for Optical Engineering, San Antonio, 1998: 326-337.

[37] Kwun H, Hanley J J, Holt A E. Detection of corrosion in pipe using the magnetostrictive sensor technique. Proceedings of SPIE—The International Society for Optical Engineering, Oakland, 1995: 140-148.

[38] Kwun H, Dynes C P. Long-range guided wave inspection of pipe using magnetostrictive sensor technology: The feasibility of defect characterization. Proceedings of SPIE—The International Society for Optical Engineering, San Antonio, 1998: 28-34.

[39] Bartels K A, Dynes C P, Lu Y, et al. Evaluation of concrete reinforcements using magnetostrictive sensors. Proceedings of SPIE—The International Society for Optical Engineering, Newport Beach, 1999: 210-218.

[40] Light G M, Kwun H, Kim S Y, et al. Magnetostrictive sensor for active health monitoring in structures. Proceedings of SPIE—The International Society for Optical Engineering, San Diego, 2002: 282-288.

[41] Light G M, Kwun H, Kim S Y, et al. Health monitoring for aircraft structures. Materials Evaluation, 2003, 61(7): 844-847.

[42] Kwun H, Kim S, Light G. Monitoring crack growth under a bonded composite patch repair using guided waves. International SAMPE Symposium and Exhibition(Proceedings), Long Beach, 2005: 2659-2664.

[43] Lee H, Kim Y Y. Wave selection using a magnetomechanical sensor in a solid cylinder. The

Journal of the Acoustical Society of America, 2002, 112(31): 953-960.

[44] Cho S H, Sun K H, Lee J S, et al. The measurement of elastic waves in a non-ferromagnetic plate by a patch-type magnetostrictive sensor. Proceedings of SPIE—The International Society for Optical Engineering, San Diego, 2004: 120-130.

[45] Cho S H, Lee J S, Kim Y Y. Guided wave transduction experiment using a circular magnetostrictive patch and a figure-of-eight coil in nonferromagnetic plates. Applied Physics Letters, 2006, 88(22): 224101.1-3.

[46] Han S W, Lee H C, Kim Y Y. Noncontact damage detection of a rotating shaft using the magnetostrictive effect. Journal of Nondestructive Evaluation, 2003, 22(4): 141-150.

[47] Han S W, Kim Y Y, Lee H C. Noncontact wave sensing for damage detection in a rotating shaft using magnetostrictive sensors. Proceedings of SPIE—The International Society for Optical Engineering, San Diego, 2003: 279-288.

第7章 电磁无损检测技术展望

7.1 电磁无损检测技术的困境

电磁无损检测技术经过近百年的发展，已由最初单一的涡流检测逐步发展到包括复平面涡流、脉冲涡流、漏磁、微波、电位、电磁导波、磁记忆、巴克豪森噪声、电流扰动等多种成熟的检测技术，在电磁无损检测的理论上也有了长足的进步，但仍有诸多问题影响电磁无损检测技术的进步和应用推广。

电磁无损检测是利用材料在电磁场作用下，呈现出的电学、磁学、力学的变化，从而获得组织结构变化、金属损失或不连续等的特性，由此判断是否存在损伤和缺陷。因此，电磁无损检测的理论模型不仅要考虑电场、磁场、电磁场的转化和变化，还需要考虑组织结构、材料类型、力电磁耦合效应等对电磁特性的影响，导致电磁无损检测的理论模型建立非常困难；同时，电磁无损检测信号容易受到环境场的干扰，进一步增加了理论模型的建立难度，还使得理论模型与实际应用之间存在较大差异。

电磁无损检测理论和仪器开发对从业人员基础理论有较高的门槛要求，使得国内外从事电磁无损检测仪器开发的企业非常少，多数电磁无损检测仪器的开发样机由高校和研究所完成，成果转化相对困难。

此外，现有电磁无损检测技术均不能对缺陷的尺寸进行精确测量以及对缺陷的形貌进行精确描绘，而无损检测的目的主要为发现缺陷并测量其几何形状和尺寸。为了获得缺陷的精确尺寸和形貌，必须借助其他无损检测技术进行补充检测，这是无损检测从业人员不愿看到的。另外，电磁无损检测对检测人员的要求较高，这也进一步限制了电磁无损检测技术的应用和推广。

7.2 电磁无损检测技术的发展趋势

近年来，电磁无损检测技术的开发、研究和应用领域在不断扩大，其发展趋势主要体现在如下几个方面。

1. 多场耦合的电磁无损检测技术及理论

材料电磁特性的影响因素较多，任何一个因素的变化都可能引起材料电磁特性参数的变化，进而对电磁无损检测信号产生影响。这一特性使得电磁无损检测可以采用多个场参数来判断被检对象的损伤情况，多场耦合的电磁无损检测模型及应用将成为电磁无损检测未来的主要形式。

2. 缺陷的定量化检测与评估

电磁无损检测可用于损伤或缺陷的发现、定位、量化和预警。电磁无损检测用于损伤的发现和定位的研究较为深入，应用也较为广泛，其在缺陷的量化和早期损伤的预警方面是近年来的研究热点，并取得了一定的成果。随着理论模型的完善和检测仪器性能的提高，缺陷的定位与轮廓描述都成为可能，这为量化提供了基础。微观组织变化的电磁特性研究不断深入，提供了建立早期损伤预警所需的参数和验证。

3. 复合电磁无损检测技术

随着近年来设备设施越来越大型化、复杂化和材料多样化等，只采用一种电磁无损检测技术往往很难或无法实现对被检测对象的完整评估，应进一步融入电磁声检测、漏磁检测、涡流成像、阵列涡流及视频涡流等诸多技术，使得电磁无损检测技术朝着多种方法转换和融合的趋势发展。在多种无损检测与评价技术融合应用的基础上，通过数据融合和多种方法验证，鉴别检测对象缺陷的真伪，并预估在役设备、构件的使用寿命或承载能力。

7.3 电磁无损检测技术的应用前景

理论的不断完善和技术的不断发展推动电磁无损检测向多个方向发展，使电磁无损检测技术不仅在设备及构件的缺陷检测方面，还在监测设备及构件的应力集中部位、组织损伤和寿命评估方面发挥更大的作用。电磁无损检测技术将在如下方面具有广阔的应用前景：

(1)带涂层的表面缺陷检测；

(2)表面近表面缺陷的量化成像；

(3)组织结构的变化以及衍生的一系列材料性能的评价；

(4)疲劳和高温蠕变的早期损伤检测；

(5)不拆保温层的内部缺陷检测和金属损失测量；

(6)大型结构或部件的快速检测和危险部位筛查；

(7)关键部件和损伤的在线检测与预警；

(8)材料和部件的生产线在线检测。